工程造价轻课系列(互联网+版)

# 造价案例计量融合篇
## ——出算量 懂原理

鸿图教育 主 编

清华大学出版社
北 京

## 内 容 简 介

本书主要根据《建设工程工程量清单计价规范》、《房屋建筑与装饰工程工程量计算规范》、16G101-1、16G101-2、16G101-3 及部分省份的预算定额、《建筑工程建筑面积计算规范》(GB/T 50353—2013)等进行编写。

本书共 7 章，主要内容包括工程量计算原理、建筑面积、某多层住宅剪力墙结构工程、某县城郊区别墅现浇混凝土结构工程、某学校钢筋混凝土框架结构、单构件工程量计算与现场签证、工程量计算在软件中的体现等。

本书适合工程造价、工程管理、房地产管理与开发、建筑工程技术、工程经济以及与造价相关的从事造价行业的人员学习参考，同时可作为一、二级造价工程师实操演练的书籍，还可供设计人员、施工技术人员、工程监理人员等参考使用，同时也可作为高等院校的教学和参考用书。

**图书在版编目(CIP)数据**

工程造价轻课系列：互联网+版. 造价案例计量融合篇：出算量　懂原理/鸿图教育主编. —北京：清华大学出版社，2021.4

ISBN 978-7-302-57694-5

Ⅰ. ①工… Ⅱ. ①鸿… Ⅲ. ①建筑造价 Ⅳ. ①TU723.3

中国版本图书馆 CIP 数据核字(2021)第 045534 号

责任编辑：石　伟
封面设计：李　坤
责任校对：周剑云
责任印制：杨　艳

出版发行：清华大学出版社
　　　　　网　　　址：http://www.tup.com.cn, http://www.wqbook.com
　　　　　地　　　址：北京清华大学学研大厦 A 座　　　邮　　编：100084
　　　　　社　总　机：010-62770175　　　　　　　　　邮　　购：010-62786544
　　　　　投稿与读者服务：010-62776969, c-service@tup.tsinghua.edu.cn
　　　　　质量反馈：010-62772015, zhiliang@tup.tsinghua.edu.cn
　　　　　课件下载：http://www.tup.com.cn, 010-62791865

印　装　者：北京鑫海金澳胶印有限公司
经　　销：全国新华书店
开　　本：185mm×230mm　　印　张：18.5　　字　数：447 千字
版　　次：2021 年 4 月第 1 版　　印　次：2021 年 4 月第 1 次印刷
定　　价：68.00 元

产品编号：087872-01

# 前　言

随着建筑行业的发展，加上国家政策和规范的出台以及相关预算软件的升级，作为一名造价从业人员，不论你是甲方还是乙方，都会牵涉工程量的计算以及相应的报价。这些工程量的计算如果单单靠手工计算，在科技发达的今天不仅显得落伍，还容易出错，而通过预算软件，不仅可以节省时间，而且可以事半功倍，同时可以随时检验自己的工程量计算是否有错，自己的图纸是否画得正确，相应的楼层是否设置合适，不同的标高是不是出现了错层，某一层的柱子的抽筋下样是多少，基础中独立基础的工程量是多少，等等。对于一个项目相应的分项工程的工程量计算，在识图的基础上不仅要理解计算规则，还要能做到知其然。

本书主要根据《建设工程工程量清单计价规范》、《房屋建筑与装饰工程工程量计算规范》、16G101-1、16G101-2、16G101-3 及部分省份的预算定额、《建筑工程建筑面积计算规范》(GB/T 50353—2013)等进行编写。本书具有的一些不同于同类书的显著特点如下。

(1) 书中系统串讲工程量计算的内容，从工程量计算原理到实际的算量案例，循序渐进，杜绝好高骛远。

(2) 本书采用了三种不同形式的案例，含有剪力墙，现浇混凝土结构、框架架构以及单构件与现场签证，前后连贯，摆脱眼高手低，注重实际运用。

(3) 摆脱老旧形式，直接采用实际案例，由点到面，逐步引导计算思路，计算有规可循，杜绝杂乱无章，掌握计量原理。

(4) 实践性强，每个知识点的讲解所采用的案例和图片均来源于实际。

(5) 碰撞性强，各种知识点的碰撞都会对专业术语进行解释或是图文串讲，真正做到知识点的碰撞与串联，以及知识的互通应用。

(6) 本书配有音频讲解、三维视频展示、实景图片展示，购书扫码获得相应 PPT 课件。

本书由鸿图教育主编，由张利霞和赵小云担任副主编，其中第 1 章由张利霞负责编写，第 2 章由杨霖华负责编写，第 3 章由赵小云负责编写，第 4 章由刘瀚负责编写，第 5 章由郭琳负责编写，第 6 章由张凯慧负责编写，第 7 章由杨威负责编写，全书由张利霞和赵小云负责统稿。

　　本书在编写过程中，得到了许多同行的支持与帮助，在此一并表示感谢。由于编者水平有限和时间紧迫，书中难免有错误和不妥之处，望广大读者批评指正。


编　者

# 目  录

# 第 1 章 工程量计算原理

# 1.1 建筑工程工程量计算原理

## 1.1.1 工程量的概念和计量单位

工程量是以规定的物理计量单位或自然计量单位所表示的各个具体分项工程或结构配件的数量，是根据设计图纸规定的各个分部分项工程的尺寸、数量以及设备、材料明细表等具体计算出来的。

物理计量单位是指法定计量单位，如长度单位 m、面积单位 $m^2$、体积单位 $m^3$、质量单位 kg 等。例如，建筑面积以"平方米"($m^2$)为计量单位，混凝土以"立方米"($m^3$)为计量单位，钢筋以"吨"(t)为计量单位。

自然计量单位，一般是以物体的自然形态表示的计量单位。如套、组、台、件、个等。例如，烟囱、水塔以"座"为单位。

## 1.1.2 工程量计算的概念和意义

工程量计算是指建设工程项目以工程设计图纸、施工组织设计或施工方案及有关技术经济文件为依据，按照相

扩展资源 1：施工 组织设计.doc    音频 1：施工 方案.mp3

关工程国家标准的计算规则、计量单位等规定，进行工程数量的计算活动，在工程建设中简称工程计量。

工程量计算是定额计价时编制施工图预算、工程量清单计价时编制招标工程量清单的重要环节。工程量计算是否正确，直接影响工程预算造价及招标工程量清单的准确性，从而进一步影响发包人所编制的工程招标控制价及承包人所编制的投标报价的准确性。另外，在整个工程造价编制工作中，工程量计算所消耗的劳动量占整个工程造价编制工作量的70%左右。因此，在工程造价编制过程中，必须对工程量计算这个重要环节给予充分的重视。

工程量还是施工企业编制施工计划，组织劳动力和供应材料、机具的重要依据。因此，正确计算工程量对工程建设各单位加强管理，正确确定工程造价具有重要的现实意义。

工程量计算一般采取表格的形式，表格一般应包括所计算工程量的项目名称、工程量计算式、单位和工程量等内容，工程量计算式应注明轴线或部位，且应简明扼要，以便进行审查和校核。

音频 2：施工图 预算.mp3    扩展图片 1：工程量 计算表.doc

## 1.1.3 工程量计算的一般原则

**1. 计算规则要一致**

工程量计算必须与相关工程现行国家工程量计算规范规定的工程量计算规则相一致。现行国家工程量计算规范规定的工程量计算规则中对各分部分项工程的工程量计算规则作了具体规定,计算时必须严格按规定执行。例如,楼梯面层的工程量按设计图示尺寸以楼梯(包括踏步、休息平台及不大于 500mm 的楼梯井)水平投影面积计算。

扩展图片 2:楼梯.doc

**2. 计算口径要一致**

计算工程量时,根据施工图纸列出的工程项目的口径(指工程项目所包括的工作内容),必须与现行国家工程量计算规范规定相应的清单项目的口径相一致,即不能将清单项目中已包含的工作内容拿出来另列子目计算。

**3. 计算单位要一致**

计算工程量时,所计算工程项目的工程量单位必须与现行国家工程量计算规范中相应清单项目的计量单位相一致。

在现行国家工程量计算规范规定中,工程量的计量单位规定如下。

(1) 以体积计算的为立方米($m^3$)。

(2) 以面积计算的为平方米($m^2$)。

(3) 长度为米(m)。

(4) 质量为吨或千克(t 或 kg)。

(5) 以件(个或组)计算的为件(个或组)。

**4. 计算尺寸的取定要准确**

计算工程量时,首先要对施工图尺寸进行核对,并对各项目计算尺寸的取定要准确。

**5. 计算的顺序要统一**

要遵循一定的顺序进行计算。计算工程量时要遵循一定的计算顺序,依次进行计算,这是避免发生漏算或重算的重要措施。

**6. 计算精确度要统一**

工程量的数字计算要准确,一般应精确到小数点后三位,汇总时,其准确度取值要达到如下要求。

(1) 以 t 为单位，应保留小数点后三位数字，第四位四舍五入。

(2) 以 $m^3$、$m^2$、$m$、$kg$ 为单位，应保留小数点后两位数字，第三位四舍五入。

(3) 以个、件、根、组、系统为单位，应取整数。

## 1.1.4 工程量计算依据与方法

### 1. 工程量计算依据

建筑装饰工程量计算除依据《房屋建筑与装饰工程工程量计算规范》外，还应依据以下文件。

(1) 经审定通过的施工设计图纸及其说明。

(2) 经审定通过的施工组织设计或施工方案。

(3) 经审定通过的其他有关技术经济文件。

### 2. 工程量计算方法

工程量计算，通常采用按施工先后顺序、按现行国家工程量计算规范的分部分项顺序和用统筹法进行计算。

(1) 按施工先后顺序计算工程量。

按施工先后顺序计算工程量即按工程施工顺序的先后来计算工程量。大型和复杂工程应先划成区域，编成区号，分区计算。

(2) 按现行国家工程量计算规范的分部分项顺序计算工程量。

按现行国家工程量计算规范的分部分项顺序计算工程量即按相关工程现行国家工程量计算规范所列分部分项工程的次序来计算工程量。由前到后，逐项对照施工图设计内容，能对上号的就计算。采用这种方法计算工程量，要求熟悉施工图纸，具有较多的工程设计基础知识，并且要注意施工图中有的项目在现行国家工程量计算规范中可能未包括，这时编制人应补充相关的工程量清单项目，并报省级或行业工程造价管理机构备案，切记不可因现行国家工程量计算规范中缺项而漏项。

(3) 用统筹法计算工程量。

统筹法是通过研究分析事物内在规律及其相互依赖关系，从全局出发，统筹安排工作顺序，明确工作重心，以提高工作质量和工作效率的一种科学管理方法。实际工作中，工程量计算一般采用统筹法。

用统筹法计算工程量的基本要点是：统筹顺序，合理安排；利用基数，连续计算；一次计算，多次应用；结合实际，灵活机动。

扩展资源2：
统筹法原理.doc

① 统筹顺序，合理安排。计算工程量的顺序是否合理，直接关系到工程量计算效率的高低。工程量计算一般以施工顺序和定额顺序进行计算，若违背这个规律，势必造成烦琐计算，浪费时间和精力。统筹程序、合理安排可克服用老方法计算工程量的缺陷。

② 利用基数，连续计算。基数是单位工程的工程量计算中反复多次运用的数据，提前把这些数据算出来，供各分项工程的工程量计算时查用。

③ 一次计算，多次应用。在工程量计算中，凡是不能用"线"和"面"基数进行连续计算的项目，或工程量计算中经常用到的一些系数，如木门窗、屋架、钢筋混凝土预制标准构件、土方放坡系数等，事先组织力量，将常用数据一次算出，汇编成建筑工程量计算手册。当需计算有关的工程量时，只要查手册就能很快算出所需要的工程量来。这样可以减少以往那种按图逐项地进行烦琐而重复的计算，也能保证准确性。

④ 结合实际，灵活机动。由于工程设计差异很大，运用统筹法计算工程量时，必须具体问题具体分析，结合实际，灵活运用下列方法加以解决。

A.分段计算法。如遇外墙的断面不同，可采取分段法计算工程量。

B.分层计算法。如遇多层建筑物，各楼层的建筑面积不同，可用分层计算法。

C.补加计算法。如带有墙性的外墙，可先计算出外墙体积，然后加上砖柱体积。

D.补减计算法。如每层楼的地面面积相同，地面构造除一层门厅为水磨石面外，其余均为水泥砂浆地面，可先按每层都是水泥砂浆地面计量各楼层的工程量，然后再减去门厅的水磨石面工程量。

## 1.1.5 清单(招标)工程量

### 1. 清单(招标)工程量的概念

招标的工程量是指招标人在编制招标文件时，列在工程量清单中的工程量。建筑装饰装修工程量清单(简称工程量清单)，是招标文件的组成部分，是编制招标标底、投标报价的依据。工程量清单是由招标人或招标代理单位编制的。工程量清单是按照招标文件、施工图纸和技术资料的要求，将拟建招标工程的全部项目内容，依据统一的施工项目划分规定，计算拟招标工程项目的全部分部分项的实物工程量和技术性措施项目，并以统一的计量单位和表式列出的工程量表，称为工程量清单。工程量清单由总说明、分部分项工程量清单项目、工程量等内容组成。

### 2. 工程量清单的构成要素

(1) 分部分项工程量清单项目。分部分项工程量清单是工程量清单的主体，是指按照《建设工程工程量清单计价规范》的要求，根据拟建工程施工图计算出来的工程实物数量。

扩展图片3：工程量清单.doc

（2）措施项目清单。措施项目清单是指按照《建设工程工程量清单计价规范》的要求和施工方案及承包商的实际情况编制的，为完成工程施工而发生的各项措施费用，如脚手架搭设费、临时设施费等。

扩展资源3：
措施项目.doc

（3）其他项目清单。其他项目清单是上述两部分清单项目的必要补充，是指按照《建设工程工程量清单计价规范》的要求及招标文件和工程实际情况编制的，具有预见性或者需要单独处理的费用项目，如暂列金额等。

（4）规费项目清单。规费项目清单是指根据省级政府或省级有关权力部门规定必须缴纳的，应计入建筑安装工程造价的费用，如失业保险费等。

（5）税金项目清单。税金项目清单是根据目前国家税法规定，应计入建筑安装工程造价内的税种，包括增值税等。

### 3. 编制工程量清单的步骤

第一步：根据施工图、招标文件和《建设工程工程量清单计价规范》，列出分部分项工程项目名称并计算分部分项清单工程量。

第二步：将计算出的分部分项清单工程量汇总到分部分项工程量清单与计价表中。

第三步：根据招标文件、国家行政主管部门的文件和《建设工程工程量清单计价规范》列出措施项目清单。

第四步：根据招标文件、国家行政主管部门的文件和《建设工程工程量清单计价规范》及拟建工程实际情况，列出其他项目清单、规费项目清单、税金项目清单。

第五步：将上述五种清单内容汇总成单位工程工程量清单。

### 4. 工程量清单编制程序示意图

工程量清单编制程序示意图如图1-1所示。

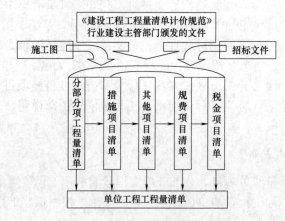

图1-1 工程量清单编制程序示意图

## 1.1.6 ▍投标工程量

施工企业(承包商、投标人)在投标报价时,依据企业定额,或者参考地区各专业定额计算出来的工程量,简称为定额工程量,即投标的工程量。

由于目前全国许多施工企业尚没有自己内部的企业定额,所以,在编制投标报价时,可以参考现行的地方定额的工程量计算规则并结合实际情况计算工程量。

1. 投标工程量的计算依据

(1) 招标文件;

(2) 施工图纸及有关资料;

(3) 企业定额;

(4) 全统基础定额;

(5) 全统装饰定额;

(6) 施工现场实际情况。

音频3:
预算定额.mp3

2. 投标工程量的主要作用

(1) 投标人编制并确定投标报价的依据;

(2) 投标人策划投标方案的依据;

(3) 投标人编制施工组织设计的依据;

(4) 投标人进行工料分析、确定实际工期、编制施工预算和施工计划的依据。

# 1.2 工程量计算规则

## 1.2.1 ▍建筑工程工程量计算规则

本节计算规则为清单计算,引用《房屋建筑与装饰工程工程量计算规范》(GB 50854—2013)。

1. 土石方工程

(1) 平整场地是指建筑场地挖、填土方厚度在±30cm 以内及找平。工程量是按设计图示尺寸以建筑物首层面积计算。挖、填土方厚度超过±30cm 以外时,按场地土方平衡竖向布置图另行计算。

(2) 挖土方按设计图示尺寸以体积计算。挖基础土方按设计图示尺寸以基础垫层底面积乘以挖土深度计算。基础土方，开挖深度按基础垫层底至交付施工场地标高确定，无交付施工场地标高时，按自然地面标高确定。沟槽断面示意图如图 1-2 所示。

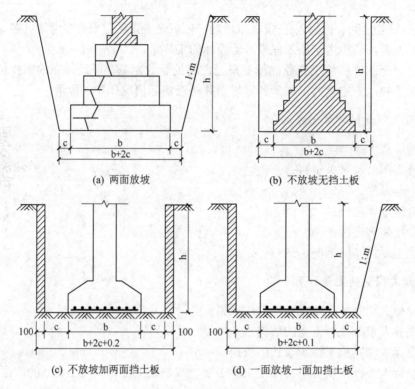

图 1-2　沟槽断面示意图

注：(a)～(d)图为基础无垫层时

(3) 截(凿)桩头。

① 人工凿桩头在编制预算时(设计图纸有特殊要求除外)，其长度从交付施工场地标高计至桩承台底以上 100mm；结算时按实调整。凿灌注桩、钻(冲)孔桩的工程量，按凿桩头长度乘桩设计截面面积乘 1.2 计算。凿人工挖孔桩护壁的工程量应扣除桩芯体积计算。土石方截(凿)桩头如图 1-3 所示。

② 机械切割预制桩桩头按桩头个数计算。

(4) 石方工程。

① 开凿岩石，区别石质按设计图示尺寸以体积计算；沟槽、基坑与平基的划分按土方工程的划分规定执行。

② 爆破岩石，区别石质按设计图示尺寸以体积计算，如图 1-4 所示。

图 1-3　土石方截(凿)桩头

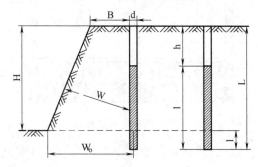

图 1-4　爆破岩石示意图

③　管沟石方按管沟土方的规定计算，如图 1-5 所示。

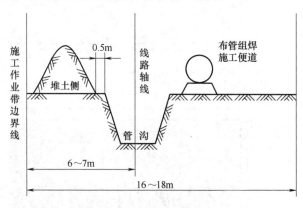

图 1-5　开挖石方管沟

(5)　土(石)方回填工程。

土石方回填按以下规定以体积计算。

A. 场地回填：回填面积乘以平均回填厚度，如图 1-6 所示。

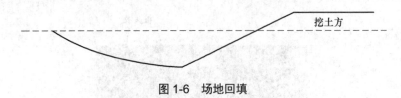

图 1-6　场地回填

B. 室内回填：主墙间净面积乘以回填厚度，如图 1-7 所示。

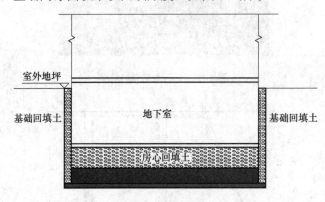

图 1-7　室内回填

C. 基础回填：挖方体积减去设计室外地坪以下埋设的基础体积(包括基础垫层及其他构筑物)，如图 1-8 所示。

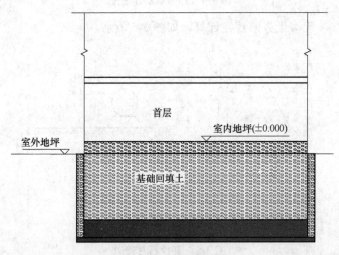

图 1-8　基础回填

D. 管沟回填：以挖方体积减去管沟及基础所占体积计算，如图1-9所示。

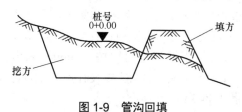

图1-9　管沟回填

2. 桩基础工程

(1) 预制混凝土桩按设计图示尺寸以桩长(包括桩尖)计算，如图 1-10 所示。如管桩的空心部分按设计要求灌注填充材料时，应另行计算。

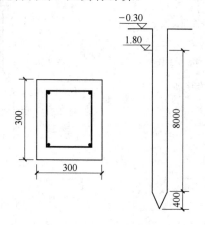

图1-10　预制混凝土桩

(2) 送桩：按送桩长度计算(即打桩机架底至桩顶面高度或自桩顶面至自然地坪面另加0.5m计算)，如图1-11所示。

(3) 人工挖孔桩护壁工程量。

① 按桩长乘以设计截面面积以体积计算，如图1-12所示。

② 扩大头预算工程量按设计图示尺寸以体积计算，结算按实际工程量以体积计算。

3. 砌筑工程

(1) 砖基础。

① 砖基础按设计图示尺寸以体积计算。包括附墙垛基础宽出部分体积，扣除地梁(圈梁)、构造柱所占体积，不扣除基础大放脚T形接头处的重叠部分及嵌入基础内的钢筋、铁件、管道、基础砂浆防潮层和单个面积≤0.3m² 的孔洞所占体积，靠墙暖气沟的挑檐不增加，

如图 1-13 所示。

②  基础长度：外墙按外墙中心线，内墙按内墙净长线计算。砖基础与砖墙(身)划分应以设计室内地坪为界(有地下室的按地下室室内设计地坪为界)，以下为基础，以上为墙(身)。基础与墙身使用不同的材料，位于设计室内地坪±300mm 以内时以不同材料为界；超过±300mm，应以设计室内地坪为界；砖(围)墙应以设计室外地坪(围墙以内地面)为界，以下为基础，以上为墙身，如图 1-14 所示。

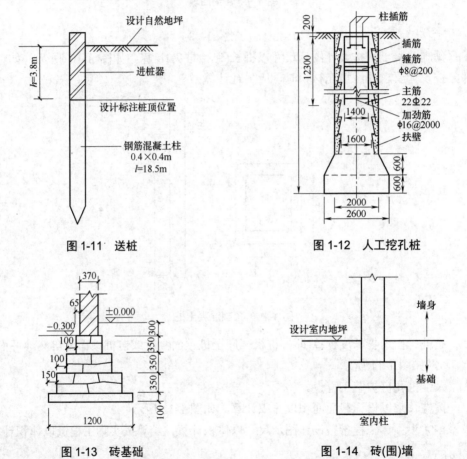

图 1-11  送桩

图 1-12  人工挖孔桩

图 1-13  砖基础

图 1-14  砖(围)墙

(2)  实心砖墙。

①  实心砖墙按设计图示尺寸以体积计算。扣除门窗、洞口、嵌入墙内的钢筋混凝土柱、梁、圈梁、挑梁、过梁及凹进墙内的壁龛、管槽、暖气槽、消火栓箱所占体积，不扣除梁头、板头、檩头、垫木、木楞头、沿缘木、木砖、门窗走头、砖墙内加固钢筋、木筋、铁件、钢管及单个面积≤0.3m² 的孔洞所占的体积。凸出墙面的腰线、挑檐、压顶、窗台线、

虎头砖、门窗套的体积也不增加。凸出墙面的砖垛并入墙体体积内计算。砖墙如图 1-15 所示。

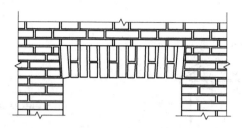

图 1-15　砖墙

② 墙长度：外墙按中心线、内墙按净长计算。

③ 墙高度：

A. 外墙：斜(坡)屋面无檐口天棚者算至屋面板底；有屋架且室内外均有天棚者算至屋架下弦底另加 200mm；无天棚者算至屋架下弦底另加 300mm，出檐宽度超过 600mm 时按实砌高度计算；与钢筋混凝土楼板隔层者算至板顶，如图 1-16 所示。平屋顶算至钢筋混凝土板顶，如图 1-17 所示。

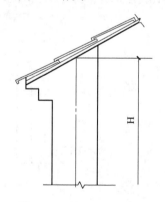

图 1-16　斜屋面外墙高度

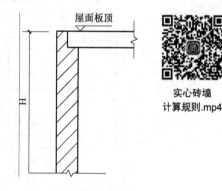

实心砖墙
计算规则.mp4

图 1-17　平屋面外墙高度

B. 内墙：位于屋架下弦者，算至屋架下弦底；无屋架者算至天棚底另加 100mm；有钢筋混凝土楼板隔层者算至楼板底；有框架梁时算至梁底，如图 1-18 所示。

C. 女儿墙：从屋面板上表面算至女儿墙顶面(如有混凝土压顶时算至压顶下表面)，如图 1-19 所示。

D. 内、外山墙：按其平均高度计算。

图 1-18　内墙高度

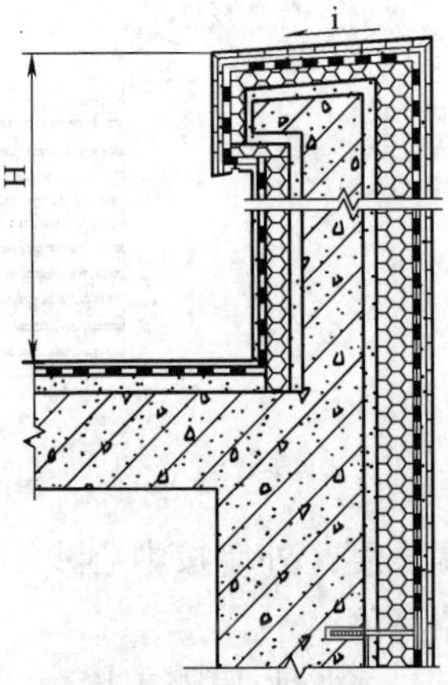

图 1-19　女儿墙高度

④　框架间墙：不分内外墙按墙体净尺寸以体积计算，如图 1-20 所示。

⑤　围墙：高度算至压顶上表面(如有混凝土压顶时算至压顶下表面)，围墙柱并入围墙体积内，如图 1-21 所示。

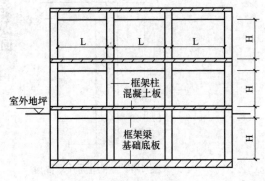

图 1-20　框架间墙高度

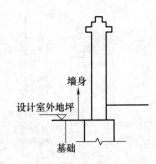

图 1-21　围墙高度

(3)　空斗墙按设计图示尺寸以空斗墙外形体积计算。墙角、内外墙交接处、门窗洞口立边、窗台砖、屋檐处的实砌部分体积并入空斗墙体积内，如图 1-22 所示。

(4)　空花墙按设计图示尺寸以空花部分外形体积计算，不扣除空洞部分体积，如图 1-23 所示。

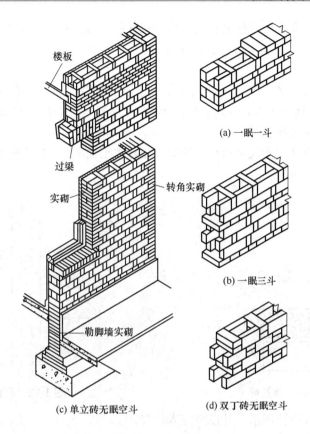

图 1-22　空斗墙

(a) 一眠一斗

(b) 一眠三斗

(c) 单立砖无眠空斗

(d) 双丁砖无眠空斗

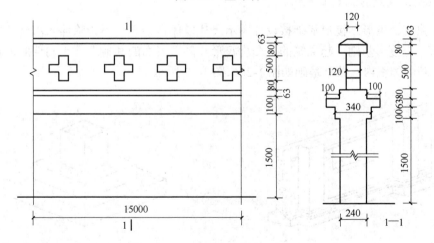

图 1-23　空花墙

(5) 实心砖柱、多孔砖柱按设计图示尺寸以体积计算，扣除混凝土及钢筋混凝土梁垫、梁头、板头所占体积。多孔砖如图1-24所示。

(6) 石砌体。

① 石基础按设计图示尺寸以体积计算，包括附墙垛基础宽出部分体积，不扣除基础砂浆防潮层及单个面积≤0.3m²的孔洞所占体积，靠墙暖气沟的挑檐不增加体积。基础长度：外墙按中心线，内墙按净长计算。

② 石勒脚按设计图示尺寸以体积计算，扣除单个面积＞0.3m²的孔洞所占的体积，如图1-25所示。

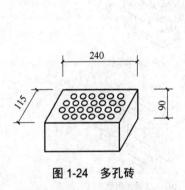

图1-24　多孔砖

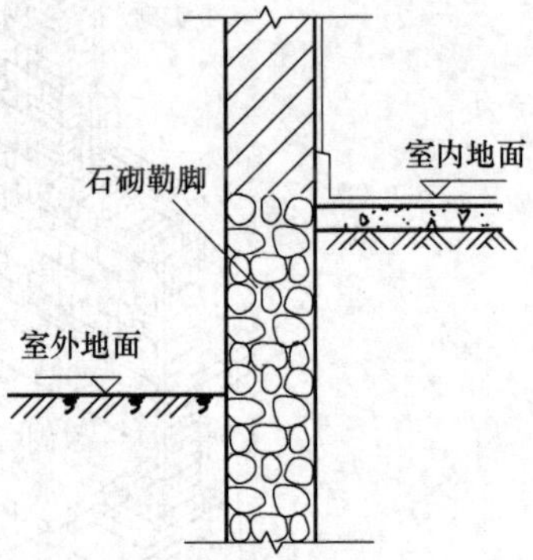

图1-25　石勒脚

(7) 轻质墙板按设计图示尺寸以平方米计算。

**4. 混凝土及钢筋混凝土工程**

(1) 独立、条形、筏形基础按设计图示尺寸以体积计算。不扣除伸入承台基础的桩头所占体积。与筏形基础一起浇筑的，凸出筏形基础下表面的其他混凝土构件的体积，并入相应筏形基础体积内。独立基础如图1-26、图1-27所示。

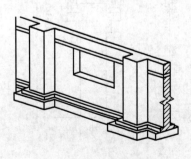

图1-26　独立基础(垛基)

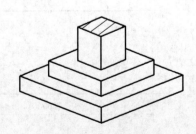

图1-27　独立基础(柱基)

（2）基础联系梁按设计图示截面面积乘以梁长以体积计算。梁长为所联系基础之间的净长度。

（3）矩形柱、圆形柱、异形柱按设计断面面积乘以柱高以体积计算，附着在柱上的牛腿并入柱体积内。柱高：柱基上表面至柱顶之间的高度。其楼层的分界线为各楼层上表面，其与柱帽的分界线为柱帽下表面。型钢混凝土柱需扣除构件内型钢体积。矩形柱如图 1-28 所示。

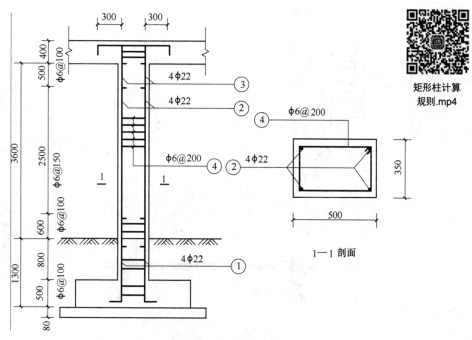

矩形柱计算
规则.mp4

图 1-28　矩形柱

（4）构造柱按设计图示尺寸以体积计算，与砌体嵌接部分(马牙槎)的体积并入柱身体积内。构造柱高度：自其生根构件(基础、基础圈梁、地梁等)的上表面算至其锚固构件(上部梁、上部板等)的下表面。构造柱如图 1-29 所示。

（5）矩形梁、异形梁、斜梁、弧形梁、拱形梁按设计图示截面面积乘以梁长以体积计算。伸入墙内的梁头、梁垫并入梁体积内。斜梁如图 1-30 所示，拱形梁如图 1-31 所示。

梁长：①梁与柱连接时，梁长算至柱侧面；②主梁与次梁连接时，次梁长算至主梁侧面。

梁高：梁上部有与梁一起浇筑的现浇板时，梁高算至现浇板底。型钢混凝土梁需扣除构件内型钢体积。

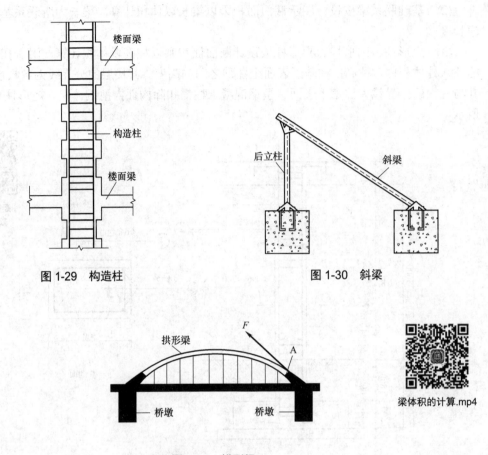

图 1-29  构造柱

图 1-30  斜梁

图 1-31  拱形梁

梁体积的计算.mp4

(6)  有梁板、无梁板、平板按设计图示尺寸以体积计算，不扣除单个面积≤$0.3m^2$的柱、垛以及孔洞所占体积，板伸入砌体墙内的板头以及板下柱帽并入板体积内。其中：有梁板(包括主、次梁与板)按梁、板体积之和计算；坡屋面板屋脊八字相交处的加厚混凝土并入坡屋面板体积内计算。薄壳板的肋、基梁并入薄壳板体积内计算。有梁板如图 1-32 所示。

(7)  楼梯按设计图示尺寸以水平投影面积计算。不扣除宽度≤500mm 的楼梯井，伸入墙内部分不计算。

(8)  现浇构件钢筋按设计图示钢筋长度乘单位理论质量计算，设计(包括规范规定)标明的搭接和锚固长度应计算在内。马凳筋、定位筋等非设计结构配筋，按设计及施工规范要求或实际施工方案计算工程量。

(9)  钢筋机械连接、钢筋压力焊连接按数量计算。

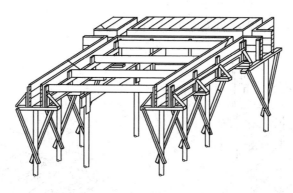

图 1-32 有梁板

5. 金属结构工程

(1) 钢网架。

① 按设计图示尺寸以质量计算。不扣除孔眼的质量，焊条、铆钉等不另增加质量。

② 螺栓质量要计算。

(2) 钢屋架按设计图示尺寸以质量计算。不扣除孔眼的质量，焊条、铆钉、螺栓等不另增加质量。钢屋架如图 1-33 所示。

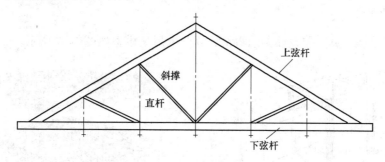

图 1-33 钢屋架

(3) 实腹钢柱按设计图示尺寸以质量计算。不扣除孔眼的质量，焊条、铆钉、螺栓等不另增加质量，依附在钢柱上的牛腿及悬臂梁等并入钢柱工程量内。实腹钢柱如图 1-34 所示。

(4) 钢管柱按设计图示尺寸以质量计算。不扣除孔眼的质量，焊条、铆钉、螺栓等不另增加质量，钢管柱上的节点板、加强环、内衬管、牛腿等并入钢管柱工程量内。

(5) 钢梁、钢吊车梁按设计图示尺寸以质量计算。不扣除孔眼的质量，焊条、铆钉、螺栓等不另增加质量，制动梁、制动板、制动桁架、车挡并入钢吊车梁工程量内。

(6) 钢板楼板按设计图示尺寸以铺设水平投影面积计算。不扣除单个面积≤0.3m² 的柱、垛及孔洞所占面积。钢板楼板如图1-35所示。

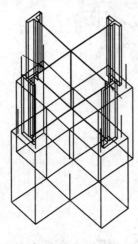

图1-34 实腹钢柱

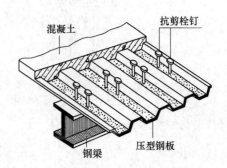

图1-35 钢板楼板

(7) 钢板墙板按设计图示尺寸以铺挂展开面积计算。不扣除单个面积≤0.3m²的梁、孔洞所占面积，包角、包边、窗台泛水等不另加面积。钢板墙板如图1-36所示。

**6. 木结构工程**

(1) 屋架以榀计算，按设计图示数量计算。木屋架模型如图1-37所示。

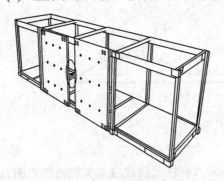

图1-36 钢板墙板

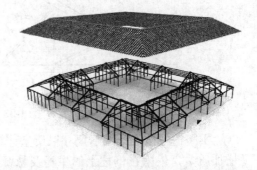

图1-37 木屋架模型

(2) 木楼梯按设计图示尺寸以水平投影面积计算。不扣除宽度≤300mm的楼梯井，伸入墙内部分不计算。

(3) 屋面木基层按设计图示尺寸以斜面积计算。不扣除房上烟囱、风帽底座、风道、小气窗、斜沟等所占面积。小气窗的出檐部分不增加面积。

7. 门窗工程

(1) 木质门、木质门带套、木质防火门、木质连窗门按设计图示洞口尺寸以面积计算。

(2) 金属(塑钢)门按设计图示洞口尺寸以面积计算。

(3) 特种门按设计图示洞口尺寸以面积计算。

(4) 木质窗以平方米计量，按设计图示洞口尺寸以面积计算。

(5) 木飘(凸)窗按设计图示尺寸以框外围展开面积计算。

(6) 金属(塑钢、断桥)窗以平方米计量，按设计图示洞口尺寸以面积计算。

8. 屋面及防水工程

(1) 瓦屋面按设计图示尺寸以斜面积计算。不扣除房上烟囱、风帽底座、风道、小气窗、斜沟等所占面积。

(2) 屋面卷材防水按设计图示尺寸以面积计算。

① 斜屋顶(不包括平屋顶找坡)按斜面积计算，平屋顶按水平投影面积计算。

② 不扣除房上烟囱、风帽底座、风道、屋面小气窗和斜沟所占面积。

③ 屋面的女儿墙、伸缩缝和天窗等处的弯起部分，并入屋面工程量内。

(3) 屋面排水管按设计图示尺寸以长度计算。如设计未标注尺寸，以檐口至设计室外散水上表面垂直距离计算。屋面排水管设计如图 1-38 所示。

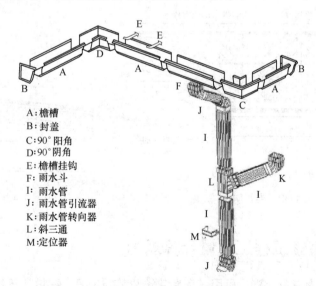

A:檐槽
B:封盖
C:90°阳角
D:90°阴角
E:檐槽挂钩
F:雨水斗
I:雨水管
J:雨水管引流器
K:雨水管转向器
L:斜三通
M:定位器

图 1-38　屋面排水管设计

(4) 墙面卷材防水按设计图示尺寸以面积计算。

(5) 楼(地)面卷材防水按设计图示尺寸以面积计算。

① 楼(地)面防水:按主墙间净空面积计算,扣除凸出地面的构筑物、设备基础等所占面积,不扣除间壁墙及单个面积≤0.3m²的柱、垛、烟囱和孔洞所占面积。

② 楼(地)面防水反边高度≤300mm 算作地面防水,反边高度>300mm 按墙面防水计算。

(6) 基础卷材防水按图示尺寸以展开面积计算,与筏板、防水底板相连的电梯井坑、集水坑及其他基础的防水按展开面积并入计算;不扣除桩头所占面积及单个面积≤0.3m²的孔洞所占面积;后浇带附加层面积并入计算。卷材防水如图 1-39 所示。

9. 保温、隔热、防腐工程

(1) 保温隔热屋面按设计图示尺寸以面积计算。扣除面积>0.3m²的孔洞及占位面积。

(2) 保温隔热天棚按设计图示尺寸以面积计算。扣除面积>0.3m²的柱、垛、孔洞所占面积,与天棚相连的梁按展开面积,计算并入天棚工程量内。保温层如图 1-40 所示。

(3) 保温隔热楼地面按设计图示尺寸以面积计算。扣除面积>0.3m²的柱、垛、孔洞所占面积。门洞、空圈、暖气包槽、壁龛的开口部分不增加面积。

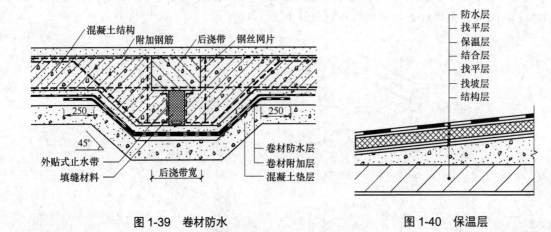

图 1-39 卷材防水 　　　　　　　　　　图 1-40 保温层

## 1.2.2 装饰装修工程工程量计算规则

本节计算规则为清单计算,引用《房屋建筑与装饰工程工程量计算规范》(GB 50854—2013)。

1. 楼地面

(1) 楼地面整体和块料面层按设计图示尺寸以面积计算。扣除凸出地面构筑物、设备基础、室内铁道、地沟等所占面积，不扣除间壁墙和 $0.3m^2$ 以内的柱、垛、附墙烟囱及孔洞所占面积。门洞、空圈、暖气包槽、壁龛的开口部分不增加面积。

(2) 橡塑面层和其他材料面层按设计图示尺寸以面积计算。门洞、空圈、暖气包槽、壁龛的开口部分并入相应的工程量内。

(3) 踢脚线按设计图示长度乘以高度以面积计算。

(4) 楼梯装饰按设计图示尺寸以楼梯(包括踏步、休息平台及宽 500mm 以内的楼梯井)水平投影面积计算。楼梯与楼地面相连时，算至梯口梁内侧边沿；无梯口梁者，算至最上一层踏步边沿加 300mm。

(5) 台阶装饰按设计图示尺寸以台阶(包括上层踏步边沿加 300mm)水平投影面积计算。

(6) 零星装饰项目按设计图示尺寸以面积计算。

(7) 防滑条按设计图示长度计算。设计未明确时，可按楼梯踏步两端距离减 300mm 后的长度计算。

(8) 地面、散水和坡道垫层按设计图示尺寸以体积计算。应扣除凸出地面的构筑物、设备基础、室内铁道、地沟等所占体积，不扣除间壁墙和 $0.3m^2$ 以内的柱、垛、附墙烟囱及孔洞所占体积。散水构造如图 1-41 所示。

(9) 散水、防滑坡道按图示尺寸以水平投影面积计算(不包括翼墙、花池等)。防滑坡道如图 1-42 所示。

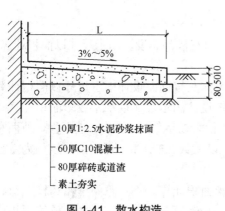

— 10厚1:2.5水泥砂浆抹面
— 60厚C10混凝土
— 80厚碎砖或道渣
— 素土夯实

图 1-41 散水构造

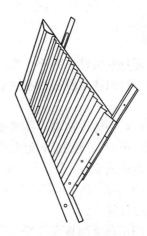

图 1-42 防滑坡道

(10) 扶手、栏杆、栏板按设计图示尺寸以扶手中心线长度(包括弯头长度)计算。

**2. 墙、柱面工程**

(1) 墙面抹灰按设计图示尺寸以面积计算。扣除墙裙、门窗洞口及单个 $0.3m^2$ 以上的孔洞面积，不扣除踢脚线、挂镜线和墙与构件交接处的面积，门窗洞口和孔洞的侧壁及顶面不增加面积。附墙柱、梁、垛、烟囱侧壁并入相应的墙面面积内。具体计算方法为：

① 外墙抹灰面积按外墙垂直投影面积计算。

② 外墙裙抹灰面积按其长度乘以高度计算。外墙抹灰如图 1-43 所示。

③ 内墙抹灰面积按主墙间的净长乘以高度计算；无墙裙的，高度按室内楼地面至天棚底面计算；有墙裙的，高度按墙裙顶至天棚底面计算。

④ 内墙裙抹灰面积按内墙净长乘以高度计算。

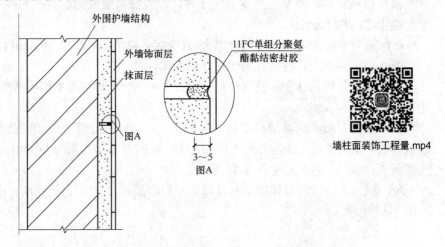

**图 1-43 外墙抹灰**

(2) 柱面抹灰按设计图示柱断面周长乘以高度以面积计算。

(3) 墙、柱面镶贴块料、零星镶贴块料和零星抹灰按饰面设计图示尺寸以面积计算。

(4) 柱面抹灰按设计图示柱断面周长乘以高度以面积计算。

(5) 墙、柱面镶贴块料、零星镶贴块料和零星抹灰按饰面设计图示尺寸以面积计算，雨篷、挑檐、飘窗、空调板、遮阳板的单面抹灰按设计图示尺寸以水平投影面积计算。雨篷顶面带反沿或反梁者，其工程量按其水平投影面积乘以系数 1.2 计算。板顶面、地面和沿口均为一般抹灰时，其工程量可按水平投影面积乘以系数 2.2 计算。雨篷沿口线如为镶贴块料时，可另行计算。

(6) 天棚吊顶骨架按设计图示尺寸以水平投影面积计算。不扣除间壁墙、检查口、附墙烟囱、柱、垛和管道所占面积。天棚中的折线、迭落等圆弧形，高低吊灯槽等面积也不展开计算，如图 1-44 所示。

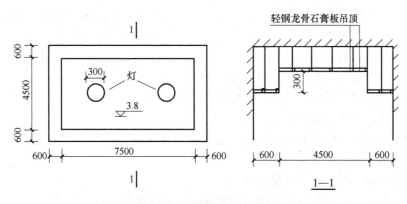

图 1-44　天棚吊顶骨架

(7) 天棚面层按设计图示尺寸以面积计算。不扣除间壁墙、检查口、附墙烟囱、附墙垛和管道所占面积，应扣除单个 $0.3m^2$ 以上的孔洞、独立柱及与天棚相连的窗帘盒所占的面积。天棚中的迭落侧面、曲面造型、高低灯槽、假梁装饰及其他艺术形式的天棚面层均按展开面积计算，合并在天棚面层工程量内。

(8) 灯孔、灯槽、送风口和回风口按设计图示数量计算。送风口如图 1-45 所示。

(9) 天棚检查口按设计图示数量计算，如图 1-46 所示。

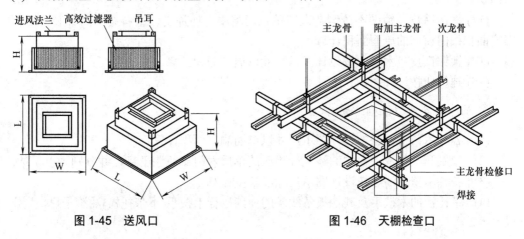

图 1-45　送风口　　　　　　　　　　图 1-46　天棚检查口

(10) 天棚走道板按设计图示长度计算。

### 3. 门窗工程

(1) 各类门、窗工程量除特别规定者外，均按设计图示尺寸以门、窗洞口面积计算。框帽走头、木砖及立框所需的拉条、护口条以及填缝灰浆，均已包括在定额子目内，不得另行增加。

(2) 纱门、纱窗、纱亮的工程量分别按其安装对应的开启门扇、窗扇、亮扇面积计算。

(3) 铝合金、塑钢纱窗制作安装按其设计图示尺寸以扇面面积计算。

(4) 技术卷闸门安装按设计图示洞口尺寸以面积计算。电动装置安装以"套"计算，小门安装以"个"计算，同时扣除原卷帘门中小门的面积。

(5) 无框玻璃门指无铝合金框，如带固定亮子无框(上亮、侧亮)，工程量按门及亮子洞口面积分别计算，并执行相应子目。

(6) 硬木门窗扇与框应分别列项计算工程量：硬木门窗框按设计图示尺寸以门窗洞口面积计算；硬木门窗扇均以扇的净面积计算。

(7) 特殊五金按设计图示数量计算。

(8) 门窗贴脸、门窗套按设计图示门窗洞口尺寸以长度计算。

(9) 筒子板按设计图示尺寸以展开面积计算。

(10) 窗帘盒、窗帘轨按设计图示尺寸以长度计算。如设计未注明时，可按窗洞口宽度两边共加 300mm 计算。

(11) 窗台板按设计图示尺寸以面积计算。如设计未注明者，长度可按窗洞口宽两边共加 100mm，挑出墙面外的宽度，按 50mm 计算。

(12) 镜面不锈钢、镜面玻璃、镀锌铁皮包门框按设计图示尺寸以展开面积计算(不计咬口面积)。

(13) 镀锌铁皮、镜面不锈钢、人造革包门窗扇，切片皮、塑料装饰面、装饰三合板贴门窗面均按门窗扇的单面面积计算。

(14) 镀锌铁皮包木材面按设计图示尺寸以展开面积计算。

(15) 挂镜线按设计图示长度计算。挂镜点按图示数量计算。

4. 油漆、涂料、裱糊工程

(1) 各种木门窗油漆按设计图示尺寸以单面洞口面积计算。

(2) 双层和其他木门窗的油漆执行相应的单层木门窗油漆子目，并分别乘以系数。

(3) 各种木扶手油漆按设计图示尺寸以长度计算。

(4) 带托板的木扶手及其他板条线条的油漆执行木扶手(不带托板)油漆子目，并分别乘以系数。

## 1.2.3 建筑安装工程工程量计算规则

本节计算规则为清单计算，引用《通用安装工程工程量计算规范》(GB 50856—2013)。

1. 机械设备安装工程

(1) 切削设备安装。

台式及仪表机床、卧式车床、立式车床、钻床、镗床、磨床、铣床、齿轮加工机床、螺纹加工机床按设计图示数量以台计算。

(2) 锻压设备安装。

机械压力机、液压机、自动锻压机、锻锤机、剪切机、弯曲校正机按设计图示数量以台计算。机械压力机如图1-47所示。

(3) 铸造设备安装。

① 砂处理设备、造型设备、制芯设备、落砂设备、清理设备、金属型铸造设备、材料准备设备按设计图示数量以台/套计算，如图1-48所示。

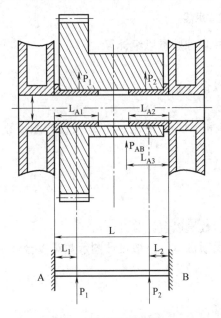

图1-47 机械压力机

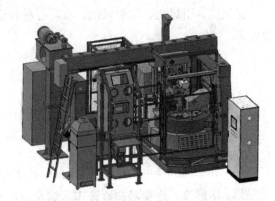

图1-48 铸造设备

② 铸铁平台按设计图示质量以t计算。

2. 热力设备安装工程

(1) 中压锅炉设备安装。

① 钢炉架按制造厂设备安装图示质量以t计算。

② 汽包按设计图示数量以台计算。

③ 水冷系统、过热系统按制造厂的设备安装图示质量以t计算。

④ 省煤器按制造厂的设备安装图示质量以 t 计算,如图 1-49 所示。

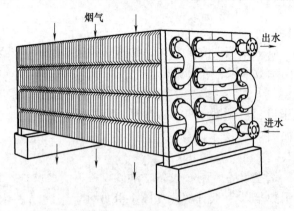

**图 1-49 铸铁式省煤器**

⑤ 锅炉基础钢筋煨制焊接按设计图锅炉钢柱基础数量以组计算。

(2) 中(高)压锅炉分部试验及试运。

锅炉清洗及试验、锅炉化学清洗按整套锅炉以台计量。

(3) 中(高)压锅炉风机安装。

送风机、引风机、排粉风机、石灰石粉输送风机、回料(流化)风机均按设计图示数量以台计算。

3. 电气设备安装工程

(1) 变压器安装。

① 干式变压器、油浸电力变压器按设计图示数量以台计算。

② 消弧线圈的干燥按同容量电力变压器干燥项目执行,按设计图示数量以台计算。

(2) 配电装置安装。

① 开关电器按设计图示数量以台(组)计算。

② 熔断器、避雷器按设计图示数量以组计算。

(3) 母线安装。

① 软母线安装,指直接由耐张绝缘子串悬挂部分,按设计图示尺寸以单相长度计算(含预留长度)。

② 矩形母线、槽形母线、管形母线按设计图示尺寸以单相长度计算(含预留长度)。矩形母线如图 1-50 所示。

③ 封闭共箱母线、低压封闭式插接母线槽按设计图示尺寸以中心线长度计算。封闭共箱母线如图 1-51 所示。

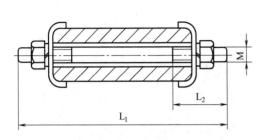

图 1-50　矩形母线

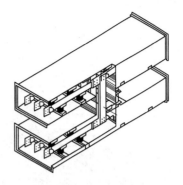

图 1-51　封闭共箱母线

④　重型母线按设计图示尺寸质量以 t 计算。

(4)　控制设备及低压电器安装。

控制屏、继电屏、信号屏、模拟屏按设计图示数量计算。

(5)　低压电器设备安装。

开关箱、控制开关、低压熔断器、限位开关、控制器、接触器、磁力启动器按设计图示数量计算。

(6)　建筑智能化工程。

输入设备、输出设备、控制设备、存储设备按设计图示数量以台计算。

# 第 2 章　建筑面积

建筑面积是指建筑物(包括墙体)所形成的楼地面面积。面积是所占平面图形的大小，建筑面积主要是墙体围合的楼地面面积。

建筑面积还包括附属于建筑物的室外阳台、雨篷、檐廊、室外走廊、室外楼梯等建筑部件的面积。建筑面积可以分为使用面积、辅助面积和结构面积。

# 2.1　计算建筑面积的范围

## 2.1.1 ‖‖计算全面积的范围

(1)　建筑物的建筑面积应按自然层外墙结构外围水平面积之和计算。结构层高在 2.20m 及以上，应计全面积。计算建筑面积时不考虑勒脚。结构层高示意图如图 2-1 所示，结构外墙计算示意图如图 2-2 所示。

建筑计算全面积.mp4

(2)　建筑物内设有局部楼层时，对于局部楼层的二层及以上楼层(有围护按围护，无围护按底板)，结构层高在 2.20m 及以上，应计算全面积。建筑物内的局部楼层如图 2-3 所示。

坡屋面和场馆看台下建筑面积计算.mp4

音频 1：建筑面积的作用.mp3

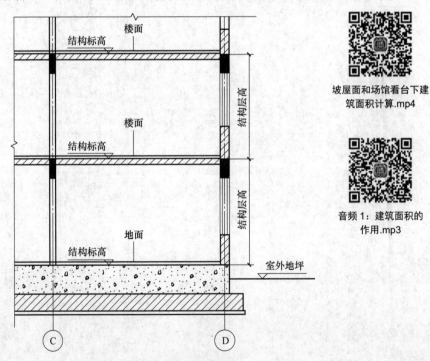

图 2-1　结构层高示意图

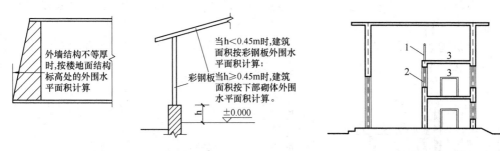

<table>
<tr><td>图2-2　结构外墙计算示意图</td><td>图2-3　建筑物内的局部楼层</td></tr>
</table>

1—围护设施；2—围护结构；3—局部楼层

(3) 形成建筑空间的坡屋顶，结构净高在 2.1m 及以上的部位应计算全面积，如图 2-4 所示。

扩展图片1：坡屋顶.doc

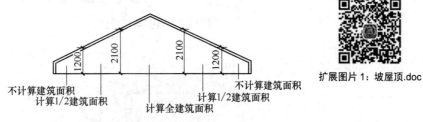

图2-4　坡屋顶计算示意图

(4) 对于场馆看台下的建筑空间，结构净高在 2.10m 及以上的部位应计算全面积，如图 2-5 所示。

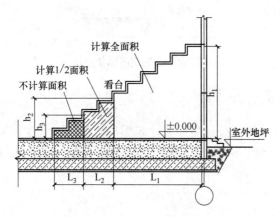

图2-5　看台下计算示意图

注：$h_2$=2.1m；$h_3$=1.2m

(5) 地下室、半地下室应按其结构外围水平面积计算。结构层高在 2.20m 及以上的，应计算全面积。

(6) 建筑物架空层及坡地建筑物吊脚架空层，应按其顶板水平投影计算建筑面积。结构层高在 2.20m 及以上的，应计算全面积。架空层如图 2-6 所示，建筑物吊脚架空层如图 2-7 所示。

扩展图片 2：地下室、
半地下室.doc

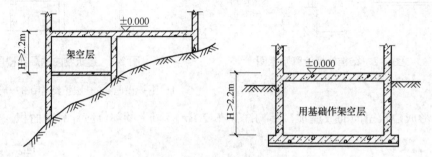

图 2-6 架空层示意图

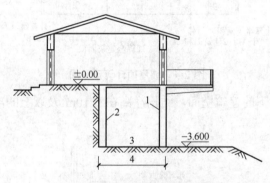

图 2-7 建筑物吊脚架空层

1—柱；2—墙；3—吊脚架空层；4—计算建筑面积部位

(7) 建筑物的门厅、大厅按一层计算建筑面积。门厅、大厅内设置的走廊应按走廊结构底板水平投影计算建筑面积，结构层高在 2.20m 及以上的，应计算全面积，如图 2-8 所示。

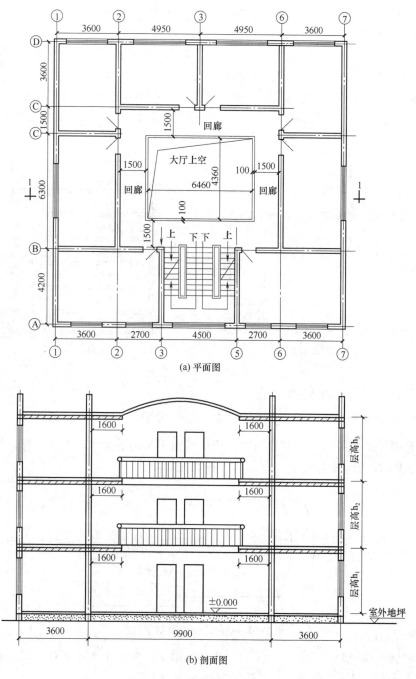

(a) 平面图

(b) 剖面图

图 2-8　门厅走廊示意图

(8) 对于建筑物间的架空走廊，有顶盖和围护结构的，应按其围护结构外围水平面积计算全面积。

扩展图片3：架空走廊.doc

(9) 对于立体书库、立体仓库、立体车库，有围护结构的，应按其围护结构外围水平面积计算建筑面积；无围护结构，有围护设施的，按其结构底板水平投影面积计算建筑面积。无结构层的按一层计算，有结构层的按其结构层面积分别计算。结构层高在 2.20m 及以上的，应计算全面积。立体书库如图 2-9 所示。

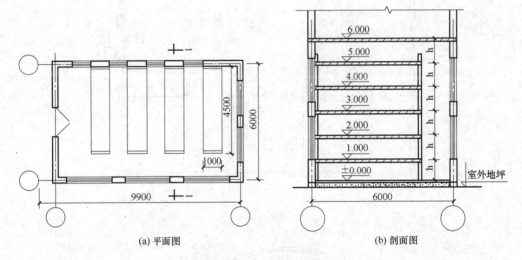

(a) 平面图　　　　　　　　　(b) 剖面图

图 2-9　立体书库示意图

(10) 有围护结构的舞台灯光控制室，应按其围护结构外围水平面积计算。结构层高在 2.20m 及以上的，应计算全面积。舞台灯光控制室如图 2-10 所示。

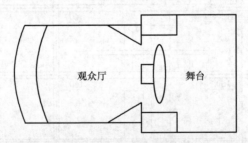

图 2-10　舞台灯光控制室示意图

(11) 附属在建筑物外墙的落地橱窗，应按其围护结构外围水平面积计算。结构层高在 2.20m 及以上的，应计算全面积。落地橱窗如图 2-11 所示。

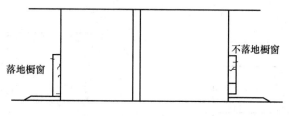

**图 2-11　落地橱窗示意图**

(12) 门斗按其围护结构外围水平面积计算，且结构层高在 2.20m 及以上的，应计算全面积。门斗如图 2-12 所示。

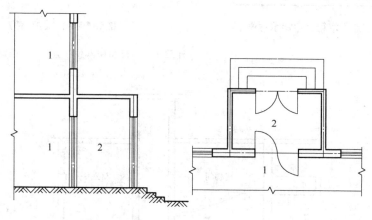

**图 2-12　门斗**

1—室内；2—门斗

(13) 设在建筑物顶部、有围护结构的楼梯间、水箱间、电梯机房等，结构层高在 2.20m 及以上的，应计算全面积。屋面水箱、电梯如图 2-13 所示。

(14) 围护结构不垂直于水平面的楼层，应按其底板面的外墙外围水平面积计算。结构净高在 2.10m 及以上的部位，应计算全面积。斜围护结构如图 2-14 所示。

(15) 建筑物的室内楼梯、电梯井、提物井、管道井、通风排气竖井、烟道应并入建筑物的自然层计算建筑面积。有顶盖的采光井应按层计算建筑面积，且结构净高在 2.10m 及以上的，应计算全面积。电梯井示意图如图 2-15 所示，地下室采光井如图 2-16 所示，采光井示意图如图 2-17 所示。

扩展资源 1：
楼梯间.doc

音频 2：采光井.mp3

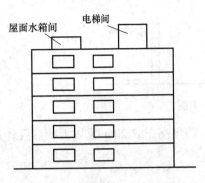

图 2-13 屋面水箱、电梯示意图

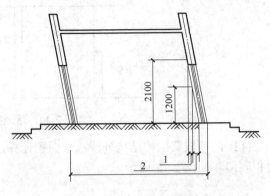

图 2-14 斜围护结构

1—计算 1/2 建筑面积部位；2—不计算建筑面积部位

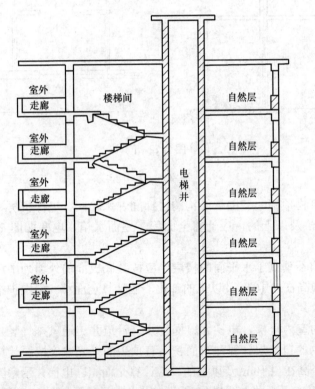

图 2-15 电梯井示意图

局部楼层建筑
面积计算.mp4

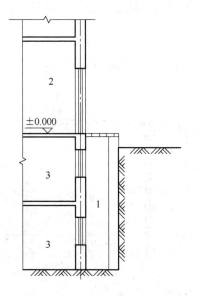

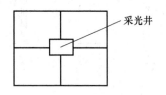

图 2-16　地下室采光井　　　　　　　　　图 2-17　采光井示意图

1—采光井；2—室内；3—地下室

(16) 在主体结构内的阳台，应按其结构外围水平面积计算全面积，如图 2-18 所示。

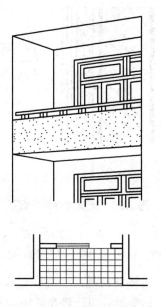

图 2-18　主体结构内的阳台

(17) 以幕墙作为围护结构的建筑物，应按幕墙外边线计算建筑面积，如图 2-19 所示。

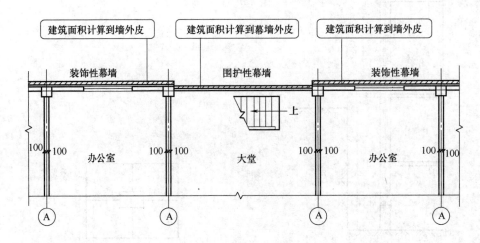

图 2-19　建筑幕墙示意图

(18) 建筑物的外墙外保温层，应按其保温材料的水平截面积计算，并计入自然层建筑面积，如图 2-20 所示。

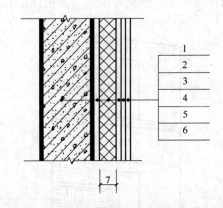

图 2-20　建筑外墙外保温层

1—墙体；2—黏结胶浆；3—保温材料；4—标准网；
5—加强网；6—抹面砂浆；7—计算建筑面积部位

(19) 与室内相通的变形缝，应按其自然层合并在建筑物面积内计算；对于高低联跨的建筑物，当高低跨内部连通时，其变形缝应计算在低跨面积内，如图 2-21 所示。

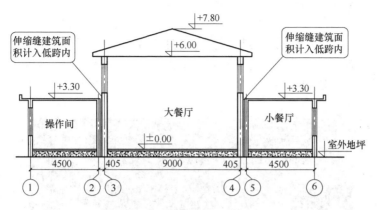

图 2-21 有高低跨的情形

(20) 建筑物内的设备层、管道层、避难层等有结构的楼层，结构层高在 2.20m 及以上的，应计算全面积，如图 2-22 所示。

音频 3: 避难层.mp3

(a) 避难层设备 　　　　　　　　(b) 避难层实景图

图 2-22 建筑物内的避难层

## 2.1.2 计算半面积的范围

(1) 建筑物的建筑面积，结构层高在 2.20m 以下，应计算 1/2 面积。

(2) 建筑物内设有局部楼层时，对于局部楼层的二层及以上楼层(有围护按围护，无围护按底板)，结构层高在 2.20m 以下，应计算 1/2 面积。

(3) 形成建筑空间的坡屋顶，结构净高在 1.20m 及以上至 2.10m 以下的部位应计算 1/2 面积。

(4) 对于场馆看台下的建筑空间，结构净高在 1.20m 及以上至 2.10m 以下的部位应计算 1/2 面积。

　　室内单独设置的有围护设施的悬接看台，应按看台结构底板水中投影计算建筑面积，如图 2-23 所示。有顶盖无围护结构的场馆看台应按其顶盖水平投影面积的 1/2 计算建筑面积，如图 2-24 所示，实物图如图 2-25 所示。

图 2-23　场馆看台示意图

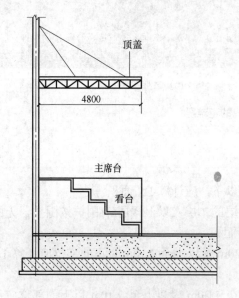

图 2-24　有顶盖无围护结构的场馆看台

图 2-25　看台实物图

(5) 地下室、半地下室应按其结构外围水平面积计算，结构层高在 2.20m 以下的，应计算 1/2 面积。

(6) 出入口外墙外侧坡道有顶盖的部位，应按其外墙结构外围水平面积的 1/2 计算面积，如图 2-26 所示，地下室坡道出入口示意图如图 2-27 所示。

坡道建筑面积.mp4

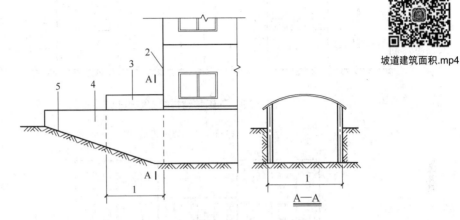

图 2-26　地下室出入口

1—计算 1/2 投影面积部位；2—主体结构；3—出入口顶盖；

4—封闭出入口侧墙；5—出入口坡道

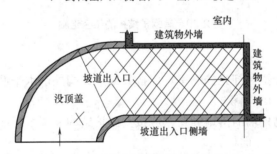

图 2-27　地下室坡道出入口示意图

(7) 建筑物架空层及坡地建筑物吊脚架空层，应按其顶板水平投影计算建筑面积。结构层高在 2.20m 以下的，应计算 1/2 面积。

(8) 建筑物的门厅、大厅按一层计算建筑面积。门厅、大厅内设置的走廊应按走廊结构底板水平投影计算建筑面积。结构层高在 2.20m 以下的，应计算 1/2 面积。

(9) 对于建筑物间的架空走廊，无围护结构的如图 2-28 所示，有围护结构的如图 2-29 所示。

扩展资源2：
围护结构.doc

(10) 对于立体书库、立体仓库、立体车库，有结构层的按其结构层面积分别计算。结构层高在 2.20m 以下的，应计算 1/2 面积。

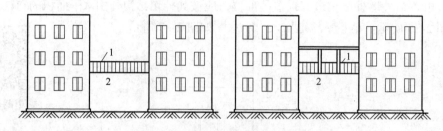

图 2-28 无围护结构的架空走廊

1—栏杆；2—架空走廊

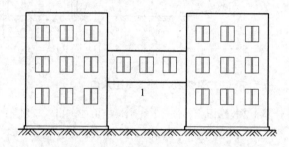

图 2-29 有围护结构的架空走廊

1—架空走廊

(11) 有围护结构的舞台灯光控制室，应按其围护结构外围水平面积计算。结构层高在 2.20m 以下的，应计算 1/2 面积。

(12) 附属在建筑物外墙的落地橱窗，应按其围护结构外围水平面积计算。结构层高在 2.20m 以下的，应计算 1/2 面积。

(13) 窗台与室内地面高差在 0.45m 以下且结构净高在 2.10m 及以上的凸(飘)窗，应按其围护结构外围水平面积计算 1/2 面积，如图 2-30 所示。

(14) 有围护设施的室外走廊(挑廊)，应按其结构底板水平投影面积计算 1/2 面积；有围护设施(或柱)的檐廊，如图 2-31 所示，应按其围护设施(或柱)外围水平面积计算 1/2 面积。

(15) 门斗按其围护结构外围水平面积计算，结构层高在 2.20m 以下的，应计算 1/2 面积。

(16) 门廊应按其顶板水平投影面积的 1/2 计算建筑面积；有柱雨篷应按雨篷结构板的水平投影面积的 1/2 计算建筑面积，无柱雨篷的结构外边线至外墙结构外边线的宽度在 2.10m

及以上，按雨篷结构板的水平投影面积的 1/2 计算建筑面积。无柱雨篷如图 2-32 所示，有柱雨篷如图 2-33 所示。

(17) 设在建筑物顶部、有围护结构的楼梯间、水箱间、电梯机房等，结构层高在 2.20m 以下的，应计算 1/2 面积。

(18) 围护结构不垂直于水平面的楼层，应按其底板面的外墙外围水平面积计算。结构净高在 1.20m 及以上至 2.10m 以下的部位，应计算 1/2 面积。

(19) 有顶盖的采光井应按层计算建筑面积，结构净高在 2.10m 以下的，应计算 1/2 面积。

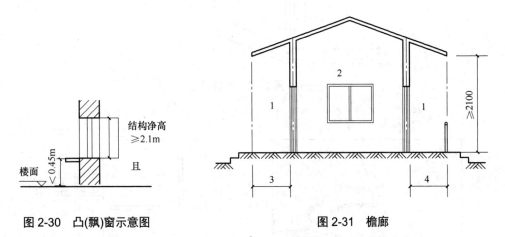

图 2-30　凸(飘)窗示意图

图 2-31　檐廊

1—檐廊；2—室内；3—不计算建筑面积部位；

4—计算 1/2 建筑面积部位

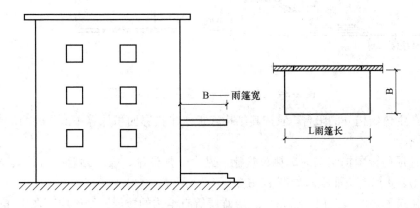

图 2-32　无柱雨篷

(20) 室外楼梯应并入所依附建筑物自然层，并应按其水平投影面积的 1/2 计算建筑面积，如图 2-34 所示。

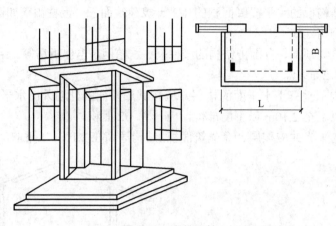

图 2-33　有柱雨篷

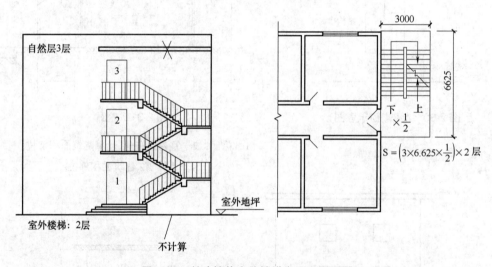

图 2-34　某建筑物室外楼梯立面和平面图

(21) 在主体结构外的阳台，应按其结构底板水平投影面积计算 1/2 面积。阳台示意图如图 2-35 所示。

(22) 有顶盖无围护结构的车棚、货棚、站台、加油站、收费站等，应按其顶盖水平投影面积的 1/2 计算建筑面积，如图 2-36 所示。

(23) 建筑物内的设备层、管道层、避难层等有结构的楼层，结构层高在 2.20m 以下的，应计算 1/2 面积。

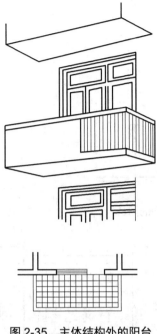

图2-35　主体结构外的阳台

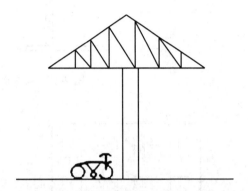

图2-36　有顶盖无围护结构构件示意图

## 2.2　不计算建筑面积的范围

(1) 形成建筑空间的坡屋顶，结构净高在 1.20m 以下的部位不应计算建筑面积。

(2) 场馆看台下的建筑空间，结构净高在 1.20m 以下的部位不应计算建筑面积。

(3) 围护结构不垂直于水平面的楼层，应按其底板面的外墙外围水平面积计算。结构净高在 1.20m 以下的部位，不应计算建筑面积。

(4) 与建筑物内不相连通的建筑部件，如图 2-37 所示。

(5) 骑楼、过街楼底层的开放公共空间和建筑物通道。骑楼如图 2-38 所示，过街楼如图 2-39 所示，骑楼、过街楼、建筑物通道示意图如图 2-40 所示。

扩展资源3：建筑物通道.doc

(6) 舞台及后台悬挂幕布和布景的天桥、挑台等。

(7) 露台、露天游泳池、花架、屋顶的水箱及装饰性结构构件。

(8) 建筑物内的操作平台、上料平台、安装箱和罐体的平台。操作平台如图 2-41 所示。

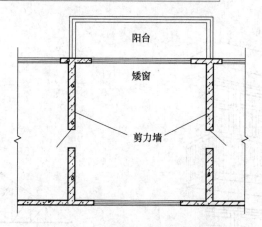

图 2-37 与建筑物内不相连通的阳台

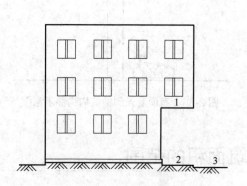

图 2-38 骑楼

1—骑楼；2—人行道；3—街道

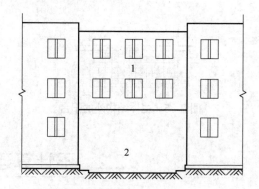

图 2-39 过街楼

1—过街楼；2—建筑物通道

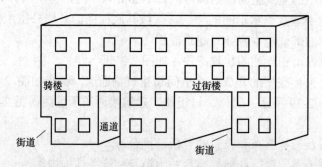

图 2-40 骑楼、过街楼、建筑物通道示意图

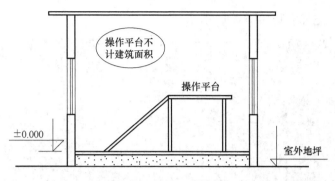

图 2-41　操作平台示意图

(9) 勒脚、附墙柱、垛、台阶、墙面抹灰、装饰面、镶贴块料面层、装饰性幕墙，主体结构外的空调室外机搁板(箱)、构件、配件，挑出宽度在 2.10m 以下的无柱雨篷和顶盖高度达到或超过两个楼层的无柱雨篷。

(10) 窗台与室内地面高差在 0.45m 以下且结构净高在 2.10m 以下的凸(飘)窗，窗台与室内地面高差在 0.45m 及以上的凸(飘)窗。

(11) 室外爬梯、室外专用消防钢楼梯。专用的消防钢楼梯是不计算建筑面积的。当钢楼梯是建筑物唯一通道，并兼用消防，则应按室外楼梯相关规定计算建筑面积。室外楼梯剖面图如图 2-42 所示，实物图如图 2-43 所示。

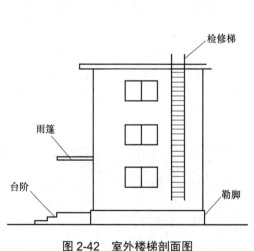

图 2-42　室外楼梯剖面图

图 2-43　室外楼梯实物图

(12) 无围护结构的观光电梯。无围护结构的观光电梯是指电梯轿厢直接暴露，外侧无井壁，不计算建筑面积。如果观光电梯在电梯井内运行(井壁不限材料)，观光电梯井按自然层计算建筑面积。电梯实物如图 2-44 所示。

图 2-44　电梯实物示意图

(13) 建筑物以外的地下人防通道，独立的烟囱、烟道、地沟、油(水)罐、气柜、水塔、贮油(水)池、贮仓、栈桥等构筑物。

# 第 3 章　某多层住宅剪力墙结构工程

# 3.1 工程概况

**1. 建筑名称**

××世纪城项目36#楼。

**2. 建筑地点**

××世纪城项目位于××省××市××路,总平面位置详见《××项目总平面布置图》。

**3. 建设单位**

××置业有限公司。

**4. 建筑面积**

地下室建筑面积 411.4m$^2$,地上建筑面积 2840.7m$^2$ (包括阁楼层 246.3m$^2$),占地面积 432.4m$^2$,总建筑面积:3252.1m$^2$ (含阳台一半面积)。

**5. 建筑住宅**

该工程为六层多层住宅。一～六层为普通住宅,利用坡屋面阁楼层作杂物间。建筑高度 19.30m(室外设计地面到坡屋面檐口的高度),地上建筑层高 3.00m,地下室层高 2.50m。

**6. 建筑分类**

多层民用建筑,单元式多层住宅、建筑分类为二类。耐火等级二级;地下室耐火等级一级;屋面防水等级二级;地下室防水等级二级;工程等级二级。

**7. 建筑功能**

地下室为储藏间,地上为单元式住宅。

**8. 主要结构类型**

钢筋混凝土剪力墙结构。

**9. 主体结构使用年限**

50 年;抗震设防烈度:8 度。

10. 经济技术指标

户型、套型及经济技术指标详见图纸附表。

# 3.2  某多层住宅剪力墙结构基础工程

在该项目基础工程中，地基采用天然地基，基础形式为筏板基础及柱下独立基础。垫层采用 C15 混凝土，基础层构件示意图如图 3-1 所示。

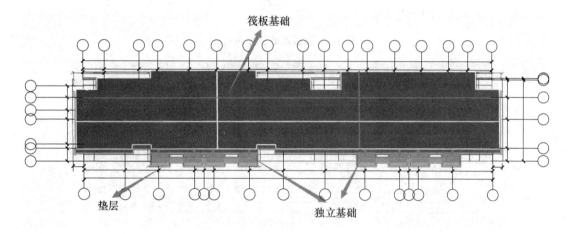

图 3-1  基础层构件示意图

## 3.2.1 ▎筏板基础

基础工程量.mp4    扩展资源 1：筏板
基础.docx

筏板基础属于扩展基础的一种，一般用于高层框架、框剪、剪力墙结构，当采用条形基础不能满足地基承载力要求时，或当建筑物要求基础有足够刚度以调节不均匀沉降。筏板基础分为梁板式筏板基础和平板式筏板基础。

本项目采用的是梁板式筏板基础，筏板基础厚度为 400mm，未注明的筏板顶标高均为 -2.53m，筏板配筋为双层双向 $\Phi14@180$，如图 3-2 所示。

筏板基础的清单工程量和计算式分别如图 3-3、图 3-4 所示。

筏板基础计算规则：按设计图示尺寸以体积计算，不扣除伸入承台基础的桩头所占体积。

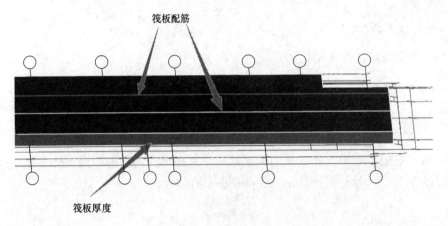

筏板配筋

筏板厚度

图 3-2 筏板基础三维示意图

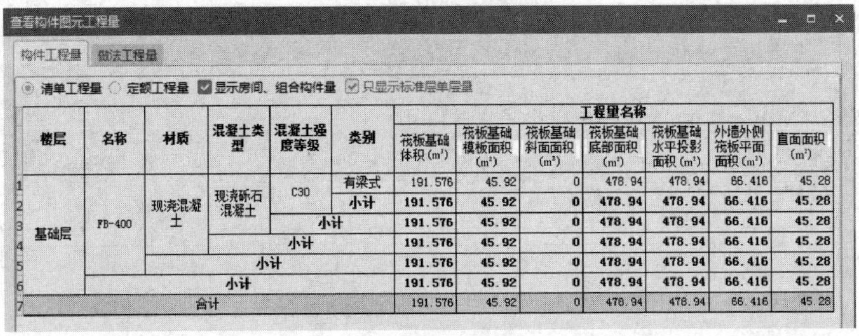

| 楼层 | 名称 | 材质 | 混凝土类型 | 混凝土强度等级 | 类别 | 筏板基础体积 (m³) | 筏板基础模板面积 (m²) | 筏板基础斜面面积 (m²) | 筏板基础底部面积 (m²) | 筏板基础水平投影面积 (m²) | 外墙外侧筏板平面面积 (m²) | 直面面积 (m²) |
|---|---|---|---|---|---|---|---|---|---|---|---|---|
| 基础层 | FB-400 | 现浇混凝土 | 现浇砾石混凝土 | C30 | 有梁式 | 191.576 | 45.92 | 0 | 478.94 | 478.94 | 66.416 | 45.28 |
| | | | | | 小计 | 191.576 | 45.92 | 0 | 478.94 | 478.94 | 66.416 | 45.28 |
| | | | | 小计 | | 191.576 | 45.92 | 0 | 478.94 | 478.94 | 66.416 | 45.28 |
| | | | 小计 | | | 191.576 | 45.92 | 0 | 478.94 | 478.94 | 66.416 | 45.28 |
| | | 小计 | | | | 191.576 | 45.92 | 0 | 478.94 | 478.94 | 66.416 | 45.28 |
| | 小计 | | | | | 191.576 | 45.92 | 0 | 478.94 | 478.94 | 66.416 | 45.28 |
| 合计 | | | | | | 191.576 | 45.92 | 0 | 478.94 | 478.94 | 66.416 | 45.28 |

图 3-3 筏板基础清单工程量

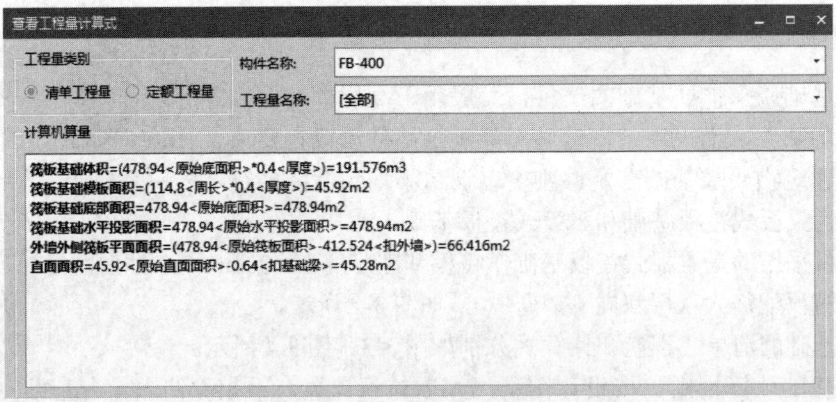

筏板基础体积=(478.94<原始底面积>*0.4<厚度>)=191.576m3
筏板基础模板面积=(114.8<周长>*0.4<厚度>)=45.92m2
筏板基础底部面积=478.94<原始底面积>=478.94m2
筏板基础水平投影面积=478.94<原始水平投影面积>=478.94m2
外墙外侧筏板平面面积=(478.94<原始筏板面积>-412.524<扣外墙>)=66.416m2
直面面积=45.92<原始直面面积>-0.64<扣基础梁>=45.28m2

图 3-4 筏板基础清单计算式

### 3.2.2 ▌独立基础

当建筑物上部结构采用框架结构或单层排架结构承重时，基础常采用方形、圆柱形和多边形等形式的独立式基础，这类基础称为独立基础。

本项目独立基础的建筑平面图如图 3-5、图 3-6 所示。

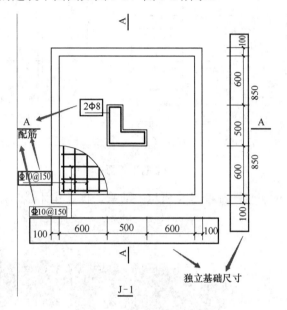

音频 1：
独立基础.mp3

扩展图片 1：筏板基础与独立基础.docx

图 3-5　独立基础平面图

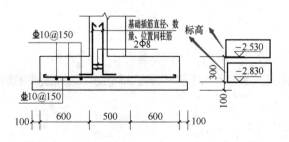

图 3-6　*A-A* 剖面图

独立基础平面布置图如图 3-7 所示。

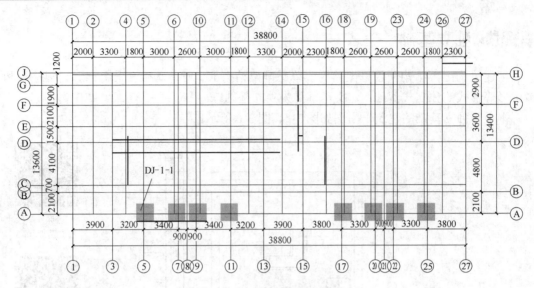

图 3-7　独立基础平面布置图

独立基础 DJ-1-1 的三维图如图 3-8 所示，清单工程量和计算式分别如图 3-9、图 3-10 所示。

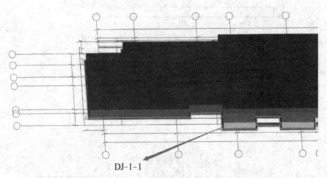

图 3-8　独立基础 DJ-1-1 的三维图

| 楼层 | 名称 | | 工程量名称 | | | | | |
|---|---|---|---|---|---|---|---|---|
| | | | 独立基础数量(个) | 独基体积(m³) | 独基模板面积(m²) | 模板体积(m³) | 底面面积(m²) | 侧面面积(m²) | 顶面面积(m²) |
| 1 | 基础层 | DJ-1 | DJ-1 | 1 | 0 | 0 | 0 | 0 | 0 | 0 |
| 2 | | | DJ-1-1 | 0 | 0.867 | 1.92 | 0.867 | 2.89 | 1.92 | 2.49 |
| 3 | | 小计 | | 1 | 0.867 | 1.92 | 0.867 | 2.89 | 1.92 | 2.49 |
| 4 | | 合计 | | 1 | 0.867 | 1.92 | 0.867 | 2.89 | 1.92 | 2.49 |

图 3-9　独立基础 DJ-1-1 清单工程量

查看工程量计算式

| 工程量类别 | | 构件名称 | DJ-1 | |
| --- | --- | --- | --- | --- |
| ● 清单工程量 | ○ 定额工程量 | 工程量名称 | [全部] | |

计算机算量

**独立基础: DJ-1**
　　独立基础数量=1个

**独基单元: DJ-1-1**
　　独基体积=(1.7<长度>*1.7<宽度>*0.3<高度>)=0.867m3
　　独基模板面积=((1.7<长度>+1.7<宽度>)*2*0.3<高度>)-0.12<扣基础梁>=1.92m2
　　模板体积=0.867m3
　　底面面积=(1.7<长度>*1.7<宽度>)=2.89m2
　　顶面面积=(1.7<长度>*1.7<宽度>)-0.4<扣基础梁>=2.49m2
　　侧面面积=((1.7<长度>+1.7<宽度>)*2*0.3<高度>)-0.12<扣基础梁>=1.92m2

图 3-10　独立基础 DJ-1-1 清单计算式

独立基础计算规则：按设计图示尺寸以体积计算。

独立基础工程量以 DJ-1-1 为例进行计算分析，其余独立基础工程量不再一一赘述。

## 3.2.3 大开挖土方工程量

凡图示沟槽底宽在 3m 以内，且沟槽长大于槽宽三倍以上的为沟槽。

凡图示基坑底面积在 20m² 以内，且坑底的长与宽之比小于或等于 3 的为基坑。

凡图示沟槽底宽 3m 以外，坑底面积 20m² 以外，平整场地挖土方厚度在 30cm 以外，均按挖土方计算。

若：B≤3m，且 L>3B，则为挖沟槽；

若：B≤3m，且 S=L×B≤20m²，则为挖基坑；

若：B>3m，或 S>20m²，则为大开挖土方(长为 L，宽为 B)。

大开挖土方一般是在基坑土方完成之后自动生成的土方，设置工作面宽度和放坡系数，本项目设置的工作面宽度为 700mm，放坡系数为 0.29，本项目 36#大开挖土方三维图如图 3-11 所示。

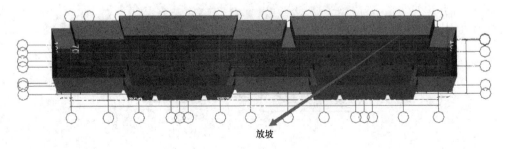

放坡

图 3-11　大开挖土方三维图

大开挖土方的清单计算式和工程量分别如图 3-12、图 3-13 所示。

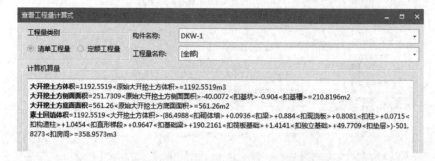

图 3-12　大开挖土方清单计算式

图 3-13　大开挖土方清单工程量

大开挖土方计算规则：按开挖前的天然密实体积计算。

## 3.2.4 ▎基槽土方工程量

设计图中基础梁的基槽土方如图 3-14 所示。

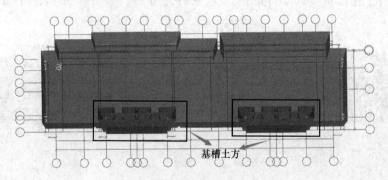

图 3-14　基槽土方平面布置图

基槽土方 JC-1 的清单计算式和工程量如图 3-15、图 3-16 所示。

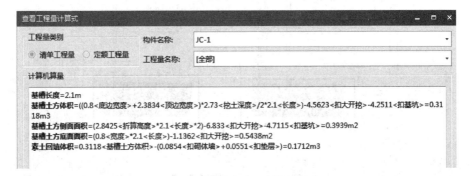

图 3-15　基槽土方 JC-1 清单计算式

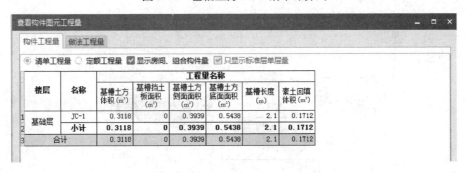

扩展资源 2：
基坑的分类.docx

图 3-16　基槽土方 JC-1 清单工程量

基槽土方计算规则：按设计图示沟槽长度乘以沟槽断面面积以体积计算。

## 3.2.5　基坑土方工程量

基坑是在基础设计位置按基底标高和基础平面尺寸所开挖的土坑。开挖前应根据地质水文资料，结合现场附近建筑物情况，决定开挖方案，并做好防水排水工作。开挖不深者可用放边坡的办法，使土坡稳定，其坡度大小按有关施工规程确定。开挖较深及邻近有建筑物者，可用基坑壁支护方法，喷射混凝土护壁方法，大型基坑甚至采用地下连续墙和柱列式钻孔灌注桩连锁等方法，防护外侧土层坍入；在附近建筑无影响者，可用井点法降低地下水位，采用放坡明挖；在寒冷地区可采用天然冷气冻结法开挖等。

基坑平面是方形或者比较接近方形，如图 3-17、图 3-18 所示。

基坑土方 JK-1 的清单计算式和工程量如图 3-19、图 3-20 所示。

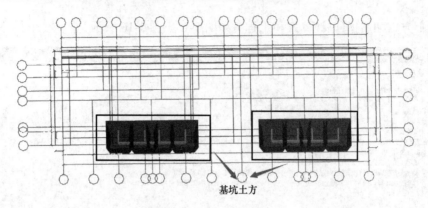

图 3-17　基坑平面布置图

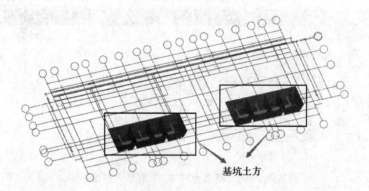

图 3-18　基坑土方三维示意图

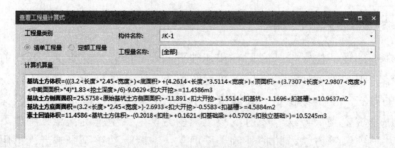

图 3-19　基坑土方 JK-1 清单计算式

基坑土方计算规则：按设计图示基础(含垫层)尺寸，另加工作面宽度、土方放坡宽度乘以开挖深度，以体积计算。

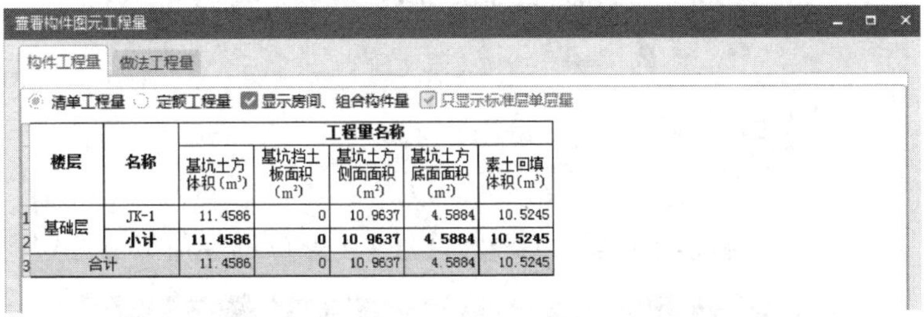

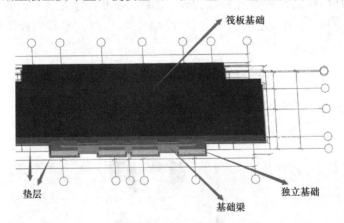

图 3-20　基坑土方 JK-1 清单工程量

## 3.2.6 ||| 基础构件工程量

本项目基础层中主要包括筏板基础、独立基础、大开挖土方、基槽土方、基坑土方、垫层以及基础梁等，由于上面章节已经介绍了相关内容，所以这里主要介绍基础层垫层工程量，基础梁工程量另外在 3.3 节进行相关的介绍。

垫层是钢筋混凝土基础与地基土的中间层，作用是使其表面平整便于在上面绑扎钢筋，也起到保护基础的作用，都是素混凝土的，无需加钢筋。如有钢筋则不能称其为垫层，应视为基础底板。

本项目的基础垫层主要布置在筏板基础、独立基础、基础梁部位，如图 3-21 所示。

筏板基础

垫层　　　　　　　　　　　　　　基础梁　　　独立基础

图 3-21　基础垫层布置图

筏板基础垫层 DC- FB 的清单计算式和工程量如图 3-22、图 3-23 所示。

筏板基础垫层计算规则：按设计图示尺寸以体积计算。

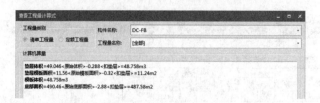

图 3-22　筏板基础垫层 DC- FB 清单计算式

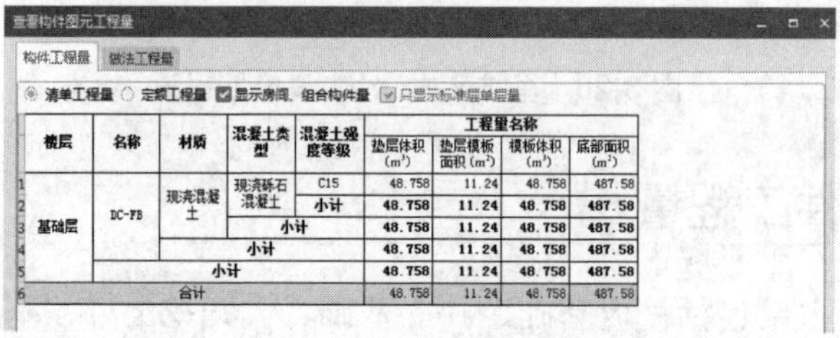

查看构件图元工程量

| 楼层 | 名称 | 材质 | 混凝土类型 | 混凝土强度等级 | 工程量名称 | | | |
|------|------|------|----------|-----------|--------|--------|--------|--------|
| | | | | | 垫层体积 (m³) | 垫层模板面积 (m²) | 模板体积 (m³) | 底部面积 (m²) |
| 1 | | | 现浇砾石混凝土 | C15 | 48.758 | 11.24 | 48.758 | 487.58 |
| 3 | DC- FB | 现浇混凝土 | | 小计 | 48.758 | 11.24 | 48.758 | 487.58 |
| 基础层 | | | 小计 | | 48.758 | 11.24 | 48.758 | 487.58 |
| | | | 小计 | | 48.758 | 11.24 | 48.758 | 487.58 |
| 6 | | 合计 | | | 48.758 | 11.24 | 48.758 | 487.58 |

图 3-23　筏板基础垫层 DC- FB 清单工程量

## 3.2.7　地下室工程量

### 1. 地下室剪力墙

地下室剪力墙的标高为基础顶～-0.09m，混凝土强度等级为 C30，本项目主要以地下室的㉔～㉗轴与Ⓕ～Ⓗ轴线之间的剪力墙 YJZ4 为例进行清单和钢筋工程量的介绍，如图 3-24 所示。

剪力墙YJZ4

图 3-24　剪力墙 YJZ4 三维示意图

(1) 剪力墙 YJZ4 清单量。

剪力墙 YJZ4 的清单计算式和工程量如图 3-25、图 3-26 所示。

图 3-25　剪力墙 YJZ4 清单计算式

图 3-26　剪力墙 YJZ4 清单工程量

剪力墙计算规则：按设计图示尺寸以体积计算，扣除门窗洞口及 0.3m² 以外孔洞所占体积。

剪力墙工程量以 YJZ4 为例进行计算分析，其余剪力墙工程量不再一一赘述。

(2)　剪力墙 YJZ4 钢筋量。

剪力墙 YJZ4 平法施工图与钢筋三维示意图如图 3-27、图 3-28 所示。

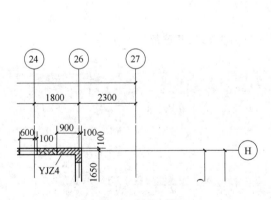

(a) 剪力墙 YJZ4 平法施工图（一）

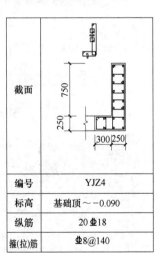

| 截面 | |
| --- | --- |
| 编号 | YJZ4 |
| 标高 | 基础顶～-0.090 |
| 纵筋 | 20 $\Phi$18 |
| 箍(拉)筋 | $\Phi$8@140 |

(b) 剪力墙 YJZ4 平法施工图（二）

图 3-27　剪力墙 YJZ4 平法施工图

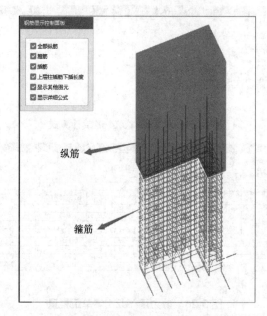

图 3-28　剪力墙 YJZ4 钢筋三维示意图

剪力墙钢筋工程量以 YJZ4 为例进行计算分析，其余剪力墙钢筋工程量不再一一赘述。剪力墙 YJZ4 的钢筋量和钢筋详细计算式如图 3-29、图 3-30 所示。

图 3-29　剪力墙 YJZ4 钢筋量

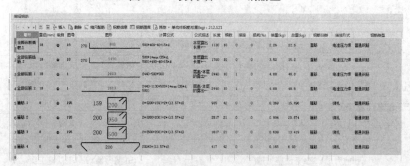

图 3-30　剪力墙 YJZ4 钢筋详细计算式

剪力墙钢筋量计算规则：按设计图示乘以单位理论质量计算。

2. 地下室梁

地下室梁的标高为-0.09m，混凝土强度等级为 C30，本项目主要以地下室的⑨～⑪轴与Ⓓ轴线之间的框梁 KL11(1)为例进行清单和钢筋工程量的介绍，地下室梁的平面布置图如图 3-31 所示。

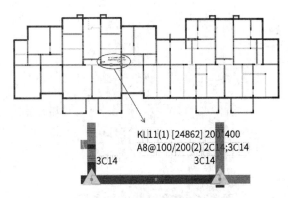

图 3-31　地下室梁的平面布置图

(1) 框梁 KL11(1)清单量。

框梁 KL11(1)的清单计算式和工程量如图 3-32、图 3-33 所示。

框梁 KL11(1)的工程量计算规则：按设计图示尺寸以体积计算，伸入砖墙内的梁头、梁垫并入梁体积内。

框梁工程量以 KL11(1)为例进行计算分析，其余框梁工程量不再一一赘述。

(2) 框梁 KL11(1)钢筋量。

框梁 KL11(1)平法施工图与钢筋三维示意图如图 3-34、图 3-35 所示。

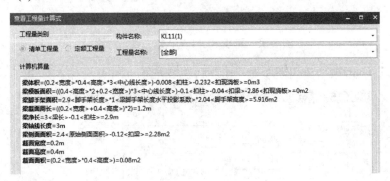

图 3-32　框梁 KL11(1)清单计算式

| 楼层 | 名称 | 结构类别 | 定额类别 | 材质 | 混凝土类型 | 混凝土强度等级 | 梁体积(m³) | 梁底模板面积(m²) | 超高模板面积(m²) | 梁跨手部面积(m²) | 梁跨净间长(m) | 梁跨净长(m) | 梁轴线长度(m) | 梁侧面面积(m²) | 截面面积(m²) | 截面高度(m) | 截面宽度(m) |
|---|---|---|---|---|---|---|---|---|---|---|---|---|---|---|---|---|---|
| 1 | KL11(1) | 框架框架梁 | 单梁 | 现浇混凝土 | 现浇砾石混凝土 | C20 | 0 | 0 | 0 | 5.916 | 1.2 | 2.9 | 3 | 2.28 | 0.08 | 0.4 | 0.2 |
| 2 | | | | | | 小计 | 0 | 0 | 0 | 5.916 | 1.2 | 2.9 | 3 | 2.28 | 0.08 | 0.4 | 0.2 |
| 3 -1层 | | | | | | 小计 | 0 | 0 | 0 | 5.916 | 1.2 | 2.9 | 3 | 2.28 | 0.08 | 0.4 | 0.2 |
| 4 | | | | 小计 | | | 0 | 0 | 0 | 5.916 | 1.2 | 2.9 | 3 | 2.28 | 0.08 | 0.4 | 0.2 |
| 5 | | | 小计 | | | | 0 | 0 | 0 | 5.916 | 1.2 | 2.9 | 3 | 2.28 | 0.08 | 0.4 | 0.2 |
| 6 | | 小计 | | | | | 0 | 0 | 0 | 5.916 | 1.2 | 2.9 | 3 | 2.28 | 0.08 | 0.4 | 0.2 |
| 7 | 小计 | | | | | | 0 | 0 | 0 | 5.916 | 1.2 | 2.9 | 3 | 2.28 | 0.08 | 0.4 | 0.2 |
| 8 | 合计 | | | | | | 0 | 0 | 0 | 5.916 | 1.2 | 2.9 | 3 | 2.28 | 0.08 | 0.4 | 0.2 |

图 3-33 框梁 KL11(1)清单工程量

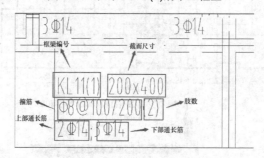

图 3-34 框梁 KL11(1)平法施工图

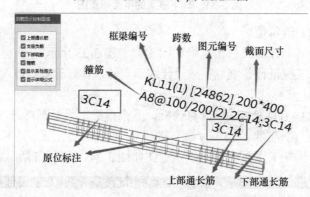

图 3-35 框梁 KL11(1)钢筋三维示意图

框梁 KL11(1)的钢筋量和钢筋详细计算式如图 3-36、图 3-37 所示。

钢筋总重量（kg）：39.016

| 楼层名称 | 构件名称 | 钢筋总重量(kg) | HPB300 | | HRB400 | |
|---|---|---|---|---|---|---|
| | | | 8 | 合计 | 14 | 合计 |
| 1 -1层 | KL11(1)[24862] | 39.016 | 9.87 | 9.87 | 29.146 | 29.146 |
| 2 | 合计： | 39.016 | 9.87 | 9.87 | 29.146 | 29.146 |

图 3-36 框梁 KL11(1)钢筋量

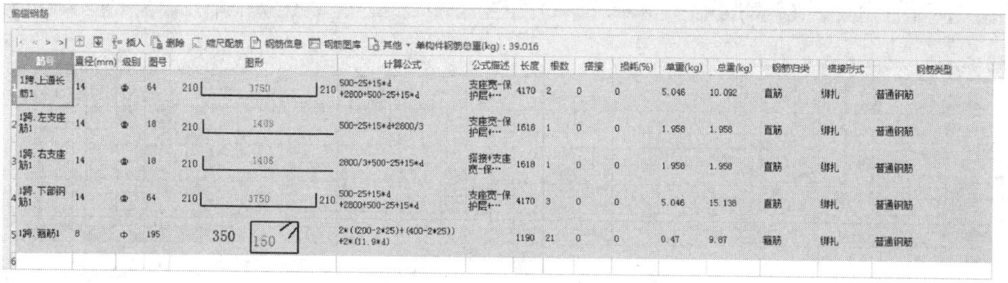

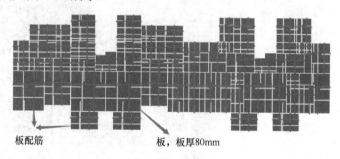

图 3-37　框梁 KL11(1)钢筋详细计算式

框梁 KL11(1)的钢筋量计算规则：按设计图示乘以单位理论质量计算。

框梁钢筋工程量以 KL11(1)为例进行计算分析，其余框梁钢筋工程量不再一一赘述。

### 3. 地下室板

地下室板的标高为-0.090m，一层板配筋图中 ░░░░ 表示板厚为 80mm，所以本项目主要以地下室的⑥～⑩轴与Ⓓ～Ⓔ轴之间的 80mm 厚板为例进行清单和钢筋工程量的介绍，B80 的平面布置图如图 3-38 所示。

板配筋　　　　　　　　板，板厚80mm

图 3-38　地下室板的平面布置图

(1) B80 清单量。

B80 的清单计算式和工程量如图 3-39、图 3-40 所示。

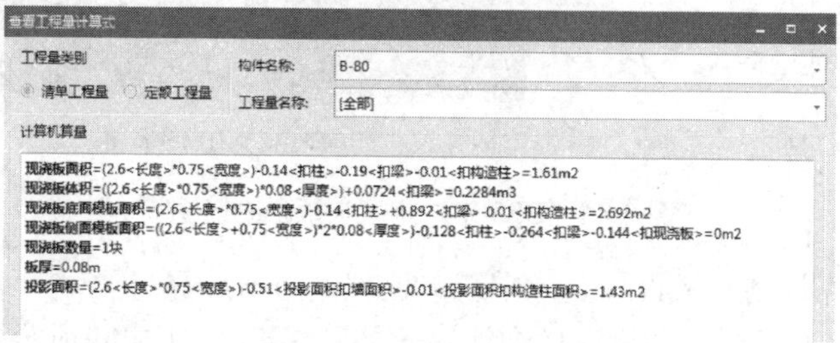

图 3-39　B80 清单计算式

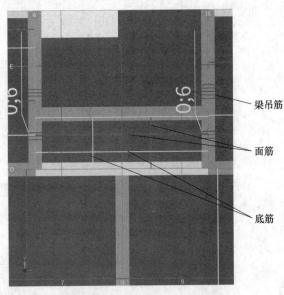

图 3-40　B80 清单工程量

B80 的工程量计算规则：按设计图示尺寸以体积计算，不扣除单个面积 0.3m² 以内的柱、垛及孔洞所占体积。

板工程量以 B80 为例进行计算分析，其余板工程量不再一一赘述。

(2) B80 钢筋量。

B80 双层双向设 $\Phi6@170$，所以 B80 平法施工图如图 3-41 所示，以①号板底筋为例进行 B80 的钢筋计算，其中①号板底筋的钢筋三维示意图如图 3-42 所示。

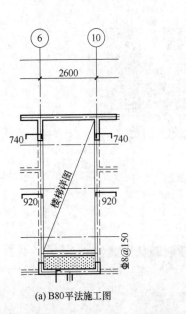

(a) B80 平法施工图　　　　　　　(b) B80 板受力筋分布图

图 3-41　B80 平法施工与板受力筋图

B80 钢筋量计算规则：按设计图示乘以单位理论质量计算。

B80①号板底筋的钢筋量和钢筋详细计算式如图 3-43、图 3-44 所示。

板钢筋工程量以 B80 为例进行计算分析，其余板钢筋工程量不再一一赘述。

图 3-42　B80①号板底筋钢筋三维示意图

图 3-43　B80①号板底筋钢筋量

图 3-44　B80①号板底筋钢筋详细计算式

# 3.3　某多层住宅剪力墙结构主体工程

## 3.3.1　混凝土梁工程量

音频2：钢筋混凝土
分类.mp3

严格地讲，混凝土梁就是钢筋混凝土梁。因为梁中没有钢筋是不合理的。

混凝土梁可以分为基础连梁、基础梁、基础拉梁、框架梁、非框架梁、暗梁、圈梁、框支梁等。

梁分为静定梁和非静定梁，静定梁又分为多跨梁和单跨梁。多跨梁又叫组合梁；单跨梁分为悬壁梁、简支梁、外伸梁。悬壁梁一端固定一端自由；简支梁两端都是铰链；外伸梁就是一端铰链，在梁段上还有个铰链，另一端是自由的。

1. 基础梁工程量

基础梁的平面布置图、清单计算式和工程量如图 3-45～图 3-47 所示。

图 3-45　基础梁平面布置图

查看工程量计算式

工程量类别　构件名称: JL-1

清单工程量　定额工程量　工程量名称: [全部]

计算机算量

基础梁体积=0.168<原始体积>-0.056<扣筏板>-0.06<扣独基>+0.272<原始体积>-0.12<扣独基>+0.168<原始体积>-0.056<扣筏板>-0.06<扣独基>-0.002<扣基础梁>=0.254m3
基础梁模板面积=(0.4<高度>*2.1<中心线长度>*2)+0.08<原始端头模板面积>-0.64<扣筏板>-0.6<扣独基>+(0.4<高度>*3.4<中心线长度>*2)-1.2<扣独基>-0.01<扣基础梁>+(0.4<高度>*2.1<中心线长度>*2)+0.08<原始端头模板面积>-0.64<扣筏板>-0.6<扣独基>-0.02<扣基础梁>=2.53m2
基础梁底面模板面积=(0.2<宽度>*2.1<中心线长度>)-0.14<扣筏板>-0.2<扣独基>+(0.2<宽度>*3.4<中心线长度>)-0.4<扣独基>+(0.2<宽度>*2.1<中心线长度>)-0.14<扣筏板>-0.2<扣独基>=0.44m2
模板体积=0.052+0.152+0.05=0.254m3
长度=2.1+3.4+2.1=7.6m
截面面积=0.08m2

图 3-46　基础梁清单计算式

查看构件图元工程量

构件工程量　做法工程量

清单工程量　定额工程量　显示房间、组合构件量　只显示标准层单层量

| | 楼层 | 名称 | 类别 | 材质 | 混凝土类型 | 混凝土强度等级 | 基础梁体积(m³) | 基础梁模板面积(m²) | 筏板底部基础梁侧面面积(m²) | 基础梁底面模板面积(m²) | 模板体积(m³) | 截面面积(m²) | 长度(m) |
|---|---|---|---|---|---|---|---|---|---|---|---|---|---|
| 1 | 基础层 | JL-1 | 基础主梁 | 现浇混凝土 | 现浇砾石混凝土 | C30 | 0.254 | 2.53 | 0 | 0.44 | 0.254 | 0.24 | 7.6 |
| 2 | | | | | | 小计 | 0.254 | 2.53 | 0 | 0.44 | 0.254 | 0.24 | 7.6 |
| 3 | | | | | 小计 | | 0.254 | 2.53 | 0 | 0.44 | 0.254 | 0.24 | 7.6 |
| 4 | | | | 小计 | | | 0.254 | 2.53 | 0 | 0.44 | 0.254 | 0.24 | 7.6 |
| 5 | | | 小计 | | | | 0.254 | 2.53 | 0 | 0.44 | 0.254 | 0.24 | 7.6 |
| 6 | | 小计 | | | | | 0.254 | 2.53 | 0 | 0.44 | 0.254 | 0.24 | 7.6 |
| 7 | 合计 | | | | | | 0.254 | 2.53 | 0 | 0.44 | 0.254 | 0.24 | 7.6 |

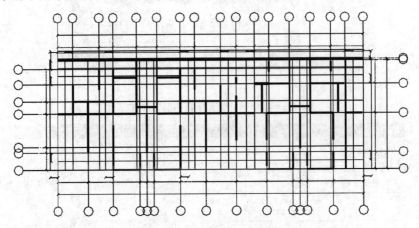

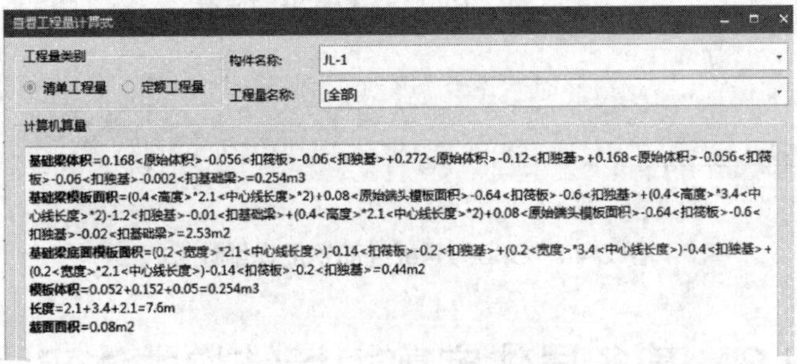

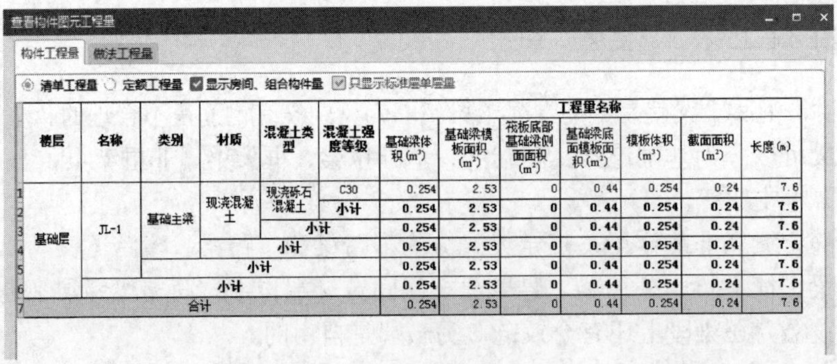

图 3-47　基础梁清单工程量

基础梁的工程量计算规则：按设计图示尺寸以体积计算，伸入砖墙内的梁头、梁垫并入梁体积内。

基础梁工程量以 JL-1 为例进行计算分析，其余基础梁工程量不再一一赘述。

2. 二层梁工程量

某项目剪力墙结构中，KL 表示框架梁，L 表示非框架梁，顶标高为 2.91m，二层⑤～⑦轴与Ⓐ轴线相交处的 KL12(1)平法施工图如图 3-48 所示，三维示意图如图 3-49 所示。二层梁主要以 KL12(1)为例进行相关介绍。

KL 工程量.mp4

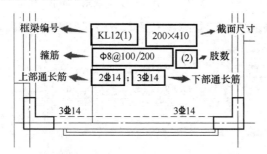

图 3-48　二层 KL12(1)平法施工图

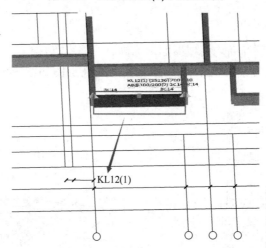

图 3-49　二层 KL12(1)三维示意图

二层 KL12(1)的清单计算式和工程量如图 3-50、图 3-51 所示。

二层 KL12(1)的工程量计算规则：按设计图示尺寸以体积计算，伸入砖墙内的梁头、梁垫并入梁体积内。

二层梁工程量以 KL12(1)为例进行计算分析，其余梁工程量不再一一赘述。

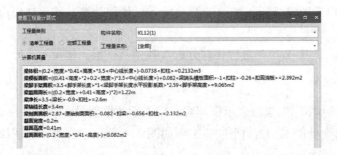

图 3-50 二层 KL12(1)清单计算式

| | 楼层 | 名称 | 结构类别 | 定额类别 | 材质 | 混凝土类型 | 混凝土强度等级 | 梁体积(m³) | 梁模板面积(m²) | 超高模板面积(m²) | 梁脚手架面积(m²) | 梁截面周长(m) | 梁净长(m) | 梁轴线长度(m) | 梁侧面面积(m²) | 截面面积(m²) | 截面高度(m) | 截面宽度(m) |
|---|---|---|---|---|---|---|---|---|---|---|---|---|---|---|---|---|---|---|
| 1 | 第2层 | KL12(1) | 楼层框架梁 | 单梁 | 现浇混凝土 | 现浇砾石混凝土 | C20 | 0.2132 | 2.392 | 0 | 9.065 | 1.22 | 2.6 | 3.4 | 2.132 | 0.082 | 0.41 | 0.2 |
| 2 | | | | | | | 小计 | 0.2132 | 2.392 | 0 | 9.065 | 1.22 | 2.6 | 3.4 | 2.132 | 0.082 | 0.41 | 0.2 |
| 3 | | | | | | 小计 | | 0.2132 | 2.392 | 0 | 9.065 | 1.22 | 2.6 | 3.4 | 2.132 | 0.082 | 0.41 | 0.2 |
| 4 | | | | | 小计 | | | 0.2132 | 2.392 | 0 | 9.065 | 1.22 | 2.6 | 3.4 | 2.132 | 0.082 | 0.41 | 0.2 |
| 5 | | | | 小计 | | | | 0.2132 | 2.392 | 0 | 9.065 | 1.22 | 2.6 | 3.4 | 2.132 | 0.082 | 0.41 | 0.2 |
| 6 | | | 小计 | | | | | 0.2132 | 2.392 | 0 | 9.065 | 1.22 | 2.6 | 3.4 | 2.132 | 0.082 | 0.41 | 0.2 |
| 7 | | 小计 | | | | | | 0.2132 | 2.392 | 0 | 9.065 | 1.22 | 2.6 | 3.4 | 2.132 | 0.082 | 0.41 | 0.2 |
| 8 | 合计 | | | | | | | 0.2132 | 2.392 | 0 | 9.065 | 1.22 | 2.6 | 3.4 | 2.132 | 0.082 | 0.41 | 0.2 |

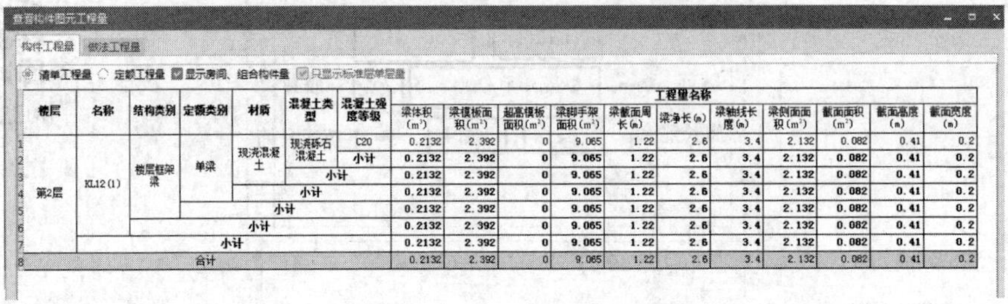

图 3-51 二层 KL12(1)清单工程量

### 3. 屋面梁

本项目中屋面梁的顶标高均为坡屋面顶标高。

坡屋面梁主要以①轴线的 KL1(1)为例，其平法施工图如图 3-52 所示，三维示意图如图 3-53 所示。

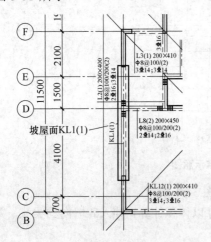

图 3-52 坡屋面 KL1(1)平法施工图

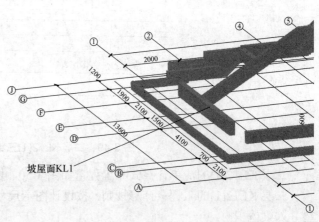

图 3-53 坡屋面 KL1(1)三维示意图

坡屋面 KL1(1)的清单计算式和工程量如图 3-54、图 3-55 所示。

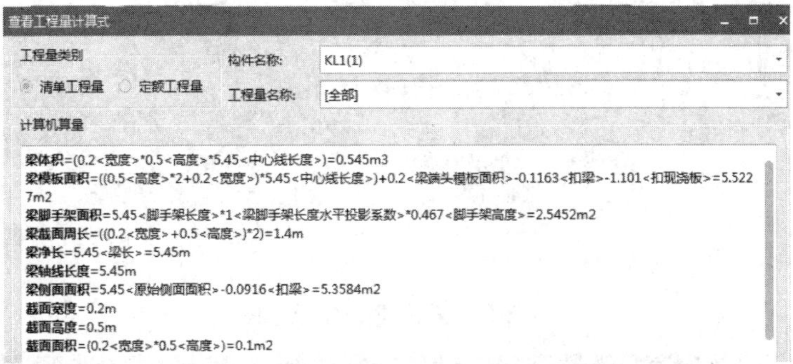


图 3-54　坡屋面 KL1(1)清单计算式

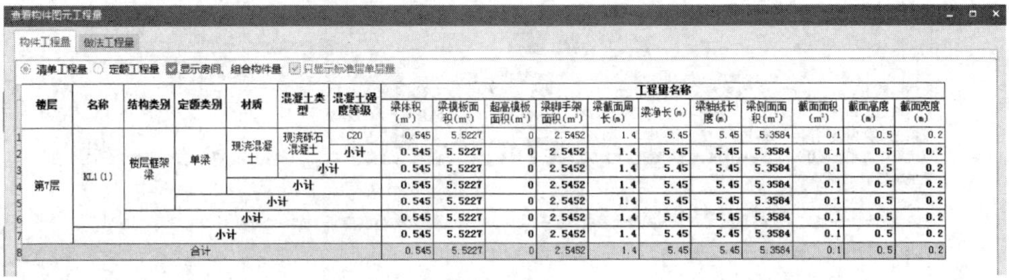

查看构件图元工程量

构件工程量　做法工程量

清单工程量　定额工程量　显示房间、组合构件量　只显示标准层单层量

| | 楼层 | 名称 | 结构类别 | 定额类别 | 材质 | 混凝土类型 | 混凝土强度等级 | 工程量名称 | | | | | | | | | | | |
|---|---|---|---|---|---|---|---|---|---|---|---|---|---|---|---|---|---|---|---|
| | | | | | | | | 梁体积(m³) | 梁模板面积(m²) | 超高模板面积(m²) | 梁脚手架面积(m²) | 梁截面周长(m) | 梁净长(m) | 梁轴线长度(m) | 梁侧面面积(m²) | 截面面积(m²) | 截面高度(m) | 截面宽度(m) |
| 1 | 第7层 | KL1 (1) | 楼层框架梁 | 单梁 | 现浇混凝土 | 现浇砾石混凝土 | C20 | 0.545 | 5.5227 | 0 | 2.5452 | 1.4 | 5.45 | 5.45 | 5.3584 | 0.1 | 0.5 | 0.2 |
| 2 | | | | | | | 小计 | 0.545 | 5.5227 | 0 | 2.5452 | 1.4 | 5.45 | 5.45 | 5.3584 | 0.1 | 0.5 | 0.2 |
| 3 | | | | | | 小计 | | 0.545 | 5.5227 | 0 | 2.5452 | 1.4 | 5.45 | 5.45 | 5.3584 | 0.1 | 0.5 | 0.2 |
| 4 | | | | | 小计 | | | 0.545 | 5.5227 | 0 | 2.5452 | 1.4 | 5.45 | 5.45 | 5.3584 | 0.1 | 0.5 | 0.2 |
| 5 | | | | 小计 | | | | 0.545 | 5.5227 | 0 | 2.5452 | 1.4 | 5.45 | 5.45 | 5.3584 | 0.1 | 0.5 | 0.2 |
| 6 | | | 小计 | | | | | 0.545 | 5.5227 | 0 | 2.5452 | 1.4 | 5.45 | 5.45 | 5.3584 | 0.1 | 0.5 | 0.2 |
| 7 | | 小计 | | | | | | 0.545 | 5.5227 | 0 | 2.5452 | 1.4 | 5.45 | 5.45 | 5.3584 | 0.1 | 0.5 | 0.2 |
| 8 | 合计 | | | | | | | 0.545 | 5.5227 | 0 | 2.5452 | 1.4 | 5.45 | 5.45 | 5.3584 | 0.1 | 0.5 | 0.2 |

图 3-55　坡屋面 KL1(1)清单工程量

坡屋面 KL1(1)的工程量计算规则：按设计图示尺寸以体积计算，伸入砖墙内的梁头、梁垫并入梁体积内。

屋面梁工程量以 KL1(1)为例进行计算分析，其余梁工程量不再一一赘述。

## 3.3.2 混凝土板工程量

混凝土板即钢筋混凝土板，是用钢筋混凝土材料制成的板，是房屋建筑和各种工程结构中的基本结构或构件，常用作屋盖、楼盖、平台、墙、挡土墙、基础、地坪、路面、水池等，应用范围极广。钢筋混凝土板按平面形状分为方板、圆板和异形板。按结构的受力作用方式分为单向板和双向板。最常见的有单向板、四边支撑双向板和由柱支撑的无梁平板。板的厚度应满足强度和刚度的要求。

本项目以首层板为例进行相关介绍，首层板的三维示意图如图 3-56 所示。

首层以㉕～㉗轴与Ⓑ～Ⓓ轴之间的板为例进行板的土建工程量计算，其清单计算式和工程量如图 3-57、图 3-58 所示。

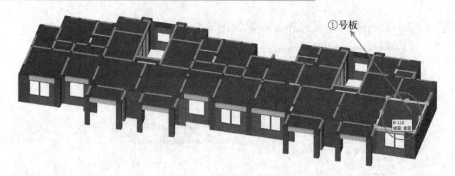

①号板

图 3-56　首层板三维示意图

板工程量.mp4

查看工程量计算式

工程量类别
● 清单工程量　○ 定额工程量

构件名称：　B-110

工程量名称：　[全部]

计算机算量

现浇板面积=(4.8<长度>*3.8<宽度>)-0.3962<扣柱>-1.1175<扣梁>=16.7263m2
现浇板体积=((4.8<长度>*3.8<宽度>)*0.11<厚度>-0.019<扣柱>-0.135<扣梁>=1.8524m3
现浇板底面模板面积=(4.8<长度>*3.8<宽度>)-0.3962<扣柱>-1.1175<扣梁>=16.7263m2
现浇板侧面模板面积=((4.8<长度>+3.8<宽度>)*2*0.11<厚度>)-0.4097<扣柱>-1.2622<扣梁>-0.1303<扣现浇板>=0.0898m2
现浇板数量=1块
板厚=0.11m
投影面积=(4.8<长度>*3.8<宽度>)-1.68<投影面积扣墙面积>-0.0538<投影面积扣柱面积>=16.5062m2

图 3-57　①号板清单计算式

查看构件图元工程量

构件工程量　做法工程量

○ 清单工程量　○ 定额工程量　☑ 显示房间、组合构件量　☑ 只显示标准层层量

| 楼层 | 名称 | 类别 | 材质 | 混凝土类型 | 混凝土强度等级 | 现浇板面积(m²) | 现浇板体积(m³) | 现浇板底面模板面积(m²) | 现浇板侧面模板面积(m²) | 现浇板数量(块) | 投影面积(m²) | 休息平台贴墙长度(m) | 超高模板面积(m²) | 超高侧面模板面积(m²) | 板厚(m) | 阳台板投影面积(m²) | 楼梯平台板投影面积(m²) | 飘窗板投影面积(m²) |
|---|---|---|---|---|---|---|---|---|---|---|---|---|---|---|---|---|---|---|
| 首层 | B-110 | 平板 | - | 现浇砾石混凝土 | C30 | 16.7263 | 1.8524 | 16.7263 | 0.0898 | 1 | 16.5062 | 0 | 0 | 0 | 0.11 | 0 | 0 | 0 |
| | | | | | 小计 | 16.7263 | 1.8524 | 16.7263 | 0.0898 | 1 | 16.5062 | 0 | 0 | 0 | 0.11 | 0 | 0 | 0 |
| | | | | 小计 | | 16.7263 | 1.8524 | 16.7263 | 0.0898 | 1 | 16.5062 | 0 | 0 | 0 | 0.11 | 0 | 0 | 0 |
| | | 小计 | | | | 16.7263 | 1.8524 | 16.7263 | 0.0898 | 1 | 16.5062 | 0 | 0 | 0 | 0.11 | 0 | 0 | 0 |
| | 小计 | | | | | 16.7263 | 1.8524 | 16.7263 | 0.0898 | 1 | 16.5062 | 0 | 0 | 0 | 0.11 | 0 | 0 | 0 |
| 合计 | | | | | | 16.7263 | 1.8524 | 16.7263 | 0.0898 | 1 | 16.5062 | 0 | 0 | 0 | 0.11 | 0 | 0 | 0 |

图 3-58　①号板清单工程量

板的工程量计算规则：按设计图示尺寸以体积计算，不扣除单个面积 0.3m² 以内的柱、垛及孔洞所占体积。

板的工程量以 B-110 为例进行计算分析，其余板工程量不再一一赘述。

### 3.3.3 ‖ 混凝土剪力墙工程量

剪力墙又称抗风墙、抗震墙或结构墙，一般用钢筋混凝土做成。剪力墙是房屋或构筑物中主要承受风荷载或地震作用引起的水平荷载和竖向荷载(重力)的墙体，能够防止结构剪切(受剪)破坏。

剪力墙分平面剪力墙和筒体剪力墙。平面剪力墙用于钢筋混凝土框架结构、升板结构、无梁楼盖体系中。为增加结构的刚度、强度及抗倒塌能力，在某些部位可现浇或预制装配钢筋混凝土剪力墙。现浇剪力墙与周边梁、柱同时浇筑，整体性好。筒体剪力墙用于高层建筑、高耸结构和悬吊结构中，由电梯间、楼梯间、设备及辅助用房的间隔墙围成，筒壁均为现浇钢筋混凝土墙体，其刚度和强度较平面剪力墙可承受较大的水平荷载。

墙根据受力特点可以分为承重墙和剪力墙，前者以承受竖向荷载为主，如砌体墙；后者以承受水平荷载为主。在抗震设防区，水平荷载主要由水平地震作用产生，因此剪力墙有时也称为抗震墙。

剪力墙按结构材料可以分为钢板剪力墙、钢筋混凝土剪力墙和配筋砌块剪力墙。其中以钢筋混凝土剪力墙最为常用。

混凝土剪力墙，是一种用在高层建筑结构中的建筑方式，本项目剪力墙工程的首层平面三维示意图如图 3-59 所示，其剪力墙 YJZ3 平法施工图如图 3-60 所示。

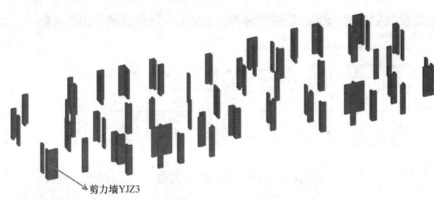

剪力墙(暗柱)
工程量.mp4

扩展资源3：剪力
墙的类别.docx

剪力墙YJZ3

图 3-59 首层剪力墙三维示意图

在本项目中，主要以首层剪力墙 YJZ3 为例进行清单计算，其清单计算式和工程量如图 3-61、图 3-62 所示。

剪力墙计算规则：按设计图示尺寸以体积计算，扣除门窗洞口及 $0.3m^2$ 以外孔洞所占体积。

剪力墙工程量以 YJZ3 为例进行计算分析，其余剪力墙工程量不再一一赘述。

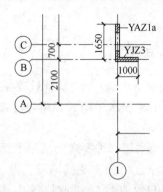

图 3-60 首层剪力墙 YJZ3 平法施工图

高度=3m
截面面积=0.3225m2
柱周长=3.2m
柱体积=(0.3225<截面面积>*3<高度>)=0.9675m3
柱模板面积=9.6<原始模板面积>-0.082<扣梁>-0.143<扣现浇板>=9.375m2
柱数量=1根

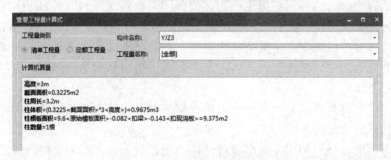

图 3-61 剪力墙 YJZ3 清单计算式

| | 楼层 | 名称 | 结构类别 | 定额类别 | 材质 | 混凝土类型 | 混凝土强度等级 | 工程量名称 | | | | | | |
|---|---|---|---|---|---|---|---|---|---|---|---|---|---|---|
| | | | | | | | | 柱周长(m) | 柱体积($m^3$) | 柱模板面积($m^2$) | 超高模板面积($m^2$) | 柱数量(根) | 高度(m) | 截面面积($m^2$) |
| 1 | 首层 | YJZ3 | 暗柱 | 普通柱 | 现浇混凝土 | 现浇砾石混凝土 | C20 | 3.2 | 0.9675 | 9.375 | 0 | 1 | 3 | 0.3225 |
| 2 | | | | | | | 小计 | 3.2 | 0.9675 | 9.375 | 0 | 1 | 3 | 0.3225 |
| 3 | | | | | | 小计 | | 3.2 | 0.9675 | 9.375 | 0 | 1 | 3 | 0.3225 |
| 4 | | | | | 小计 | | | 3.2 | 0.9675 | 9.375 | 0 | 1 | 3 | 0.3225 |
| 5 | | | | 小计 | | | | 3.2 | 0.9675 | 9.375 | 0 | 1 | 3 | 0.3225 |
| 6 | | | 小计 | | | | | 3.2 | 0.9675 | 9.375 | 0 | 1 | 3 | 0.3225 |
| 7 | | 小计 | | | | | | 3.2 | 0.9675 | 9.375 | 0 | 1 | 3 | 0.3225 |
| 8 | 合计 | | | | | | | 3.2 | 0.9675 | 9.375 | 0 | 1 | 3 | 0.3225 |

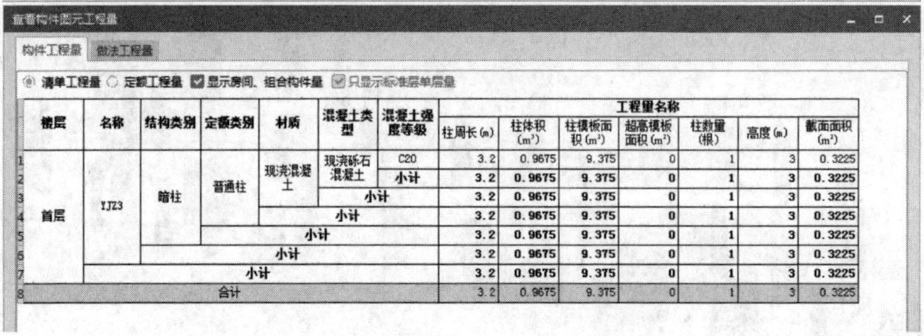

图 3-62 剪力墙 YJZ3 清单工程量

## 3.3.4 混凝土楼梯工程量

楼梯是建筑物中作为楼层间垂直交通用的构件，用于楼层之间和高差较大时的交通联系，某项目剪力墙 1#楼梯平面图、剖面图三维示意图如图 3-63 所示。

在图 3-63 中，可以明确看到，二层楼梯的标高 2.970～5.970，所以二层 1#楼梯的清单计算式和工程量如图 3-64、图 3-65 所示。

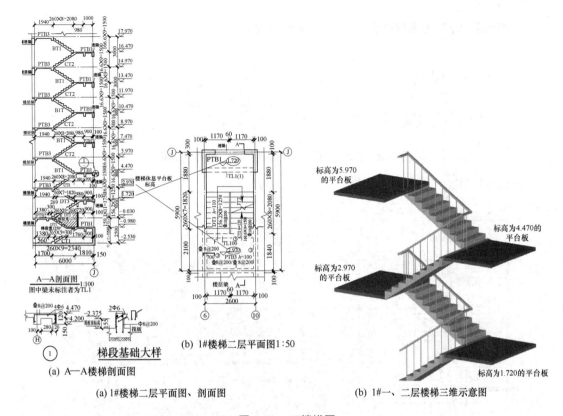

图 3-63　1#楼梯图

楼梯工程量计算规则：楼梯(包括休息平台、平台梁、斜梁及楼梯的连接梁)按设计图示尺寸以水平投影面积计算，不扣除宽度小于 500mm 楼梯井，伸入墙内部分不计算。当整体楼梯与现浇楼板无梯梁连接时，以楼梯的最后一个踏步边缘加 300mm 为界。

楼梯工程量以 LT-1 为例进行计算分析，其余楼梯工程量不再一一赘述。

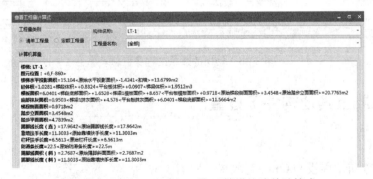

图 3-64　2.970~5.970 二层 1#楼梯的清单计算式

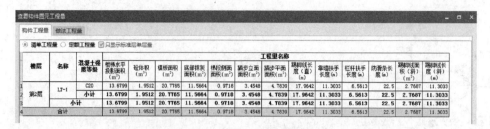

| 楼层 | 名称 | 混凝土强度等级 | 楼梯水平投影面积(m²) | 砼体积(m³) | 模板面积(m²) | 底部抹灰面积(m²) | 梯段侧面面积(m²) | 踏步立面面积(m²) | 踏步平面面积(m²) | 踢脚线长度(直)(m) | 靠墙扶手长度(m) | 栏杆扶手长度(m) | 防滑条长度 | 踢脚斜线面积(m²)(斜) | 踢脚斜线长度(m)(斜) |
|---|---|---|---|---|---|---|---|---|---|---|---|---|---|---|---|
| 1 | 第2层 | LT-1 | C20 | 13.6799 | 1.9512 | 20.7765 | 11.5664 | 0.9718 | 3.4548 | 4.7839 | 17.9642 | 11.3033 | 6.5613 | 22.5 | 2.7687 | 11.3033 |
| 2 | | | 小计 | 13.6799 | 1.9512 | 20.7765 | 11.5664 | 0.9718 | 3.4548 | 4.7839 | 17.9642 | 11.3033 | 6.5613 | 22.5 | 2.7687 | 11.3033 |
| 3 | | | 小计 | 13.6799 | 1.9512 | 20.7765 | 11.5664 | 0.9718 | 3.4548 | 4.7839 | 17.9642 | 11.3033 | 6.5613 | 22.5 | 2.7687 | 11.3033 |
| 4 | 合计 | | | 13.6799 | 1.9512 | 20.7765 | 11.5664 | 0.9718 | 3.4548 | 4.7839 | 17.9642 | 11.3033 | 6.5613 | 22.5 | 2.7687 | 11.3033 |

图 3-65　2.970～5.970 二层 1#楼梯的清单工程量

所以本项目楼梯的清单工程量汇总如图 3-66 所示。

| 楼层 | 名称 | 混凝土强度等级 | 楼梯水平投影面积(m²) | 砼体积(m³) | 模板面积(m²) | 底部抹灰面积(m²) | 梯段侧面面积(m²) | 踏步立面面积(m²) | 踏步平面面积(m²) | 踢脚线长度(直)(m) | 靠墙扶手长度(m) | 栏杆扶手长度(m) | 防滑条长度 | 踢脚斜线面积(m²)(斜) | 踢脚斜线长度(m)(斜) |
|---|---|---|---|---|---|---|---|---|---|---|---|---|---|---|---|
| -1层 | LT-1 | C20 | 27.2959 | 3.958 | 42.152 | 24.8976 | 1.5442 | 5.7496 | 8.372 | 36.6796 | 24.2926 | 15.0668 | 40 | 5.624 | 24.2926 |
| | | 小计 | 27.2959 | 3.958 | 42.152 | 24.8976 | 1.5442 | 5.7496 | 8.372 | 36.6796 | 24.2926 | 15.0668 | 40 | 5.624 | 24.2926 |
| | 小计 | | 27.2959 | 3.958 | 42.152 | 24.8976 | 1.5442 | 5.7496 | 8.372 | 36.6796 | 24.2926 | 15.0668 | 40 | 5.624 | 24.2926 |
| 首层 | LT-1-1 | C20 | 13.5599 | 1.9512 | 20.7765 | 11.5664 | 0.9718 | 3.4548 | 4.7839 | 17.9642 | 11.3033 | 6.5613 | 22.5 | 2.7687 | 11.3033 |
| | | 小计 | 13.5599 | 1.9512 | 20.7765 | 11.5664 | 0.9718 | 3.4548 | 4.7839 | 17.9642 | 11.3033 | 6.5613 | 22.5 | 2.7687 | 11.3033 |
| | LT-2-1 | C20 | 13.368 | 1.909 | 20.4579 | 11.6108 | 0.9626 | 3.4496 | 5.083 | 18.2397 | 11.5713 | 7.3395 | 23.75 | 2.8084 | 11.5713 |
| | | 小计 | 13.368 | 1.909 | 20.4579 | 11.6108 | 0.9626 | 3.4496 | 5.083 | 18.2397 | 11.5713 | 7.3395 | 23.75 | 2.8084 | 11.5713 |
| | 小计 | | 26.9279 | 3.8602 | 41.2344 | 23.1772 | 1.9344 | 6.9044 | 9.8669 | 36.2039 | 22.8746 | 13.9008 | 46.25 | 5.5771 | 22.8746 |
| 第2层 | LT-1 | C20 | 13.6799 | 1.9512 | 20.7765 | 11.5664 | 0.9718 | 3.4548 | 4.7839 | 17.9642 | 11.3033 | 6.5613 | 22.5 | 2.7687 | 11.3033 |
| | | 小计 | 13.6799 | 1.9512 | 20.7765 | 11.5664 | 0.9718 | 3.4548 | 4.7839 | 17.9642 | 11.3033 | 6.5613 | 22.5 | 2.7687 | 11.3033 |
| | LT-2-1 | C20 | 13.488 | 1.909 | 20.4482 | 11.6108 | 0.9529 | 3.4496 | 5.083 | 18.2397 | 11.5713 | 7.3395 | 23.75 | 2.8084 | 11.5713 |
| | | 小计 | 13.488 | 1.909 | 20.4482 | 11.6108 | 0.9529 | 3.4496 | 5.083 | 18.2397 | 11.5713 | 7.3395 | 23.75 | 2.8084 | 11.5713 |
| | 小计 | | 27.1679 | 3.8602 | 41.2247 | 23.1772 | 0.9247 | 6.9044 | 9.8669 | 36.2039 | 22.8746 | 13.9008 | 46.25 | 5.5771 | 22.8746 |
| 第3层 | LT-1 | C20 | 13.6799 | 1.9557 | 20.8215 | 11.5664 | 0.9718 | 3.4548 | 4.7839 | 17.9642 | 11.3033 | 6.5613 | 22.5 | 2.7687 | 11.3033 |
| | | 小计 | 13.6799 | 1.9557 | 20.8215 | 11.5664 | 0.9718 | 3.4548 | 4.7839 | 17.9642 | 11.3033 | 6.5613 | 22.5 | 2.7687 | 11.3033 |
| | LT-2 | C20 | 13.488 | 1.9135 | 20.4932 | 11.6108 | 0.9529 | 3.4496 | 5.083 | 18.2397 | 11.5713 | 7.3395 | 23.75 | 2.8084 | 11.5713 |
| | | 小计 | 13.488 | 1.9135 | 20.4932 | 11.6108 | 0.9529 | 3.4496 | 5.083 | 18.2397 | 11.5713 | 7.3395 | 23.75 | 2.8084 | 11.5713 |
| | 小计 | | 27.1679 | 3.8692 | 41.3147 | 23.1772 | 0.9247 | 6.9044 | 9.8669 | 36.2039 | 22.8746 | 13.9008 | 46.25 | 5.5771 | 22.8746 |
| 第4层 | LT-1 | C20 | 13.6799 | 1.9557 | 20.8215 | 11.5664 | 0.9718 | 3.4548 | 4.7839 | 17.9642 | 11.3033 | 6.5613 | 22.5 | 2.7687 | 11.3033 |
| | | 小计 | 13.6799 | 1.9557 | 20.8215 | 11.5664 | 0.9718 | 3.4548 | 4.7839 | 17.9642 | 11.3033 | 6.5613 | 22.5 | 2.7687 | 11.3033 |
| | LT-2 | C20 | 13.488 | 1.9135 | 20.4932 | 11.6108 | 0.9529 | 3.4496 | 5.083 | 18.2397 | 11.5713 | 7.3395 | 23.75 | 2.8084 | 11.5713 |
| | | 小计 | 13.488 | 1.9135 | 20.4932 | 11.6108 | 0.9529 | 3.4496 | 5.083 | 18.2397 | 11.5713 | 7.3395 | 23.75 | 2.8084 | 11.5713 |
| | 小计 | | 27.1679 | 3.8692 | 41.3147 | 23.1772 | 0.9247 | 6.9044 | 9.8669 | 36.2039 | 22.8746 | 13.9008 | 46.25 | 5.5771 | 22.8746 |
| 第5层 | LT-1 | C20 | 13.6799 | 1.9557 | 20.8215 | 11.5664 | 0.9718 | 3.4548 | 4.7839 | 17.9642 | 11.3033 | 6.5613 | 22.5 | 2.7687 | 11.3033 |
| | | 小计 | 13.6799 | 1.9557 | 20.8215 | 11.5664 | 0.9718 | 3.4548 | 4.7839 | 17.9642 | 11.3033 | 6.5613 | 22.5 | 2.7687 | 11.3033 |
| | LT-2 | C20 | 13.488 | 1.9135 | 20.4932 | 11.6108 | 0.9529 | 3.4496 | 5.083 | 18.2397 | 11.5713 | 7.3395 | 23.75 | 2.8084 | 11.5713 |
| | | 小计 | 13.488 | 1.9135 | 20.4932 | 11.6108 | 0.9529 | 3.4496 | 5.083 | 18.2397 | 11.5713 | 7.3395 | 23.75 | 2.8084 | 11.5713 |
| | 小计 | | 27.1679 | 3.8692 | 41.3147 | 23.1772 | 0.9247 | 6.9044 | 9.8669 | 36.2039 | 22.8746 | 13.9008 | 46.25 | 5.5771 | 22.8746 |
| 第6层 | LT-1 | C20 | 13.68 | 1.9557 | 20.8215 | 11.5664 | 0.9718 | 3.4548 | 4.7839 | 17.9642 | 11.3033 | 6.5613 | 22.5 | 2.7687 | 11.3033 |
| | | 小计 | 13.68 | 1.9557 | 20.8215 | 11.5664 | 0.9718 | 3.4548 | 4.7839 | 17.9642 | 11.3033 | 6.5613 | 22.5 | 2.7687 | 11.3033 |
| | LT-2 | C20 | 13.488 | 1.9261 | 20.4932 | 11.6108 | 0.9529 | 3.4496 | 5.083 | 18.2397 | 11.5713 | 7.3395 | 23.75 | 2.8084 | 11.5713 |
| | | 小计 | 13.488 | 1.9261 | 20.4932 | 11.6108 | 0.9529 | 3.4496 | 5.083 | 18.2397 | 11.5713 | 7.3395 | 23.75 | 2.8084 | 11.5713 |
| | 小计 | | 27.168 | 3.8818 | 41.3147 | 23.1772 | 0.9247 | 6.9044 | 9.8669 | 36.2039 | 22.8746 | 13.9008 | 46.25 | 5.5771 | 22.8746 |
| 合计 | | | 190.0634 | 27.1678 | 289.8699 | 163.9608 | 13.1021 | 47.176 | 67.5734 | 253.903 | 161.5402 | 98.4716 | 317.5 | 39.0866 | 161.5402 |

图 3-66　楼梯的清单工程量汇总表

## 3.3.5 混凝土其他构件工程量

### 1. 散水

本项目中建筑四周设 900mm 宽散水，如图 3-67 所示。

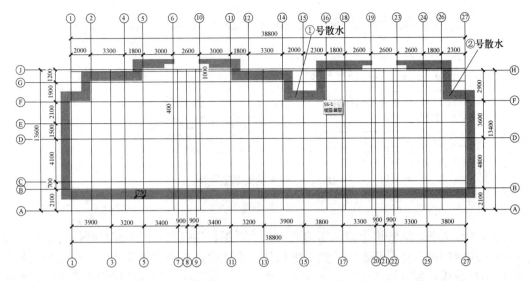

图 3-67　散水平面布置图

在图 3-67 中，散水分为两部分计算，①号散水和②号散水，所以散水的清单计算式和工程量如图 3-68、图 3-69 所示。

散水工程量计算规则：按设计图示尺寸以水平投影面积计算。

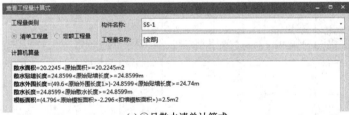

(a) ①号散水清单计算式

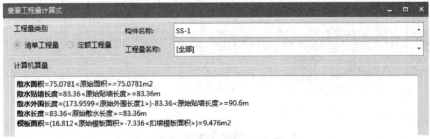

(b) ②号散水清单计算式

图 3-68　①、②号散水的清单计算式

图 3-69　散水的清单工程量

2. 雨篷

雨篷是设置在建筑物进出口上部的遮雨、遮阳篷。建筑物入口处和顶层阳台上部用以遮挡雨水和保护外门免受雨水浸蚀的水平构件。雨篷梁是典型的受弯构件。雨篷有三种形式：①小型雨篷，如悬挑式雨篷、悬挂式雨篷。②大型雨篷，如墙或柱支承式雨篷，一般可分为玻璃钢结构和全钢结构。③新型组装式雨篷。

在本项目中空调机搁板采用雨篷制作，如图 3-70、图 3-71 所示。

在图 3-71 中，图中标注的空调机搁板(雨篷)的清单计算式和工程量如图 3-72、图 3-73所示。

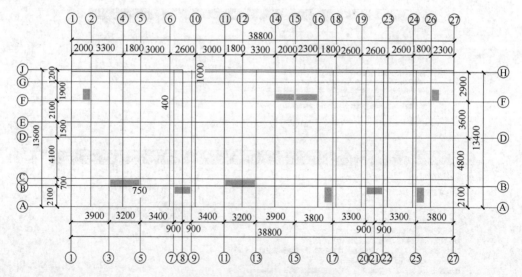

图 3-70　空调机搁板平面布置图

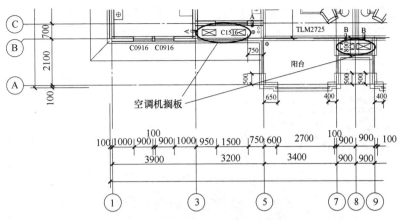

(a) 空调机搁板建筑平面图

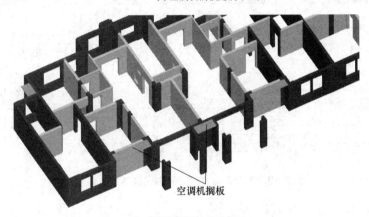

(b) 空调机搁板三维示意图

图 3-71　空调机搁板建筑和三维对应图

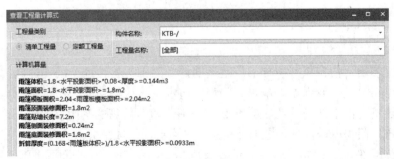

(a) 左侧空调机搁板

图 3-72　部分雨篷的清单计算式

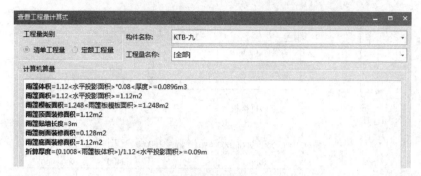

(b) 右侧空调机搁板

图 3-72　部分雨篷的清单计算式(续)

| 楼层 | 名称 | 材质 | 混凝土类型 | 混凝土强度等级 | 雨篷体积 (m³) | 雨篷面积 (m²) | 雨篷模板面积 (m²) | 雨篷顶面装修面积 (m²) | 栏板内边线长度 (m) | 栏板外边线长度 (m) | 栏板中心线长度 (m) | 雨篷贴墙长度 (m) | 折算厚度 (m) | 雨篷侧面装修面积 (m²) | 雨篷底面装修面积 (m²) |
|---|---|---|---|---|---|---|---|---|---|---|---|---|---|---|---|
| 1 | | | 现浇混凝土 | 现浇砾石混凝土 | 0.144 | 1.8 | 2.04 | 1.8 | 0 | 0 | 0 | 7.2 | 0.0933 | 0 | 0.24 | 1.8 |
| 2 | KTB-/ | | | C30 | 0.144 | 1.8 | 2.04 | 1.8 | 0 | 0 | 0 | 7.2 | 0.0933 | 0 | 0.24 | 1.8 |
| 3 | | | | 小计 | 0.144 | 1.8 | 2.04 | 1.8 | 0 | 0 | 0 | 7.2 | 0.0933 | 0 | 0.24 | 1.8 |
| 4 | | | | 小计 | 0.144 | 1.8 | 2.04 | 1.8 | 0 | 0 | 0 | 7.2 | 0.0933 | 0 | 0.24 | 1.8 |
| 5 | 首层 | | 现浇混凝土 | 现浇砾石混凝土 | 0.0896 | 1.12 | 1.248 | 1.12 | 0 | 0 | 0 | 3 | 0.09 | 0 | 0.128 | 1.12 |
| 6 | KTB-九 | | | C30 小计 | 0.0896 | 1.12 | 1.248 | 1.12 | 0 | 0 | 0 | 3 | 0.09 | 0 | 0.128 | 1.12 |
| 7 | | | | 小计 | 0.0896 | 1.12 | 1.248 | 1.12 | 0 | 0 | 0 | 3 | 0.09 | 0 | 0.128 | 1.12 |
| 8 | | | | 小计 | 0.0896 | 1.12 | 1.248 | 1.12 | 0 | 0 | 0 | 3 | 0.09 | 0 | 0.128 | 1.12 |
| 9 | | 小计 | | | | 0.2336 | 2.92 | 3.288 | 2.92 | 0 | 0 | 0 | 10.2 | 0.1833 | 0 | 0.368 | 2.92 |
| 10 | | 合计 | | | | 0.2336 | 2.92 | 3.288 | 2.92 | 0 | 0 | 0 | 10.2 | 0.1833 | 0 | 0.368 | 2.92 |

图 3-73　部分雨篷(空调机搁板)的清单工程量

雨篷工程量计算规则：雨篷梁、板工程量合并，按雨篷以体积计算，高度小于等于 400mm 的栏板并入雨篷体积内计算，栏板高度大于 400mm 时，其超过部分，按栏板计算。

雨篷工程量以 KTB-/和 KTB-九为例进行计算分析，其余雨篷工程量不再一一赘述。

## 3.3.6　门窗工程

门窗即门与窗。门窗按其所处的位置不同，分为围护构件或分隔构件。门窗根据不同的设计要求，可分别具有保温、隔热、隔声、防水、防火等功能。由于寒冷地区由门窗缝隙而损失的热量，占全部采暖耗热量的 25%左右，故对门窗的密闭性要求，也是节能设计中的重要内容。门和窗是建筑物围护结构系统中重要的组成部分。

本项目首层部分门窗如图 3-74 所示。为了便于读图，在建筑平面图中门采用代号 M 表示，窗采用代号 C 表示，加编号以便区分。如图中的 C0916、C1516 和 M0921、TLM2725 等。

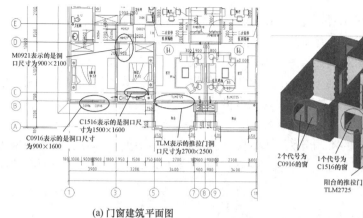
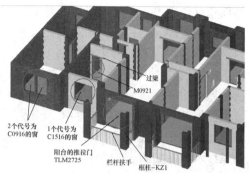

(a) 门窗建筑平面图　　　　　　　　　　　(b) 门窗三维示意图

图 3-74　首层部分门窗图

以首层③～⑧轴与⑧～ⓒ轴交汇处的 C1516 和 TLM2725 为例进行相关的清单计算，其相应的清单工程量和计算式如图 3-75、图 3-76 所示。其余门窗工程量不再一一赘述。

(a) C1516清单工程量　　　　　　　　　　(b) C1516清单计算式

图 3-75　C1516 的清单工程量和计算式

(a) TLM2725清单工程量　　　　　　　　　(b) TLM2725清单计算式

图 3-76　TLM2725 的清单工程量和计算式

## 3.3.7　屋面及防水工程

### 1. 屋面

屋面是建筑最上层起覆盖作用的外维护构件。它的主要作用体现在两个方面：①抵御自然界的风、雨、雪、气温变化和太阳辐射，使屋面覆盖的空间具有良好的使用环境；②屋面承受作用于其上的风荷载、雪荷载和屋面自重等。

屋面由面层、结构层、保温隔热层和顶棚等部分组成。面层是屋面的最顶层，直接承受自然界的各种因素的影响和作用。结构层承受屋面传来的各种荷载和屋面自重，相当于楼板层中楼板的作用。保温隔热层是防止室内温度散失和减少室外高温对室内影响的构造。顶棚是屋面的底层，构造方法与楼板层顶棚相同。

屋面据其坡度和结构形式的不同分为平屋面、坡屋面和其他屋面。本项目的屋面采用的是坡屋面和平屋面相结合的方式，但主要还是应用了坡屋面，屋顶平面图、平面布置图以及三维示意图如图 3-77 所示。

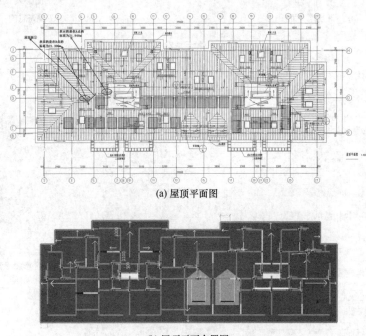

(a) 屋顶平面图

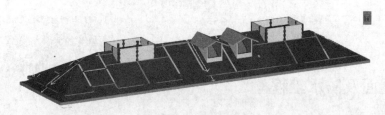

(b) 屋顶平面布置图

(c) 屋顶三维示意图

图 3-77　屋顶图

在图 3-77 中，屋面采用三点变斜法进行绘画屋面，所以坡屋面的顶标高、底标高一般会有所不同，比如在图 3-77(a)中，屋面板①中的顶标高为 A(21.848)、B(21.300)等。另外，屋面的墙、梁、柱等也需要根据相应的标高进行调整。

以图 3-77(a)中的屋面板①为例进行相关的清单计算，其相应的清单工程量和计算式如图 3-78 所示。其余屋面板工程量不再一一赘述。

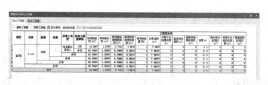

(a) 屋面板①清单工程量　　　　　　　　(b) 屋面板①清单计算式

**图 3-78　屋面板①的清单工程量和计算式**

**2. 卫生间、厨房、阳台防水**

由建筑设计总说明可知，本项目卫生间、厨房、阳台需要做防水层，四周沿墙上翻 300mm 高，首层楼地面及防水如图 3-79 所示。

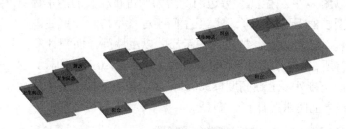

**图 3-79　首层楼地面及防水图**

(1) 卫生间防水。

卫生间就是厕所、洗手间、浴池的合称。住宅的卫生间一般有专用和公用之分。专用的只服务于主卧室；公用的与公共走道相连接，由其他家庭成员和客人公用。比如图 3-79 中的卫生间①是主卧卫生间，卫生间②是公用卫生间。

以图 3-79 中的卫生间①为例进行相关的清单计算，其相应的清单工程量和计算式如图 3-80 所示。其余楼层卫生间工程量不再一一赘述。

卫生间防水工程量计算规则：按设计图示尺寸以主墙间净面积计算，扣除凸出地面的构筑物、设备基础等所占面积，不扣除间壁墙及单个面积≤0.3m² 的柱、垛、烟囱和孔洞所占面积。平面与立面交接处，上翻高度≤300mm 时，按展开面积并入平面工程量内计算，高度>300mm 时，按立面防水层计算。

(a) 卫生间①清单工程量

(b) 卫生间①清单计算式

**图 3-80   卫生间①的清单工程量和计算式**

（2）厨房防水。

厨房，是指可在内准备食物并进行烹饪的房间，一个现代化的厨房通常有的设备包括炉具(燃气炉、电炉、微波炉或烤箱)、流理台(洗碗槽或是洗碗机)及储存食物的设备(如冰箱、冰柜)。

扩展图片2：卫生间楼地面及防水.docx.

厨房地面与外墙的渗漏、发潮、发霉成为目前房屋质量中的通病，而且有愈演愈烈之势，经常造成住户的困扰和纠纷。

厨房是较厕浴间第二个防水重点，由于洗菜厨具、厨房卫生清洁污水等都会不同程度的有水溢出，长期容易造成水沿着地漏的缝隙渗漏，造成漏水，因此厨房也需要做防水保护。本项目中，以图3-79卫生间②旁边的厨房为例进行相关的清单计算，其相应的清单工程量和计算式如图3-81所示。其余楼层卫生间工程量不再一一赘述。

厨房防水工程量计算规则：按设计图示尺寸以主墙间净面积计算，扣除凸出地面的构筑物、设备基础等所占面积，不扣除间壁墙及单个面积≤$0.3m^2$的柱、垛、烟囱和孔洞所占面积。平面与立面交接处，上翻高度≤300mm时，按展开面积并入平面工程量内计算，高度>300mm时，按立面防水层计算。

(a) 厨房清单工程量

(b) 厨房清单计算式

**图 3-81   厨房的清单工程量和计算式**

（3）阳台防水。

阳台是建筑物室内的延伸，是居住者呼吸新鲜空气、晾晒衣物、摆放盆栽的场所，而且晾晒衣物，地面难免会经常处于潮湿的状态。在本项目中，阳台及空调搁板采用地漏排水，又属于开放式阳台，因为有风吹雨淋，所以地面也需要做防水。本项目中，以图 3-79 中最左侧的阳台为例进行相关的清单计算，其相应的清单工程量和计算式如图 3-81 所示。其余楼层阳台防水工程量不再一一赘述。

阳台防水工程量计算规则：按设计图示尺寸以主墙间净面积计算，扣除凸出地面的构筑物、设备基础等所占面积，不扣除间壁墙及单个面积≤0.3m² 的柱、垛、烟囱和孔洞所占面积。平面与立面交接处，上翻高度≤300mm 时，按展开面积并入平面工程量内计算，高度>300mm 时，按立面防水层计算。

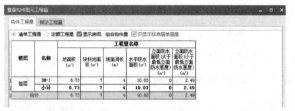

(a) 阳台清单工程量

(b) 阳台清单计算式

图 3-82　阳台的清单工程量和计算式

## 3.3.8 保温工程

音频 3：
外墙保温.mp3

在该剪力墙结构项目中，采用的是外墙外保温，其不仅适用于剪力墙结构混凝土外墙的保温，也适应于砖混结构建筑砌体外墙的保温，满足了当前房屋建筑节能需求。

本项目外墙外保温材料为 50mm 厚聚苯乙烯保温隔热板，外墙面一层为仿毛石淡黄色面砖，二～五层均为米黄色外墙面涂料，六层为砖红色面砖，规格及贴装方式为仿清水砖墙。所有外墙线脚及窗套为浅灰色。

首层部分墙面如图 3-83 所示。

以首层①轴线的外墙面为例进行相关的清单计算，其相应的清单工程量和计算式如图 3-84 所示。其余楼层外墙保温工程量不再一一赘述。

墙面保温工程量计算规则：墙面保温隔热层工程量按设计图示尺寸以面积计算，扣除门窗洞口及面积>0.3m² 的梁、孔洞所占面积；门窗洞口侧壁以及与墙相连的柱，并入保温墙体工程量内。墙体及混凝土板下铺贴隔热层不扣除木框架及木龙骨的体积。其中外墙按隔热层中心线长度计算，内墙按隔热层净长度计算。

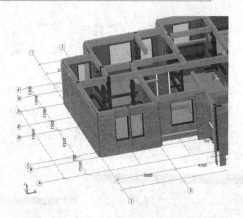

图 3-83　首层楼地面及防水图

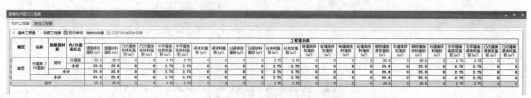

(a)①轴线墙面清单工程量

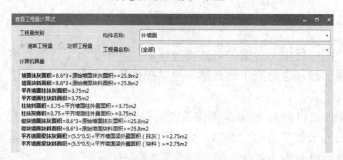

(b)①轴线墙面清单计算式

图 3-84　首层①轴线墙面的清单工程量和计算式

# 3.4　某多层住宅剪力墙结构钢筋工程

## 3.4.1 ┃基础部分

**1. 基础梁钢筋**

基础梁用 JL 表示，基础层部分基础梁如图 3-85 所示。

JL1 钢筋工程
量.mp4

扩展图片 3：基础层
三维图.docx

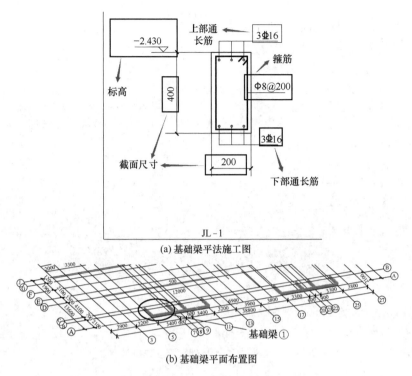

(a) 基础梁平法施工图

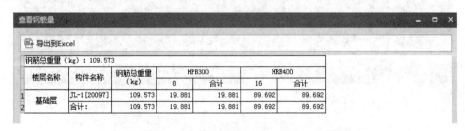

(b) 基础梁平面布置图

**图 3-85　基础层基础梁平法施工和平面布置图**

以图 3-85 中的①号基础梁为例进行相关的钢筋计算，其相应的钢筋工程量和详细计算式如图 3-86、图 3-87 所示。其余基础梁钢筋工程量不再一一赘述。

基础梁钢筋工程量计算规则：按设计图示乘以单位理论质量计算。

| 楼层名称 | 构件名称 | 钢筋总重量 (kg) | HPB300 | | HRB400 | |
|---|---|---|---|---|---|---|
| | | | 8 | 合计 | 16 | 合计 |
| 1 基础层 | JL-1[20097] | 109.573 | 19.881 | 19.881 | 89.692 | 89.692 |
| 2 | 合计： | 109.573 | 19.881 | 19.881 | 89.692 | 89.692 |

钢筋总重量（kg）：109.573

**图 3-86　基础层①号基础梁的钢筋工程量**

2. 筏板基础钢筋

本项目中，筏板配筋为上层双向 Φ14@180，如图 3-88 所示。

编辑钢筋

插入　删除　缩尺配筋　钢筋信息　钢筋图库　其他 · 单构件钢筋总重(kg): 109.573

| 筋号 | 直径(mm) | 级别 | 图号 | 图形 | 计算公式 | 公式描述 | 长度 | 根数 | 搭接 | 损耗(%) | 单重(kg) | 总重(kg) | 钢筋归类 | 搭接形式 | 钢筋类型 |
|---|---|---|---|---|---|---|---|---|---|---|---|---|---|---|---|
| 1 1跨.下通长筋1 | 16 | Φ | 64 | 240 2970 | 132 950-40+15*d+1600+37*d | 锚固+净长+锚固 | 3342 | 2 | 0 | 0 | 5.28 | 10.56 | 直筋 | 直螺纹连接 | 普通钢筋 |
| 2 1跨.下通长筋2 | 16 | Φ | 64 | 240 9728 | 950-40+15*d 240 +7600+250-40+15*d | 锚固+净长+锚固 | 9208 | 1 | 0 | 0 | 14.549 | 14.549 | 直筋 | 直螺纹连接 | 普通钢筋 |
| 3 1跨.上通长筋 | 16 | Φ | 18 | 240 3726 | 950-40+7600+250-40+15*d | 锚固+净长 | 9960 | 1 | 0 | 0 | 14.169 | 14.169 | 直筋 | 直螺纹连接 | 普通钢筋 |
| 4 1跨.上部钢筋1 | 16 | Φ | 18 | 132 2970 | 950-40+1600+37*d | 锚固+净长 | 3102 | 2 | 0 | 0 | 4.901 | 9.802 | 直筋 | 直螺纹连接 | 普通钢筋 |
| 5 2跨.下通长筋1 | 16 | Φ | 64 | 132 3520 | 132 37*d+2800+37*d | 锚固+净长+锚固 | 3784 | 2 | 0 | 0 | 5.979 | 11.958 | 直筋 | 直螺纹连接 | 普通钢筋 |
| 6 2跨.上部钢筋1 | 16 | Φ | 64 | 132 3520 | 132 37*d+2800+37*d | 锚固+净长+锚固 | 3784 | 2 | 0 | 0 | 5.979 | 11.958 | 直筋 | 直螺纹连接 | 普通钢筋 |
| 7 3跨.下通长筋1 | 16 | Φ | 64 | 132 2270 | 240 37*d+1600+250-40+15*d | 锚固+净长+锚固 | 2842 | 2 | 0 | 0 | 4.174 | 8.348 | 直筋 | 直螺纹连接 | 普通钢筋 |
| 8 3跨.上部钢筋1 | 16 | Φ | 64 | 132 2270 | 240 37*d+1600+250-40+15*d | 锚固+净长+锚固 | 2842 | 2 | 0 | 0 | 4.174 | 8.348 | 直筋 | 直螺纹连接 | 普通钢筋 |
| 9 1跨.箍筋1 | 8 | Φ | 195 | 320 120 | 2*((200-2*40)+(400-2*40))+2*(11.9*d) | | 1070 | 5 | 0 | 0 | 0.423 | 2.115 | 箍筋 | 绑扎 | 普通钢筋 |
| 10 1跨.箍筋2 | 8 | Φ | 195 | 320 120 | 2*((200-2*40)+(400-2*40))+2*(11.9*d) | | 1070 | 9 | 0 | 0 | 0.423 | 3.807 | 箍筋 | 绑扎 | 普通钢筋 |
| 11 2跨.箍筋1 | 8 | Φ | 195 | 320 120 | 2*((200-2*40)+(400-2*40))+2*(11.9*d) | | 1070 | 4 | 0 | 0 | 0.423 | 1.692 | 箍筋 | 绑扎 | 普通钢筋 |
| 12 2跨.箍筋2 | 8 | Φ | 195 | 320 120 | 2*((200-2*40)+(400-2*40))+2*(11.9*d) | | 1070 | 14 | 0 | 0 | 0.423 | 5.922 | 箍筋 | 绑扎 | 普通钢筋 |
| 13 3跨.箍筋1 | 8 | Φ | 195 | 320 120 | 2*((200-2*40)+(400-2*40))+2*(11.9*d) | | 1070 | 4 | 0 | 0 | 0.423 | 1.692 | 箍筋 | 绑扎 | 普通钢筋 |
| 14 3跨.箍筋2 | 8 | Φ | 195 | 320 120 | 2*((200-2*40)+(400-2*40))+2*(11.9*d) | | 1070 | 2 | 0 | 0 | 0.423 | 0.846 | 箍筋 | 绑扎 | 普通钢筋 |
| 15 3跨.箍筋3 | 8 | Φ | 195 | 320 120 | 2*((200-2*40)+(400-2*40))+2*(11.9*d) | | 1070 | 9 | 0 | 0 | 0.423 | 3.807 | 箍筋 | 绑扎 | 普通钢筋 |
| 16 | | | | | | | | | | | | | | | |

图 3-87　基础层①号基础梁钢筋详细计算式

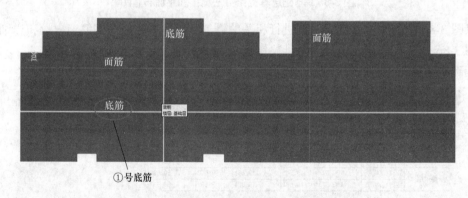

图 3-88　筏板配筋图

以图 3-88 中〇的①号底筋的钢筋三维示意图如图 3-89 所示。

以①号底筋为例进行相关的钢筋计算，其相应的钢筋工程量和详细计算式如图 3-90、图 3-91 所示。

钢筋工程量计算规则：按设计图示乘以单位理论质量计算。

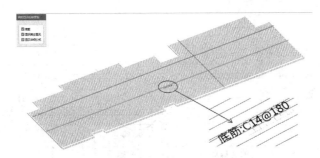

图 3-89　①号底筋的钢筋三维示意图

图 3-90　①号底筋的钢筋工程量

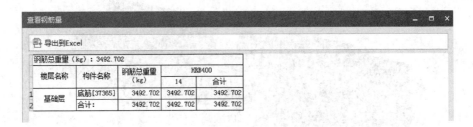

图 3-91　①号底筋的钢筋详细计算式

### 3. 独立基础

基础层部分独立基础如图 3-92 所示。

以图 3-92 中标注的①号独立基础的钢筋三维示意图如图 3-93 所示。

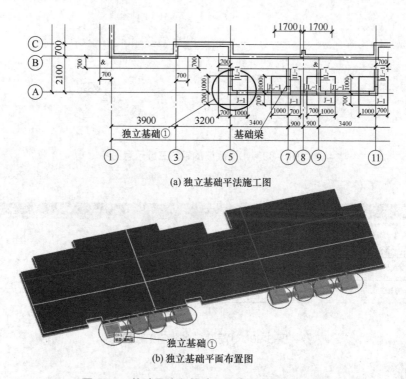

(a) 独立基础平法施工图

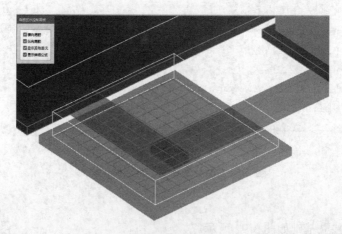

(b) 独立基础平面布置图

**图 3-92　基础层独立基础平法施工和平面布置图**

图 3-93　①号独立基础的钢筋三维示意图

以①号独立基础为例进行相关的钢筋计算，其相应的钢筋工程量和详细计算式如图 3-94、图 3-95 所示。其余独立基础钢筋工程量不再一一赘述。

独立基础钢筋工程量计算规则：按设计图示乘以单位理论质量计算。

查看钢筋量

导出到Excel

钢筋总重量（kg）：24

| | 楼层名称 | 构件名称 | 钢筋总重量（kg） | HRB400 | |
|---|---|---|---|---|---|
| | | | | 10 | 合计 |
| 1 | 基础层 | DJ-1[20218] | 24 | 24 | 24 |
| 2 | | 合计: | 24 | 24 | 24 |

图 3-94　①号独立基础的钢筋工程量

编辑钢筋

插入　删除　缩尺配筋　钢筋信息　钢筋图库　其他 · 单构件钢筋总重(kg)：24.000

| | 筋号 | 直径(mm) | 级别 | 图号 | 图形 | 计算公式 | 公式描述 | 长度 | 根数 | 搭接 | 损耗(%) | 单重(kg) | 总重(kg) | 钢筋归类 | 搭接形式 | 钢筋类型 |
|---|---|---|---|---|---|---|---|---|---|---|---|---|---|---|---|---|
| 1 | 横向底筋.1 | 10 | Φ | 1 | 1620 | 1700-40-40 | 净长-保护层-保护层 | 1620 | 2 | 0 | 0 | 1 | 2 | 直筋 | 绑扎 | 普通钢筋 |
| 2 | 横向底筋.2 | 10 | Φ | 1 | 1620 | 1700-40-40 | 净长-保护层-保护层 | 1620 | 10 | 0 | 0 | 1 | 10 | 直筋 | 绑扎 | 普通钢筋 |
| 3 | 纵向底筋.1 | 10 | Φ | 1 | 1620 | 1700-40-40 | 净长-保护层-保护层 | 1620 | 2 | 0 | 0 | 1 | 2 | 直筋 | 绑扎 | 普通钢筋 |
| 4 | 纵向底筋.2 | 10 | Φ | 1 | 1620 | 1700-40-40 | 净长-保护层-保护层 | 1620 | 10 | 0 | 0 | 1 | 10 | 直筋 | 绑扎 | 普通钢筋 |
| 5 | | | | | | | | | | | | | | | | |

图 3-95　①号独立基础的钢筋详细计算式

## 3.4.2 主体部分

1. 梁的钢筋工程

1)　首层梁工程量

某项目剪力墙结构中，KL 表示框架梁，L 表示非框架梁，顶标高为-0.09m，首层梁如图 3-96 所示，平法施工图如图 3-97 所示，首层梁主要以 KL27 为例进行相关介绍。

(1)　KL27 钢筋工程量。

KL27 钢筋工程量如图 3-98 所示，KL27 钢筋三维图如图 3-99 所示。

首层框梁钢筋工程量以 KL27 为例进行计算分析，其余框梁钢筋工程量不再一一赘述。

(2)　KL27 的钢筋工程量计算式。

KL27 中钢筋有上通长筋、左支座筋、右支座筋、下部钢筋和箍筋。KL27 的钢筋工程量计算式如图 3-100 所示。

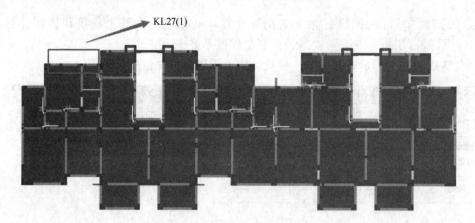

图 3-96　首层梁平面布置图

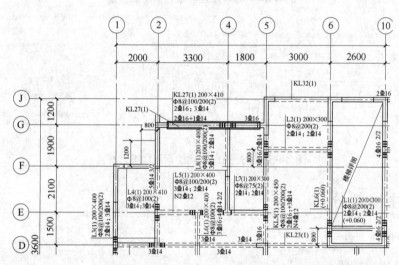

图 3-97　首层 KL27 平法施工图

### 查看钢筋量

导出到Excel

钢筋总重重（kg）：60.927

| 楼层名称 | 构件名称 | 钢筋总重重（kg） | HPB300 | | HRB400 | | |
|---|---|---|---|---|---|---|---|
| | | | 8 | 合计 | 14 | 16 | 合计 |
| 第2层 | KL27(1) [251 16] | 60.927 | 16.252 | 16.252 | 23.227 | 21.448 | 44.675 |
| | 合计： | 60.927 | 16.252 | 16.252 | 23.227 | 21.448 | 44.675 |

图 3-98　首层 KL27 钢筋工程量

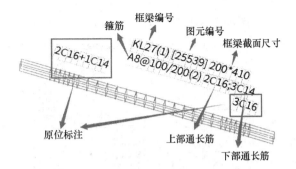

图 3-99　首层 KL27 钢筋三维示意图

图 3-100　首层 KL27 钢筋工程量计算式

2) 四层梁工程量

本项目剪力墙结构中四层梁的顶标高为 8.91m，四层梁如图 3-101 所示。

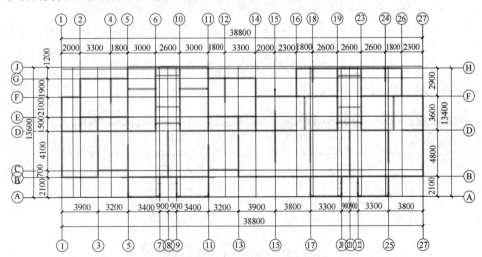

图 3-101　四层梁平面布置图

四层 KL1 的梁平法施工图如图 3-102 所示。

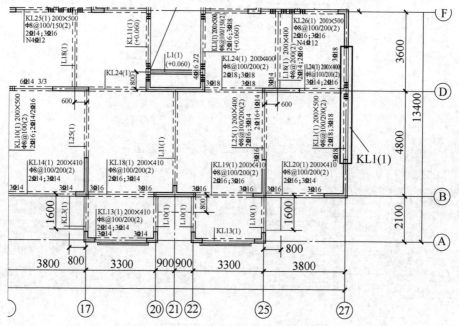

图 3-102　四层 KL1 平法施工图

(1) KL1 钢筋工程量。

KL1 钢筋工程量如图 3-103 所示，KL1 钢筋三维图如图 3-104 所示。

四层框梁钢筋工程量以 KL1 为例进行计算分析，其余框梁钢筋工程量不再一一赘述。

(2) KL1 的钢筋工程量计算式。

KL1 中钢筋有上通长筋、左支座筋、右支座筋、下部钢筋和箍筋。KL1 的钢筋工程量计算式如图 3-105 所示。

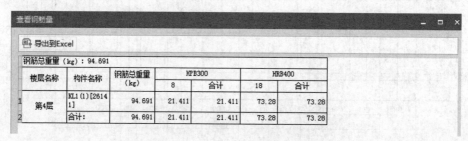

图 3-103　四层 KL1 钢筋工程量

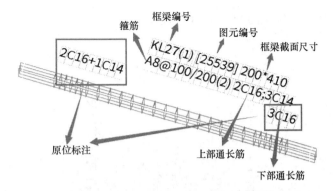

图 3-104　四层 KL1 钢筋三维示意图

图 3-105　四层 KL1 钢筋工程量计算式

3)　屋面梁

本项目中屋面梁的顶标高均为坡屋面顶标高，如图 3-106 所示。

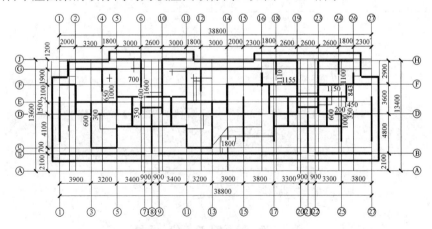

图 3-106　屋面梁平面布置图

屋面 KL23 的梁平法施工图如图 3-107 所示。

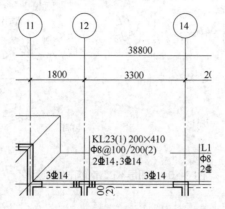

图 3-107　屋面 KL23 平法施工图

(1)　KL23 钢筋工程量。

KL23 钢筋工程量如图 3-108 所示，KL23 钢筋三维图如图 3-109 所示。

屋面框梁钢筋工程量以 KL23 为例进行计算分析，其余框梁钢筋工程量不再一一赘述。

| 楼层名称 | 构件名称 | 钢筋总重量 (kg) | HPB300 | | HRB400 | |
|---|---|---|---|---|---|---|
| | | | 8 | 合计 | 18 | 合计 |
| 1 第4层 | KL1(1)[2614 1] | 94.691 | 21.411 | 21.411 | 73.28 | 73.28 |
| 2 | 合计： | 94.691 | 21.411 | 21.411 | 73.28 | 73.28 |

钢筋总重量（kg）：94.691

图 3-108　屋面 KL23 钢筋工程量

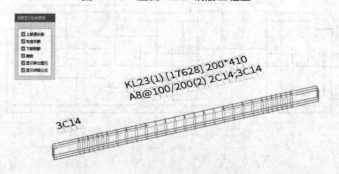

图 3-109　屋面 KL23 三维示意图

(2) KL23 的钢筋工程量计算式。

KL23 中钢筋有上通长筋、左支座筋、右支座筋、下部钢筋和箍筋。KL23 的钢筋工程量计算式如图 3-110 所示。

图 3-110　四层 KL23 钢筋工程量计算式

**2. 板的钢筋工程**

板负筋主要是用于钢筋混凝土结构设计中，作用是用于抵抗负弯矩，板负筋是用来承担负弯矩的钢筋，一般用于柱子的上部或梁的上部。

跨板受力筋是指图纸上标注的板上部通长并且伸出板外的受力钢筋。

板受力筋.mp4

板受力筋也叫主筋，是指在混凝土结构中，对受弯、压、拉等基本构件配置的主要用来承受由荷载引起的拉应力或者压应力的钢筋，其作用是使构件的承载力满足结构功能要求。承受拉应力的通常称为纵向受拉钢筋、受拉钢筋，承受压应力的通常称为纵向受压钢筋、受压筋，统称受力筋。

本项目以首层板为例进行相关介绍，首层板的平面布置图如图 3-111 所示。

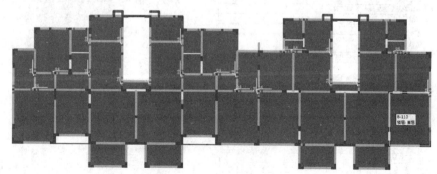

图 3-111　首层板平面布置图

1) 板负筋

板负筋平法施工图如图 3-112 所示。

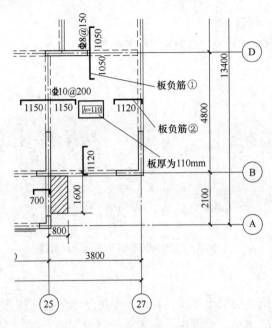

图 3-112　板负筋平法施工图

(1) 板负筋钢筋工程量。

板负筋钢筋工程量如图 3-113、图 3-114 所示，板负筋钢筋三维图如图 3-115 所示。板负筋工程量以首层板为例进行计算分析，其余板负筋工程量不再一一赘述。

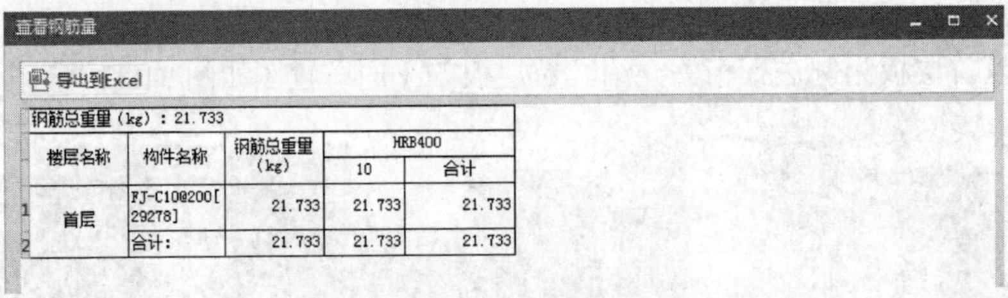

查看钢筋量

导出到Excel

钢筋总重量（kg）：21.733

| | 楼层名称 | 构件名称 | 钢筋总重量（kg） | HRB400 | |
|---|---|---|---|---|---|
| | | | | 10 | 合计 |
| 1 | 首层 | FJ-C10@200[29278] | 21.733 | 21.733 | 21.733 |
| 2 | | 合计: | 21.733 | 21.733 | 21.733 |

图 3-113　①号板负筋钢筋工程量

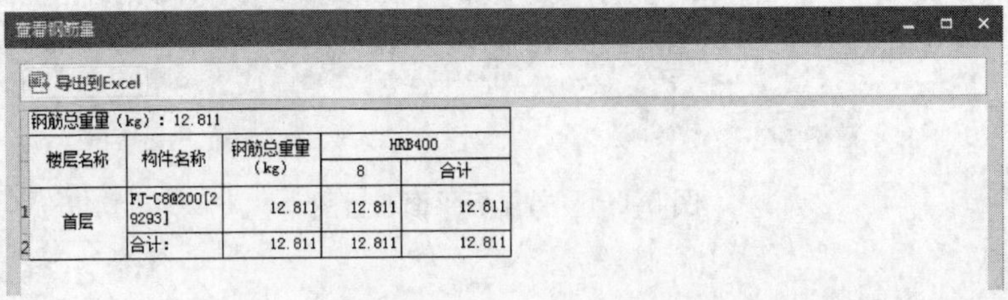

查看钢筋量

导出到Excel

钢筋总重量（kg）：12.811

| | 楼层名称 | 构件名称 | 钢筋总重量（kg） | HRB400 | |
|---|---|---|---|---|---|
| | | | | 8 | 合计 |
| 1 | 首层 | FJ-C8@200[29293] | 12.811 | 12.811 | 12.811 |
| 2 | | 合计: | 12.811 | 12.811 | 12.811 |

图 3-114　②号板负筋钢筋工程量

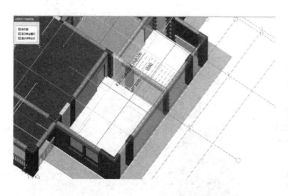

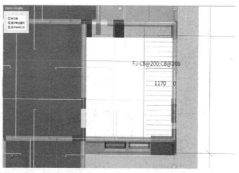

图 3-115　①、②号板负筋三维示意图

(2) 板负筋钢筋工程量计算式。

①、②号板负筋钢筋工程量计算式如图 3-116、图 3-117 所示。

图 3-116　①号板负筋钢筋工程量计算式

图 3-117　②号板负筋钢筋工程量计算式

2) 跨板受力筋

跨板受力筋平法施工图、跨板受力筋三维示意图如图 3-118、图 3-119 所示。

(1) 跨板受力筋钢筋工程量。

跨板受力筋钢筋工程量如图 3-120、图 3-121 所示，跨板受力筋三维图如图 3-122 所示。

跨板受力筋工程量以首层板为例进行计算分析，其余板跨板受力筋工程量不再一一赘述。

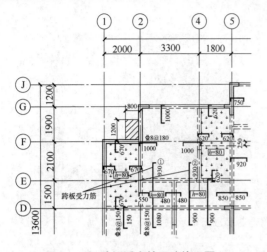

图 3-118 跨板受力筋平法施工图

图 3-119 ①、②号跨板受力筋三维示意图

查看钢筋量

导出到Excel

钢筋总重量（kg）：20.268

| | 楼层名称 | 构件名称 | 钢筋总重量（kg） | HRB400 | |
|---|---|---|---|---|---|
| | | | | 10 | 合计 |
| 1 | 首层 | KBSLJ-C10@200[29368] | 20.268 | 20.268 | 20.268 |
| 2 | | 合计: | 20.268 | 20.268 | 20.268 |

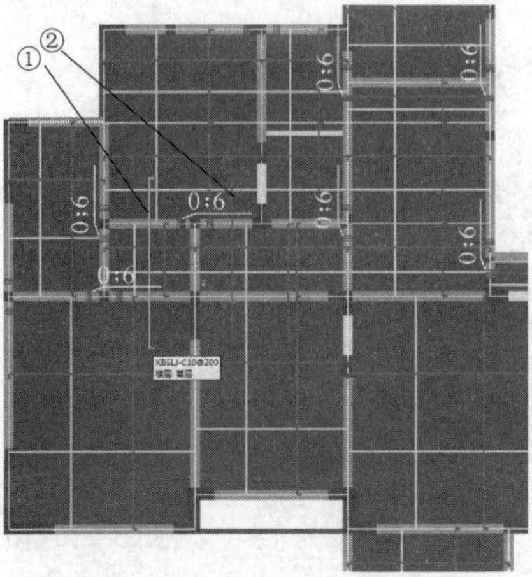

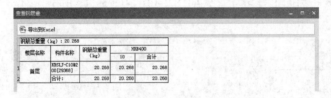

图 3-120 ①号跨板受力筋钢筋工程量

查看钢筋量

导出到Excel

钢筋总重量（kg）：20.501

| | 楼层名称 | 构件名称 | 钢筋总重量（kg） | HRB400 | |
|---|---|---|---|---|---|
| | | | | 8 | 合计 |
| 1 | 首层 | KBSLJ-C8@200[29372] | 20.501 | 20.501 | 20.501 |
| 2 | | 合计: | 20.501 | 20.501 | 20.501 |

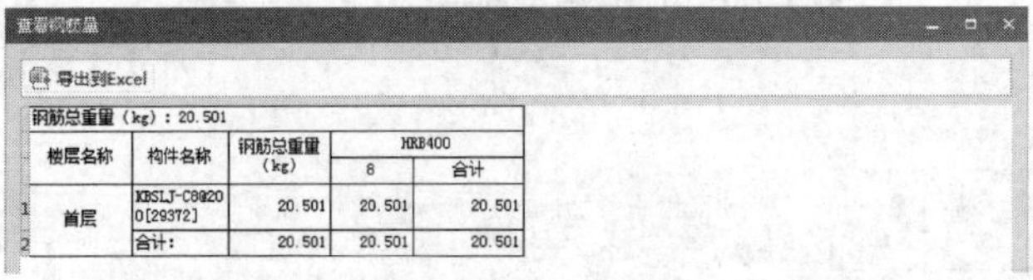

图 3-121 ②号跨板受力筋钢筋工程量

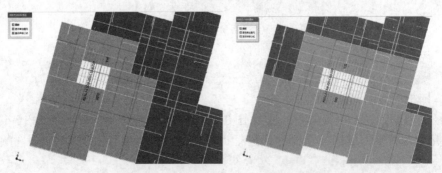

图 3-122 ①、②号跨板受力筋三维示意图

(2) 跨板受力筋钢筋工程量计算式。

①、②号跨板受力筋钢筋工程量计算式如图 3-123、图 3-124 所示。

| 筋号 | 直径(mm) | 级别 | 图号 | 图形 | 计算公式 | 公式描述 | 长度 | 根数 | 搭接 | 损耗(%) | 单重(kg) | 总重(kg) | 钢筋归类 | 搭接形式 | 钢筋类型 |
|---|---|---|---|---|---|---|---|---|---|---|---|---|---|---|---|
| KBSLJ-C10@200.1 | 10 | Φ | 64 | 80 3500 70 | 1500+1070+930+110-2*15+100-2*15 | 净长+左标注+右... | 3650 | 9 | 0 | 0 | 2.252 | 20.268 | 直筋 | 绑扎 | 普通钢筋 |

图 3-123  ①号跨板受力筋钢筋工程量计算式

| 筋号 | 直径(mm) | 级别 | 图号 | 图形 | 计算公式 | 公式描述 | 长度 | 根数 | 搭接 | 损耗(%) | 单重(kg) | 总重(kg) | 钢筋归类 | 搭接形式 | 钢筋类型 |
|---|---|---|---|---|---|---|---|---|---|---|---|---|---|---|---|
| 无标注 KBSLJ-C8... | 6 | Φ | 64 | 70 3330 | 1500+900+930+100-2*15-2*15 | 净长+左标注 右... | 3470 | 7 | 0 | 0 | 1.371 | 9.597 | 直筋 | 绑扎 | 普通钢筋 |
| 无标注 KBSLJ-C8... | 8 | Φ | 64 | 70 3330 50 | 1500+900+930+100-2*15+80-2*15 | 净长+左标注 右... | 3450 | 8 | 0 | 0 | 1.363 | 10.904 | 直筋 | 绑扎 | 普通钢筋 |

图 3-124  ②号跨板受力筋钢筋工程量计算式

3) 板受力筋(底筋、面筋)

板底未画钢筋者，100mm 厚的板在板底双向设 Φ6@140,80mm 厚的板在板底双向设 Φ6@170,110mm 厚的板在板底双向设 Φ6@120。

板面钢筋未注明者，均为 Φ8@200。

本项目首层板受力筋(底筋、面筋)的三维示意图如图 3-125 所示，其中以①号板横向的底筋面筋、②号板纵向的底筋面筋首层阳台板为例进行相关介绍。

①号阳台板    ②号阳台板

图 3-125  首层板受力筋(底筋、面筋)三维示意图

(1) 板受力筋(底筋、面筋)钢筋工程量。

板受力筋工程量以首层板为例(如图 3-126、图 3-127 所示，三维示意图见图 3-128)进行计算分析，其余板受力筋工程量不再一一赘述。

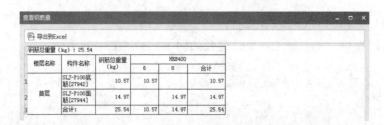

图 3-126　①号板受力筋(底筋、面筋)钢筋工程量

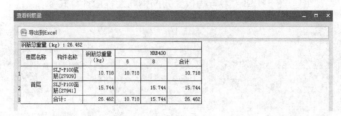

图 3-127　②号板受力筋(底筋、面筋)钢筋工程量

图 3-128　①、②号板受力筋三维示意图

(2) 板受力筋钢筋工程量计算式。

①、②号板受力筋(底筋、面筋)钢筋工程量计算式如图 3-129、图 3-130 所示。

(a)①号板底筋钢筋

图 3-129　①号板受力筋(底筋、面筋)钢筋工程量计算式

(b) ①号板面筋钢筋

**图3-129　①号板受力筋(底筋、面筋)钢筋工程量计算式(续)**

(a)②号板底筋钢筋

(b)②号板面筋钢筋

**图3-130　②号板受力筋(底筋、面筋)钢筋工程量计算式**

### 3. 混凝土剪力墙钢筋工程量

本项目剪力墙工程的首层平面布置图如图3-131所示。

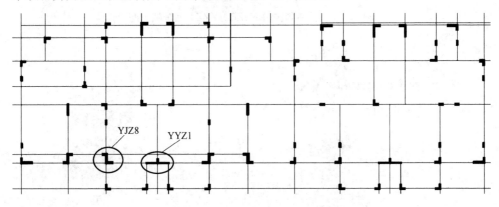

**图3-131　首层剪力墙平面布置图**

在本项目中，主要以首层剪力墙YJZ8、YYZ1为例进行相关介绍，其剪力墙平法施工图和钢筋三维示意图如图3-132、图3-133所示。

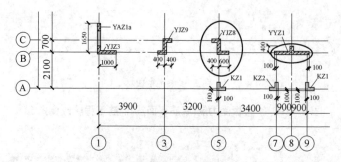

(a) 剪力墙平法施工图(一)

| 截面 | | |
|---|---|---|
| 编号 | YJZ8 | YYZ1 |
| 标高 | −0.090~5.910 | −0.090~5.910 |
| 纵筋 | 22Φ14 | 8Φ14+24Φ12 |
| 箍(拉)筋 | Φ8@140 | Φ8@140 |

(b) 剪力墙平法施工图(二)

图 3-132　首层剪力墙 YJZ8、YYZ1 平法施工图

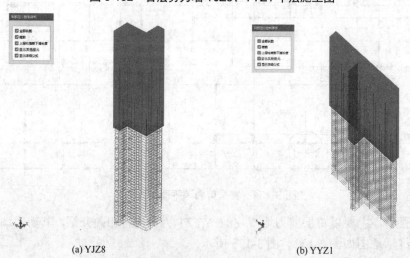

(a) YJZ8　　　　　　　　　　　(b) YYZ1

图 3-133　首层剪力墙 YJZ8、YYZ1 钢筋三维示意图

剪力墙钢筋工程量以首层 YJZ8、YYZ1 为例进行计算分析，其余剪力墙工程量不再一一赘述。

(1) 首层 YJZ8、YYZ1 剪力墙钢筋工程量。

首层 YJZ8、YYZ1 剪力墙钢筋工程量如图 3-134 所示。

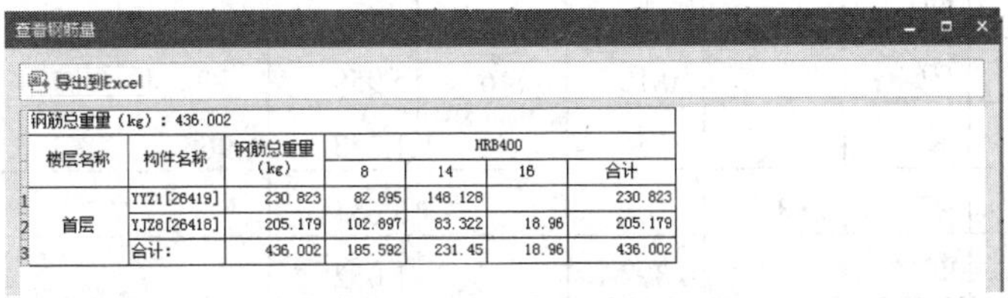

查看钢筋量

导出到Excel

钢筋总重量（kg）：436.002

| | 楼层名称 | 构件名称 | 钢筋总重量（kg） | HRB400 | | | |
|---|---|---|---|---|---|---|---|
| | | | | 8 | 14 | 18 | 合计 |
| 1 | 首层 | YYZ1[26419] | 230.823 | 82.695 | 148.128 | | 230.823 |
| 2 | | YJZ8[26418] | 205.179 | 102.897 | 83.322 | 18.96 | 205.179 |
| 3 | | 合计： | 436.002 | 185.592 | 231.45 | 18.96 | 436.002 |

图 3-134　首层 YJZ8、YYZ1 剪力墙钢筋工程量

(2) 首层 YJZ8、YYZ1 剪力墙钢筋工程量计算式。

首层 YJZ8、YYZ1 剪力墙钢筋工程量计算式如图 3-135、图 3-136 所示。

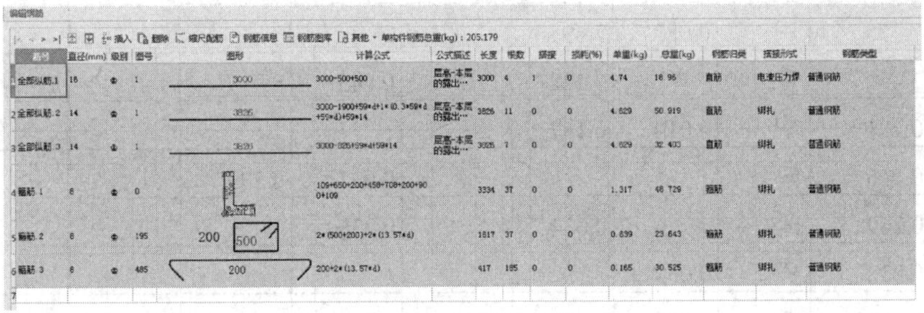

编辑钢筋

插入　删除　缩尺配筋　钢筋信息　钢筋图库　其他　单构件钢筋总重(kg)：205.179

| 筋号 | 直径(mm) | 级别 | 图号 | 图形 | 计算公式 | 公式描述 | 长度 | 根数 | 搭接 | 损耗(%) | 单重(kg) | 总重(kg) | 钢筋归类 | 搭接形式 | 钢筋类型 |
|---|---|---|---|---|---|---|---|---|---|---|---|---|---|---|---|
| 1 全部纵筋.1 | 18 | Φ | 1 | 3000 | 3000-500+500 | 层高-本层的露出… | 3000 | 4 | 1 | 0 | 4.74 | 18.96 | 直筋 | 电渣压力焊 | 普通钢筋 |
| 2 全部纵筋.2 | 14 | Φ | 1 | 3826 | 3000-1900+59*d+1*(0.3*59*d+59*d)+59*14 | 层高-本层的露出… | 3826 | 11 | 0 | 0 | 4.629 | 50.919 | 直筋 | 绑扎 | 普通钢筋 |
| 3 全部纵筋.3 | 14 | Φ | 1 | 3826 | 3000-826+59*d+59*14 | 层高-本层的露出… | 3826 | 7 | 0 | 0 | 4.629 | 32.403 | 直筋 | 绑扎 | 普通钢筋 |
| 4 箍筋.1 | 8 | Φ | 0 | | 109+650+200+458+708+200+900+109 | | 3334 | 37 | 0 | 0 | 1.317 | 48.729 | 箍筋 | 绑扎 | 普通钢筋 |
| 5 箍筋.2 | 8 | Φ | 195 | 200 500 | 2*(500+200)+2*(13.57*d) | | 1617 | 37 | 0 | 0 | 0.639 | 23.643 | 箍筋 | 绑扎 | 普通钢筋 |
| 6 箍筋.3 | 8 | Φ | 485 | 200 | 200+2*(13.57*d) | | 417 | 185 | 0 | 0 | 0.165 | 30.525 | 箍筋 | 绑扎 | 普通钢筋 |
| 7 | | | | | | | | | | | | | | | |

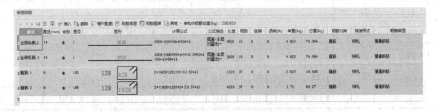

图 3-135　首层 YJZ8 剪力墙钢筋工程量计算式

编辑钢筋

插入　删除　缩尺配筋　钢筋信息　钢筋图库　其他　单构件钢筋总重(kg)：230.823

| 筋号 | 直径(mm) | 级别 | 图号 | 图形 | 计算公式 | 公式描述 | 长度 | 根数 | 搭接 | 损耗(%) | 单重(kg) | 总重(kg) | 钢筋归类 | 搭接形式 | 钢筋类型 |
|---|---|---|---|---|---|---|---|---|---|---|---|---|---|---|---|
| 1 全部纵筋.1 | 14 | Φ | 1 | 3826 | 3000-826+59*d+59*14 | 层高-本层的露出… | 3826 | 16 | 0 | 0 | 4.629 | 74.064 | 直筋 | 绑扎 | 普通钢筋 |
| 2 全部纵筋.2 | 14 | Φ | 1 | 3826 | 3000-1900+59*d+1*(0.3*59*d+59*d)+59*14 | 层高-本层的露出… | 3826 | 16 | 0 | 0 | 4.629 | 74.064 | 直筋 | 绑扎 | 普通钢筋 |
| 3 箍筋.1 | 8 | Φ | 195 | 128 428 | 2*(428+128)+2*(13.57*d) | | 1329 | 37 | 0 | 0 | 0.525 | 19.425 | 箍筋 | 绑扎 | 普通钢筋 |
| 4 箍筋.2 | 8 | Φ | 195 | 128 1928 | 2*(1928+128)+2*(13.57*d) | | 4329 | 37 | 0 | 0 | 1.71 | 63.27 | 箍筋 | 绑扎 | 普通钢筋 |
| 5 | | | | | | | | | | | | | | | |

图 3-136　首层 YYZ1 剪力墙钢筋工程量计算式

# 3.5　工程量汇总报表

工程量汇总报表，参见表 3-1～表 3-3。

表 3-1　钢筋统计汇总表

| 构件类型 | 合计(t) | 级别 | 6 | 8 | 10 | 12 | 14 | 16 | 18 | 25 |
|---|---|---|---|---|---|---|---|---|---|---|
| 柱 | 1.952 | 中 | | 1.952 | | | | | | |
| | 3.217 | 曲 | | | | | | 3.217 | | |
| 暗柱/端柱 | 17.487 | 中 | | 10.105 | 1.346 | 5.959 | | 0.077 | | |
| | 20.375 | 曲 | | 9.15 | | 1.233 | 6.965 | 1.622 | 1.405 | |
| 构造柱 | 6.535 | 中 | 0.884 | | | 5.651 | | | | |
| | 1.442 | 曲 | | 0.39 | | 1.052 | | | | |
| 老虎窗 | 0.219 | 曲 | 0.089 | 0.13 | | | | | | |
| | 0.095 | 曲 | 0.095 | | | | | | | |
| 过梁 | 0.238 | 中 | 0.238 | | | | | | | |
| | 1.589 | 曲 | | | | 0.66 | 0.929 | | | |
| 梁 | 7.778 | 中 | 0.083 | 7.695 | | | | | | |
| | 23.993 | 曲 | | 0.222 | | 0.845 | 8.977 | 8.178 | 2.674 | 3.097 |
| 连梁 | 0.201 | 中 | 0.014 | 0.187 | | | | | | |
| | 0.496 | 曲 | | | | 0.097 | 0.399 | | | |
| 圈梁 | 0.269 | 曲 | | 0.034 | | 0.235 | | | | |
| 现浇板 | 0.032 | 中 | 0.032 | | | | | | | |
| | 30.873 | 曲 | 7.993 | 21.954 | 0.926 | | | | | |
| 基础梁 | 0.091 | 中 | | 0.091 | | | | | | |
| | 0.411 | 曲 | | | | | | 0.411 | | |
| 筏板基础 | 13.969 | 曲 | | | | | 13.969 | | | |
| 独立基础 | 0.192 | 曲 | | | 0.192 | | | | | |
| 合计(t) | 34.532 | 中 | 1.34 | 20.159 | 1.346 | 11.61 | | 0.077 | | |
| | 96.919 | 曲 | 8.087 | 31.749 | 1.118 | 4.122 | 31.239 | 13.428 | 4.079 | 3.097 |

表 3-2　钢筋接头汇总表

| 搭接形式 | 楼层名称 | 构件类型 | 16 | 18 | 25 |
|---|---|---|---|---|---|
| 电渣压力焊 | -1层 | 柱 | 96 | | |
| | | 暗柱/端柱 | 100 | 68 | |
| | | 合计 | 196 | 68 | |

续表

| 搭接形式 | 楼层名称 | 构件类型 | 16 | 18 | 25 |
|---|---|---|---|---|---|
| 电渣压力焊 | 首层 | 柱 | 96 | | |
| | | 暗柱/端柱 | 100 | 68 | |
| | | 合计 | 196 | 68 | |
| | 第 2 层 | 柱 | 96 | | |
| | | 暗柱/端柱 | 100 | 68 | |
| | | 合计 | 196 | 68 | |
| | 第 3 层 | 柱 | 96 | | |
| | | 暗柱/端柱 | 4 | | |
| | | 合计 | 100 | | |
| | 第 4 层 | 柱 | 96 | | |
| | | 暗柱/端柱 | 4 | | |
| | | 合计 | 100 | | |
| | 第 5 层 | 柱 | 96 | | |
| | | 暗柱/端柱 | 4 | | |
| | | 合计 | 100 | | |
| | 第 6 层 | 柱 | 96 | | |
| | | 暗柱/端柱 | 4 | | |
| | | 合计 | 100 | | |
| | 整楼 | — | 988 | 204 | |
| 套管挤压 | 第 7 层 | 梁 | | | 50 |
| | | 合计 | | | 50 |
| | 整楼 | — | | | 50 |

表 3-3　绘图输入工程量汇总表

| 序　号 | 项目名称 | 工程量 | 单　位 |
|---|---|---|---|
| 1 | 柱体积 | 228.3413 | $m^3$ |
| 2 | 构造柱体积 | 54.778 | $m^3$ |
| 3 | 砌块墙体积 | 681.2817 | $m^3$ |
| 4 | 门洞口面积 | 566.58 | $m^2$ |
| 5 | 窗洞口面积 | 268.77 | $m^2$ |

续表

| 序　号 | 项目名称 | 工　程　量 | 单　位 |
|---|---|---|---|
| 6 | 过梁体积 | 4.4534 | $m^3$ |
| 7 | 梁体积 | 144.2514 | $m^3$ |
| 8 | 现浇板体积 | 321.5329 | $m^3$ |
| 9 | 现浇板模板面积 | 3095.3189 | $m^2$ |
| 10 | 楼梯水平投影面积 | 190.0633 | $m^2$ |
| 11 | 楼地面面积 | 2893.1137 | $m^2$ |
| 12 | 踢脚线长度 | 1934.1 | m |
| 13 | 墙面抹灰面积 | 8374.9413 | $m^2$ |
| 14 | 大开挖土方体积 | 1192.5519 | $m^3$ |
| 15 | 基槽土方体积 | 49.8696 | $m^3$ |
| 16 | 基坑土方体积 | 84.8976 | $m^3$ |
| 17 | 基础梁体积 | 1.12 | $m^3$ |
| 18 | 筏板基础体积 | 191.576 | $m^3$ |
| 19 | 独立基础体积 | 6.936 | $m^3$ |
| 20 | 垫层体积 | 52.198 | $m^3$ |
| 21 | 散水面积 | 95.3026 | $m^2$ |
| 22 | 雨篷体积 | 6.0012 | $m^3$ |
| 23 | 屋面空调机搁板防水 | 80.3994 | $m^2$ |
| 24 | 栏杆扶手 | 181.2 | m |
| 25 | 柱模板面积 | 2630.3165 | $m^2$ |
| 26 | 构造柱模板面积 | 544.5754 | $m^2$ |
| 27 | 过梁模板面积 | 84.1817 | $m^2$ |
| 28 | 梁模板面积 | 1517.7862 | $m^2$ |
| 29 | 雨篷模板面积 | 84.6098 | $m^2$ |
| 30 | 基础梁模板面积 | 11.12 | $m^2$ |
| 31 | 筏板基础模板面积 | 45.92 | $m^2$ |
| 32 | 独立基础模板面积 | 15.12 | $m^2$ |
| 33 | 垫层模板面积 | 17.84 | $m^2$ |

# 第 4 章 某县城郊区别墅现浇混凝土结构工程

# 4.1 工 程 概 况

某县城郊区别墅现浇混凝土结构工程，建筑物为多层住宅，结构类型是框架结构，建筑结构安全等级为二级，结构设计使用年限 50 年，抗震设防类别是不设防，建筑场地类别是二类。建筑物层数为两层。层高为 3 米。建筑面积 291.2m$^2$。工程概况如图 4-1 所示，广联达 GTJ2018 软件中工程信息如图 4-2 所示。

1.1 本工程概况

本工程位于 xxx 市,建筑物为多层住宅。

建筑物±0.00相当于绝对标高(黄海高程)详建筑施工图。

1.2 本工程为现浇钢筋混凝土结构,主要设计参数如下:

| 建筑结构安全等级 | 结构设计使用年限 | 抗震设防类别 | 抗震设防烈度 | 设计基本地震加速度 | 设计基本地震分组 | 建筑场地类别 |
|---|---|---|---|---|---|---|
| 二级 | 50年 | 不设防 | - | - | - | II类 |

| 结构类型 | 抗震等级 | | 地基基础设计等级 | 砌体施工质量控制等级 | 地面粗糙度类别 | 基本风压 |
|---|---|---|---|---|---|---|
| 框架结构 | - | - | 丙级 | B级 | B类 | 0.35kN/m2 |

| 地下水腐蚀性 | 防水设计水位 | 抗浮设计水位 | 地下室防水等级 | 建筑物的耐火等级 | 主要结构构件的耐火极限 | 钢构件耐火极限 |
|---|---|---|---|---|---|---|
| 对钢筋混凝土无腐蚀 | - | - | - | 见建筑说明 | 见建筑说明 | 见建筑说明 |

1.3 本工程混凝土构件使用环境类别为:卫生间、地下室与土体接触构件、露天构件、水箱为二a 类,其余一类。

本说明不适合四类环境。

1.4 本工程采用的现行国家、行业及地区的规范和规程及图集主要有:

《砌体结构设计规范》(GB50003-2001)

《建筑地基基础设计规范》(GB50007-2002)

《建筑结构荷载规范》(GB50009-2001)

《混凝土结构设计规范》(GB50010-2002)

《钢结构设计规范》(GB50017-2003)

《混凝土结构施工图平面整体表示方法制图规则和构造详图》03G101-1)

《框架结构填充小型空心砌块墙体结构构造》(02SG614)

《混凝土异形柱结构技术规程》(JGJ149-2006)

《建筑结构可靠度设计统一标准》(GB50068-2001)

《钢筋机械连接通用技术规程》(JGJ107-2003)

图 4-1 工程概况

工程信息

工程信息 计算规则 编制信息 自定义

| | 属性名称 | 属性值 |
|---|---|---|
| 1 | ⊟ 工程概况: | |
| 2 | 工程名称: | 别墅 |
| 3 | 项目所在地: | |
| 4 | 详细地址: | |
| 5 | 建筑类型: | 居住建筑 |
| 6 | 建筑用途: | 住宅 |
| 7 | 地上层数(层): | 2 |
| 8 | 地下层数(层): | |
| 9 | 裙房层数: | |
| 10 | 建筑面积(m²): | 291.2 |
| 11 | 地上面积(m²): | (0) |
| 12 | 地下面积(m²): | (0) |
| 13 | 人防工程: | 无人防 |
| 14 | 檐高(m): | 6.55 |
| 15 | 结构类型: | 框架结构 |
| 16 | 基础形式: | 独立基础 |
| 17 | ⊟ 建筑结构等级参数: | |
| 18 | 抗震设防类别: | |
| 19 | 抗震等级: | 二级抗震 |
| 20 | ⊟ 地震参数: | |
| 21 | 设防烈度: | 7 |
| 22 | 基本地震加速度（g）: | |
| 23 | 设计地震分组: | |
| 24 | 环境类别: | |
| 25 | ⊟ 施工信息: | |
| 26 | 钢筋接头形式: | |
| 27 | 室外地坪相对±0.000标高(m): | -0.3 |
| 28 | 基础埋深(m): | |
| 29 | 标准层高(m): | |
| 30 | 地下水位线相对±0.000标高(m): | -2 |
| 31 | 实施阶段: | 招投标 |
| 32 | 开工日期: | |
| 33 | 竣工日期: | |

图 4-2 广联达 GTJ2018 软件中工程信息

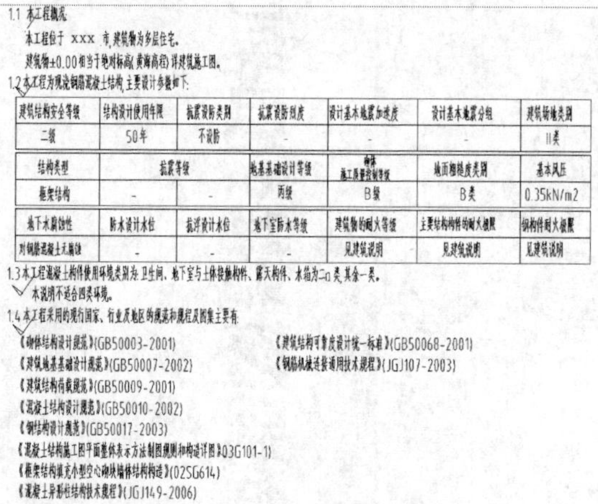

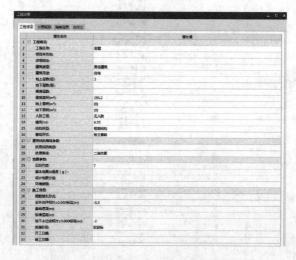

# 4.2　清单工程量

## 4.2.1 ▏基础工程量

　　建筑物向地基传递荷载的下部结构就是基础，一般由土和岩石组成。从点、线、面、体来划分，混凝土基础可分为独立基础、条形基础、筏形基础和桩基承台。

独立基础工程量
计算.mp4

音频1：
独立基础.mp3

扩展图片1：基础层
三维图.docx

### 1. 基础钢筋工程量

　　本工程基础形式采用独立基础，独立基础的底筋配筋一般是网状的，双向交叉钢筋。以独立基础 J-1 为例，如图 4-3 所示。

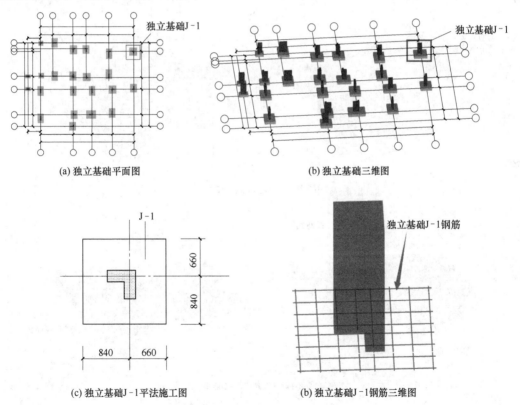

(a) 独立基础平面图　　　　　　(b) 独立基础三维图

(c) 独立基础J-1平法施工图　　　　(b) 独立基础J-1钢筋三维图

图 4-3　独立基础 J-1 示意图

(1) 独立基础 J-1 钢筋工程量。

独立基础 J-1 钢筋工程量如图 4-4 所示。

查看钢筋量

导出到Excel

钢筋总重量（kg）：20.032

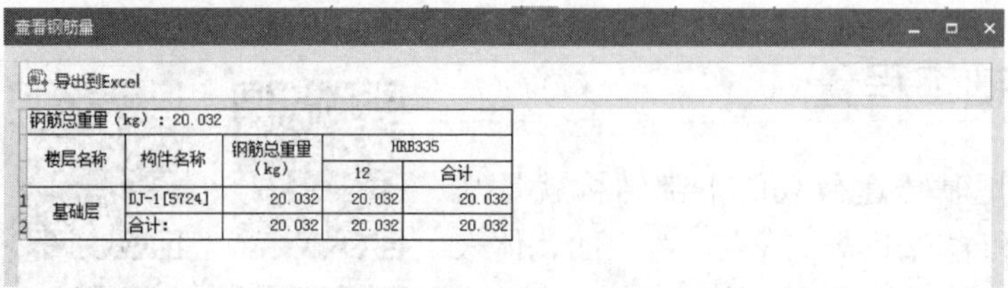

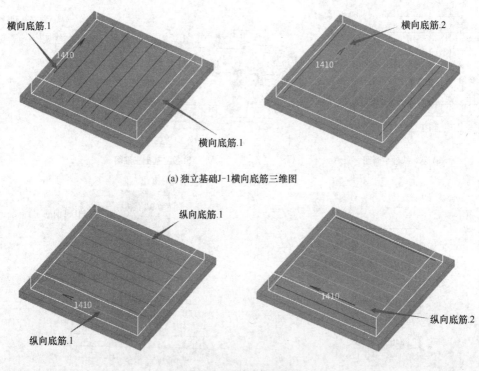

| | 楼层名称 | 构件名称 | 钢筋总重量(kg) | HRB335 | |
|---|---|---|---|---|---|
| | | | | 12 | 合计 |
| 1 | 基础层 | DJ-1[5724] | 20.032 | 20.032 | 20.032 |
| 2 | | 合计: | 20.032 | 20.032 | 20.032 |

图 4-4　独立基础 J-1 钢筋工程量

(2) 独立基础 J-1 钢筋计算式。

独立基础钢筋的计算规则：现浇、预制构件钢筋，按设计图示乘以单位理论质量计算。

独立基础 J-1 中的各个钢筋三维图如图 4-5 所示，独立基础 J-1 钢筋详细计算式如图 4-6 所示。

(a) 独立基础J-1横向底筋三维图

(b) 独立基础J-1纵向底筋三维图

图 4-5　独立基础 J-1 底筋三维图

| 编辑钢筋 | | | | | | | | | | | | | |
| --- | --- | --- | --- | --- | --- | --- | --- | --- | --- | --- | --- | --- | --- |
| 号 | 直径(mm) | 级别 | 图号 | 图形 | 计算公式 | 公式描述 | 长度 | 根数 | 搭接 | 损耗(%) | 单重(kg) | 总重(kg) | 钢筋归类 | 搭接形式 | 钢筋类型 |
| 1 横向底筋 1 | 12 | Φ | 1 | 1410 | 1500-45-45 | 净长-保护层-保护层 | 1410 | 2 | 0 | 0 | 1.252 | 2.504 | 直筋 | 绑扎 | 普通钢筋 |
| 2 横向底筋 2 | 12 | Φ | 1 | 1410 | 1500-45-45 | 净长-保护层-保护层 | 1410 | 6 | 0 | 0 | 1.252 | 7.512 | 直筋 | 绑扎 | 普通钢筋 |
| 3 弧向底筋 1 | 12 | Φ | 1 | 1410 | 1500-45-45 | 净长-保护层-保护层 | 1410 | 2 | 0 | 0 | 1.252 | 2.504 | 直筋 | 绑扎 | 普通钢筋 |
| 4 弧向底筋 2 | 12 | Φ | 1 | 1410 | 1500-45-45 | 净长-保护层-保护层 | 1410 | 6 | 0 | 0 | 1.252 | 7.512 | 直筋 | 绑扎 | 普通钢筋 |

**图 4-6　独立基础 J-1 钢筋详细计算式**

(3) 基础层独立基础钢筋工程量汇总。

基础层独立基础钢筋工程量以上述独立基础 J-1 为例，其余不再叙述。基础层独立基础钢筋工程量汇总如图 4-7 所示。

| | 汇总信息 | 汇总信息钢筋总重kg | 构件名称 | 构件数量 | HPB300 | HRB335 | HRB400 |
| --- | --- | --- | --- | --- | --- | --- | --- |
| 1 | 楼层名称：基础层（绘图输入） | | | | 593.58 | 1998.909 | 21.907 |
| 2 | | | DJ-1[5717] | 3 | | 60.096 | |
| 3 | | | DJ-2[5774] | 1 | | 10.23 | |
| 4 | | | DJ-3[5788] | 4 | | 76.212 | |
| 5 | | | DJ-4[5819] | 1 | | | 21.907 |
| 6 | 独立基础 | 422.758 | DJ-5[5837] | 1 | | 19.676 | |
| 7 | | | DJ-6[5851] | 8 | | 163.888 | |
| 8 | | | DJ-7[5889] | 1 | | 27.873 | |
| 9 | | | DJ-8[5903] | 2 | | 12.968 | |
| 10 | | | DJ-9[5960] | 1 | | 22.718 | |
| 11 | | | DJ-10[5974] | 1 | | 7.19 | |
| 12 | | | 合计 | | | 400.851 | 21.907 |

**图 4-7　基础层独立基础工程量汇总**

**2. 基础清单工程量**

基础工程清单工程量的计算规则：按设计图示尺寸以体积计算。不扣除构件内钢筋、预埋铁件和伸入承台基础的桩头所占体积。

扩展资源 1：工程量清单的计算规则.docx

(1) 独立基础 J-1 清单工程量。

独立基础 J-1 清单工程量如图 4-8 所示。

| | | | 工程量名称 | | | | | |
| --- | --- | --- | --- | --- | --- | --- | --- | --- |
| 楼层 | 名称 | | 独立基础数量(个) | 独基体积(m³) | 独基模板面积(m²) | 模板体积(m³) | 底面面积(m²) | 侧面面积(m²) | 顶面面积(m²) |
| 1 | | DJ-1 | 1 | 0 | 0 | 0 | 0 | 0 | 0 |
| 2 | 基础层 | DJ-1-1 | 0 | 0.675 | 1.8 | 0.675 | 2.25 | 1.8 | 2.09 |
| 3 | | 小计 | 1 | 0.675 | 1.8 | 0.675 | 2.25 | 1.8 | 2.09 |
| 4 | | 合计 | 1 | 0.675 | 1.8 | 0.675 | 2.25 | 1.8 | 2.09 |

**图 4-8　独立基础 J-1 清单工程量**

(2) 独立基础 J-1 清单计算式。

独立基础清单工程量的计算规则：按设计图示尺寸以体积计算。不扣除构件内钢筋、预埋铁件和伸入承台基础的桩头所占体积。

独立基础 J-1 清单详细计算式如图 4-9 所示。

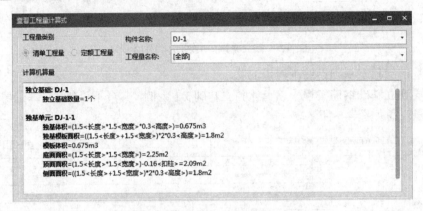

**图 4-9　独立基础 J-1 清单详细计算式**

(3) 基础层独立基础清单工程量汇总。

基础层独立基础清单工程量以上述独立基础 J-1 为例，其余不再叙述。将基础层各个独立基础的清单工程量相加，得出基础层独立基础清单工程量汇总，如图 4-10 所示。

| | 楼层 | 名称 | | 独立基础数量(个) | 独基体积(m²) | 独基模板面积(m²) | 模板体积(m³) | 底面面积(m²) | 侧面面积(m²) | 顶面面积(m²) |
|---|---|---|---|---|---|---|---|---|---|---|
| 1 | | DJ-1 | DJ-1 | 3 | 0 | 0 | 0 | 0 | 0 | 0 |
| 2 | | | DJ-1-1 | 0 | 2.025 | 5.4 | 2.025 | 6.75 | 5.4 | 6.27 |
| 3 | | DJ-10 | DJ-10 | 1 | 0 | 0 | 0 | 0 | 0 | 0 |
| 4 | | | DJ-10-1 | 0 | 0.243 | 1.08 | 0.243 | 0.81 | 1.08 | 0.65 |
| 5 | | DJ-2 | DJ-2 | 1 | 0 | 0 | 0 | 0 | 0 | 0 |
| 6 | | | DJ-2-1 | 0 | 0.33 | 1.26 | 0.33 | 1.1 | 1.26 | 0.92 |
| 7 | | DJ-3 | DJ-3 | 4 | 0 | 0 | 0 | 0 | 0 | 0 |
| 8 | | | DJ-3-1 | 0 | 2.496 | 6.96 | 2.496 | 8.32 | 6.96 | 7.6 |
| 9 | | DJ-4 | DJ-4 | 1 | 0 | 0 | 0 | 0 | 0 | 0 |
| 10 | 基础层 | | DJ-4-1 | 0 | 0.714 | 1.86 | 0.714 | 2.38 | 1.86 | 2.16 |
| 11 | | DJ-5 | DJ-5 | 1 | 0 | 0 | 0 | 0 | 0 | 0 |
| 12 | | | DJ-5-1 | 0 | 0.663 | 1.8 | 0.663 | 2.21 | 1.8 | 2.01 |
| 13 | | DJ-6 | DJ-6 | 8 | 0 | 0 | 0 | 0 | 0 | 0 |
| 14 | | | DJ-6-1 | 0 | 5.184 | 14.4 | 5.184 | 17.28 | 14.4 | 15.92 |
| 15 | | DJ-7 | DJ-7 | 1 | 0 | 0 | 0 | 0 | 0 | 0 |
| 16 | | | DJ-7-1 | 0 | 0.912 | 2.1 | 0.912 | 3.04 | 2.1 | 2.86 |
| 17 | | DJ-8 | DJ-8 | 2 | 0 | 0 | 0 | 0 | 0 | 0 |
| 18 | | | DJ-8-1 | 0 | 0.42 | 2.04 | 0.42 | 1.4 | 2.04 | 1.04 |
| 19 | | DJ-9 | DJ-9 | 1 | 0 | 0 | 0 | 0 | 0 | 0 |
| 20 | | | DJ-9-1 | 0 | 0.72 | 1.92 | 0.72 | 2.4 | 1.92 | 2.08 |
| 21 | | 小计 | | 23 | 13.707 | 38.82 | 13.707 | 45.69 | 38.82 | 41.51 |
| 22 | | 合计 | | 23 | 13.707 | 38.82 | 13.707 | 45.69 | 38.82 | 41.51 |

**图 4-10　基础层独立基础清单工程量汇总**

3. 基础柱钢筋工程量

基础柱是指在正负零以下，与土层接触的地下部分的柱。基础柱如图 4-11 所示。

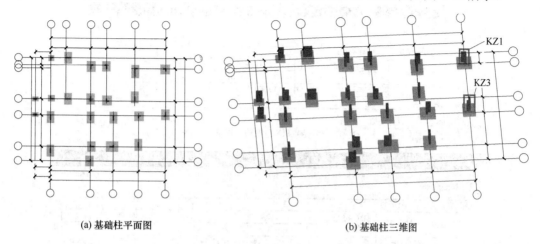

(a) 基础柱平面图　　　　　　　　　　　(b) 基础柱三维图

**图 4-11　基础柱示意图**

以基础层 KZ1、KZ3 为例，其余不再叙述。基础柱钢筋三维图如图 4-12 所示。

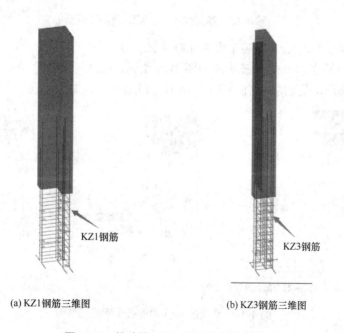

(a) KZ1 钢筋三维图　　　　　　　　　　(b) KZ3 钢筋三维图

**图 4-12　基础层 KZ1、KZ3 钢筋三维图**

(1) 基础层 KZ1、KZ3 钢筋工程量。

KZ1、KZ3 基础柱钢筋工程量如图 4-13 所示。

| 楼层名称 | 构件名称 | 钢筋总重量 (kg) | HPB300 | | HRB335 | |
|---|---|---|---|---|---|---|
| | | | 8 | 合计 | 16 | 合计 |
| 基础层 | KZ1[7702] | 44.956 | 10.98 | 10.98 | 33.976 | 33.976 |
| | 合计: | 44.956 | 10.98 | 10.98 | 33.976 | 33.976 |

钢筋总重量（kg）：44.956

(a) 基础层KZ1钢筋工程量

| 楼层名称 | 构件名称 | 钢筋总重量 (kg) | HPB300 | | | HRB335 | | |
|---|---|---|---|---|---|---|---|---|
| | | | 6 | 8 | 合计 | 14 | 16 | 合计 |
| 基础层 | KZ3[7695] | 50.908 | 2.6 | 8.142 | 10.742 | 23.178 | 16.988 | 40.166 |
| | 合计: | 50.908 | 2.6 | 8.142 | 10.742 | 23.178 | 16.988 | 40.166 |

钢筋总重量（kg）：50.908

(b) 基础层KZ3钢筋工程量

图 4-13　基础柱 KZ1、KZ3 钢筋工程量

扩展图片 2：基础 KZ1 和 KZ3 钢筋布置.docx

(2) 基础层 KZ1、KZ3 钢筋工程量计算式。

基础层 KZ1 中的各个钢筋三维图如图 4-14 所示，KZ3 中的各个钢筋三维图如图 4-15 所示，基础层 KZ1、KZ3 的钢筋工程量计算式如图 4-16 所示。

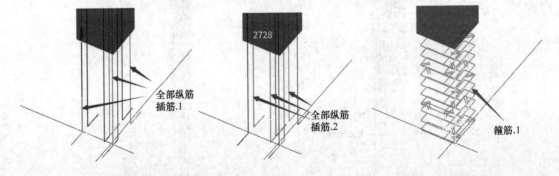

全部纵筋插筋.1

全部纵筋插筋.2

箍筋.1

(a) 基础层KZ1全部纵筋插筋三维图　　　　(b) 基础层KZ1箍筋三维图

图 4-14　基础层 KZ1 中的各个钢筋三维图

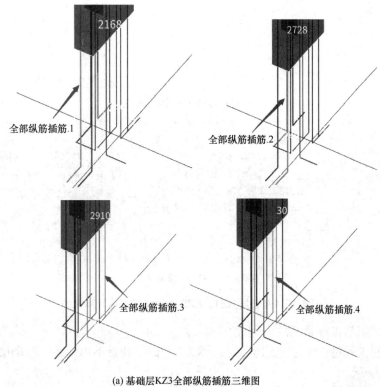

(a) 基础层KZ3全部纵筋插筋三维图

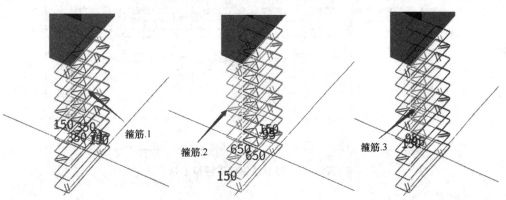

(b) 基础层KZ3箍筋三维图

图 4-15　基础层 KZ3 中的各个钢筋三维图

(a) 基础层KZ1钢筋工程量计算式

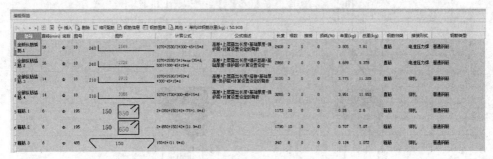

(b) 基础层KZ3钢筋工程量计算式

**图 4-16   基础层 KZ1、KZ3 的钢筋工程量计算式**

(3)   基础层钢筋工程量汇总。

基础层钢筋工程量以上述基础层 KZ1、KZ3 为例，其余不再叙述。基础层钢筋工程量汇总如图 4-17 所示。

| 汇总信息 | 汇总信息钢筋总重kg | 构件名称 | 构件数量 | HPB300 | HRB335 | HRB400 |
|---|---|---|---|---|---|---|
| 楼层名称: 基础层（绘图输入） | | | | 722.908 | 2240.978 | 54.671 |
| 柱 | 1620.353 | KZ3[7692] | 5 | 53.71 | 200.83 | |
| | | KZ4[7704] | 1 | 15.598 | 56.07 | |
| | | KZ1[7700] | 3 | 32.94 | 101.928 | |
| | | KZ1[7705] | 1 | 10.98 | 36.124 | |
| | | KZ9[7697] | 1 | 9.556 | 39.102 | |
| | | KZ9[7712] | 1 | 25.284 | 58.092 | |
| | | KZ5[7710] | 1 | 13.712 | 56.871 | |
| | | KZ6[7690] | 2 | 22.536 | 167.868 | |
| | | KZ6[7706] | 1 | 11.268 | 82.328 | |
| | | KZ6[7708] | 1 | 11.268 | 83.016 | |
| | | KZ6[7711] | 1 | 11.268 | 84.248 | |
| | | KZ6[7713] | 1 | 11.268 | 75.348 | |
| | | KZ6[7714] | 1 | 11.268 | 89.392 | |
| | | KZ7[7696] | 1 | 11.284 | 140.19 | |
| | | KZ8[7699] | 2 | 16.532 | 47.89 | 32.764 |
| | | 合计 | | 268.472 | 1319.117 | 32.764 |

**图 4-17   基础层钢筋工程量汇总**

**4. 基础层清单工程量**

(1)   基础层 KZ1、KZ3 清单工程量。

基础层 KZ1、KZ3 清单工程量如图 4-18 所示。

(2)   基础层 KZ1、KZ3 清单工程量计算式。

基础层的计算规则：按设计图示尺寸以体积计算。基础层 KZ1、KZ3 清单工程量计算式如图 4-19 所示。

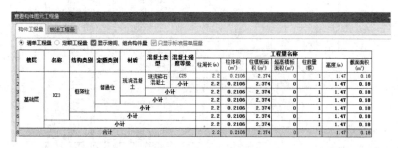

查看构件图元工程量

构件工程量　做法工程量

◉ 清单工程量 ○ 定额工程量 ☑ 显示房间、组合构件量 ☑ 只显示标准层单层量

| | 楼层 | 名称 | 结构类别 | 定额类别 | 材质 | 混凝土类型 | 混凝土强度等级 | 柱周长(m) | 柱体积(m³) | 柱模板面积(m²) | 超高模板面积(m²) | 柱数量(根) | 高度(m) | 截面面积(m²) |
|---|---|---|---|---|---|---|---|---|---|---|---|---|---|---|
| 1 | 基础层 | KZ1 | 框架柱 | 普通柱 | 现浇混凝土 | 现浇碎石混凝土 | C25 | 2 | 0.1872 | 2.1 | 0 | 1 | 1.47 | 0.16 |
| 2 | | | | | | | 小计 | 2 | 0.1872 | 2.1 | 0 | 1 | 1.47 | 0.16 |
| 3 | | | | | | 小计 | | 2 | 0.1872 | 2.1 | 0 | 1 | 1.47 | 0.16 |
| 4 | | | | | 小计 | | | 2 | 0.1872 | 2.1 | 0 | 1 | 1.47 | 0.16 |
| 5 | | | | 小计 | | | | 2 | 0.1872 | 2.1 | 0 | 1 | 1.47 | 0.16 |
| 6 | | | 小计 | | | | | 2 | 0.1872 | 2.1 | 0 | 1 | 1.47 | 0.16 |
| 7 | | 小计 | | | | | | 2 | 0.1872 | 2.1 | 0 | 1 | 1.47 | 0.16 |
| 8 | 合计 | | | | | | | 2 | 0.1872 | 2.1 | 0 | 1 | 1.47 | 0.16 |

(a) 基础层KZ1清单工程量

查看构件图元工程量

构件工程量　做法工程量

◉ 清单工程量 ○ 定额工程量 ☑ 显示房间、组合构件量 ☑ 只显示标准层单层量

| | 楼层 | 名称 | 结构类别 | 定额类别 | 材质 | 混凝土类型 | 混凝土强度等级 | 柱周长(m) | 柱体积(m³) | 柱模板面积(m²) | 超高模板面积(m²) | 柱数量(根) | 高度(m) | 截面面积(m²) |
|---|---|---|---|---|---|---|---|---|---|---|---|---|---|---|
| 1 | 基础层 | KZ3 | 框架柱 | 普通柱 | 现浇混凝土 | 现浇碎石混凝土 | C25 | 2.2 | 0.2106 | 2.374 | 0 | 1 | 1.47 | 0.18 |
| 2 | | | | | | | 小计 | 2.2 | 0.2106 | 2.374 | 0 | 1 | 1.47 | 0.18 |
| 3 | | | | | | 小计 | | 2.2 | 0.2106 | 2.374 | 0 | 1 | 1.47 | 0.18 |
| 4 | | | | | 小计 | | | 2.2 | 0.2106 | 2.374 | 0 | 1 | 1.47 | 0.18 |
| 5 | | | | 小计 | | | | 2.2 | 0.2106 | 2.374 | 0 | 1 | 1.47 | 0.18 |
| 6 | | | 小计 | | | | | 2.2 | 0.2106 | 2.374 | 0 | 1 | 1.47 | 0.18 |
| 7 | | 小计 | | | | | | 2.2 | 0.2106 | 2.374 | 0 | 1 | 1.47 | 0.18 |
| 8 | 合计 | | | | | | | 2.2 | 0.2106 | 2.374 | 0 | 1 | 1.47 | 0.18 |

(b) 基础层KZ3清单工程量

图 4-18　基础层 KZ1、KZ3 清单工程量

查看工程量计算式

工程量类别　◉ 清单工程量 ○ 定额工程量

构件名称：KZ1

工程量名称：[全部]

计算机算量

**高度**=1.47m
**截面面积**=0.16m2
**柱周长**=2m
**柱体积**=(0.16<截面面积>*1.47<高度>)-0.048<扣砼独基>=0.1872m3
**柱模板面积**=2.94<原始模板面积>-0.6<扣砼独基>-0.24<扣梁>=2.1m2
**柱数量**=1根

(a) 基础层KZ1清单工程量计算式

查看工程量计算式

工程量类别　◉ 清单工程量 ○ 定额工程量

构件名称：KZ3

工程量名称：[全部]

计算机算量

**高度**=1.47m
**截面面积**=0.18m2
**柱周长**=2.2m
**柱体积**=(0.18<截面面积>*1.47<高度>)-0.054<扣砼独基>=0.2106m3
**柱模板面积**=3.234<原始模板面积>-0.66<扣砼独基>-0.2<扣梁>=2.374m2
**柱数量**=1根

(b) 基础层KZ3清单工程量计算式

图 4-19　基础层 KZ1、KZ3 清单工程量计算式

(3) 基础柱清单工程量汇总。

基础柱清单工程量以上述基础层 KZ1、KZ3 为例，其余不再叙述。将基础层各个基础柱的清单工程量相加，得出基础层基础柱的清单工程量汇总，如图 4-20 所示。

清单工程量▾ 　设置分类条件　选择工程量　设置批量导出　显示房间、组合构件量

| 楼层 | 名称 | 结构类别 | 定额类别 | 材质 | 混凝土类型 | 混凝土强度等级 | 柱周长 | 柱体积(m³) | 柱模板面积(m²) | 超高模板面积(m²) | 柱数量(根) | 高度(m) | 截面面积(m²) |
|---|---|---|---|---|---|---|---|---|---|---|---|---|---|
| | | | | | 现浇砼 | C25 | 8 | 0.7488 | 8.36 | 0 | 4 | 5.88 | 0.64 |
| | | | | 现浇混凝土 | | 小计 | 8 | 0.7488 | 8.36 | 0 | 4 | 5.88 | 0.64 |
| | KZ1 | 框架柱 | 普通柱 | | | 小计 | 8 | 0.7488 | 8.36 | 0 | 4 | 5.88 | 0.64 |
| | | | | | | | 8 | 0.7488 | 8.36 | 0 | 4 | 5.88 | 0.64 |
| | | | | 小计 | | | 8 | 0.7488 | 8.36 | 0 | 4 | 5.88 | 0.64 |
| | | | | | 现浇砼 | C25 | 2.2 | 0.2106 | 2.0664 | 0 | 1 | 1.47 | 0.18 |
| | | | | 现浇混凝土 | | 小计 | 2.2 | 0.2106 | 2.0664 | 0 | 1 | 1.47 | 0.18 |
| | KZ2 | 框架柱 | 普通柱 | | | 小计 | 2.2 | 0.2106 | 2.0664 | 0 | 1 | 1.47 | 0.18 |
| | | | | | | | 2.2 | 0.2106 | 2.0664 | 0 | 1 | 1.47 | 0.18 |
| | | | | 小计 | | | 2.2 | 0.2106 | 2.0664 | 0 | 1 | 1.47 | 0.18 |
| | | | | | 现浇砼 | C25 | 11 | 1.053 | 11.68 | 0 | 5 | 7.35 | 0.9 |
| | | | | 现浇混凝土 | | 小计 | 11 | 1.053 | 11.68 | 0 | 5 | 7.35 | 0.9 |
| | KZ3 | 框架柱 | 普通柱 | | | 小计 | 11 | 1.053 | 11.68 | 0 | 5 | 7.35 | 0.9 |
| | | | | | | | 11 | 1.053 | 11.68 | 0 | 5 | 7.35 | 0.9 |
| | | | | 小计 | | | 11 | 1.053 | 11.68 | 0 | 5 | 7.35 | 0.9 |
| | | | | | 现浇砼 | C25 | 2.6 | 0.2574 | 2.734 | 0 | 1 | 1.47 | 0.22 |
| | | | | 现浇混凝土 | | 小计 | 2.6 | 0.2574 | 2.734 | 0 | 1 | 1.47 | 0.22 |
| 基础层 | KZ4 | 框架柱 | 普通柱 | | | 小计 | 2.6 | 0.2574 | 2.734 | 0 | 1 | 1.47 | 0.22 |
| | | | | | | | 2.6 | 0.2574 | 2.734 | 0 | 1 | 1.47 | 0.22 |
| | | | | 小计 | | | 2.6 | 0.2574 | 2.734 | 0 | 1 | 1.47 | 0.22 |
| | | | | | 现浇砼 | C25 | 2.4 | 0.234 | 2.446 | 0 | 1 | 1.47 | 0.2 |
| | | | | 现浇混凝土 | | 小计 | 2.4 | 0.234 | 2.446 | 0 | 1 | 1.47 | 0.2 |
| | KZ5 | 框架柱 | 普通柱 | | | 小计 | 2.4 | 0.234 | 2.446 | 0 | 1 | 1.47 | 0.2 |
| | | | | | | | 2.4 | 0.234 | 2.446 | 0 | 1 | 1.47 | 0.2 |
| | | | | 小计 | | | 2.4 | 0.234 | 2.446 | 0 | 1 | 1.47 | 0.2 |
| | | | | | 现浇砼 | C25 | 14.7 | 1.3923 | 15.1956 | 0 | 7 | 10.29 | 1.19 |
| | | | | 现浇混凝土 | | 小计 | 14.7 | 1.3923 | 15.1956 | 0 | 7 | 10.29 | 1.19 |
| | KZ6 | 框架柱 | 普通柱 | | | 小计 | 14.7 | 1.3923 | 15.1956 | 0 | 7 | 10.29 | 1.19 |
| | | | | | | | 14.7 | 1.3923 | 15.1956 | 0 | 7 | 10.29 | 1.19 |
| | | | | 小计 | | | 14.7 | 1.3923 | 15.1956 | 0 | 7 | 10.29 | 1.19 |
| | | | | | 现浇砼 | C25 | 2.1 | 0.1989 | 2.297 | 0 | 1 | 1.47 | 0.17 |
| | | | | 现浇混凝土 | | 小计 | 2.1 | 0.1989 | 2.297 | 0 | 1 | 1.47 | 0.17 |
| | KZ7 | 框架柱 | 普通柱 | | | 小计 | 2.1 | 0.1989 | 2.297 | 0 | 1 | 1.47 | 0.17 |
| | | | | | | | 2.1 | 0.1989 | 2.297 | 0 | 1 | 1.47 | 0.17 |
| | | | | 小计 | | | 2.1 | 0.1989 | 2.297 | 0 | 1 | 1.47 | 0.17 |
| | | | | | 现浇砼 | C25 | 3.6 | 0.4212 | 3.6983 | 0 | 2 | 2.94 | 0.36 |
| | | | | 现浇混凝土 | | 小计 | 3.6 | 0.4212 | 3.6983 | 0 | 2 | 2.94 | 0.36 |
| | KZ8 | 框架柱 | 普通柱 | | | 小计 | 3.6 | 0.4212 | 3.6983 | 0 | 2 | 2.94 | 0.36 |
| | | | | | | | 3.6 | 0.4212 | 3.6983 | 0 | 2 | 2.94 | 0.36 |
| | | | | 小计 | | | 3.6 | 0.4212 | 3.6983 | 0 | 2 | 2.94 | 0.36 |
| | | | | | 现浇砼 | C25 | 3.6 | 0.3744 | 3.892 | 0 | 1 | 1.47 | 0.32 |
| | | | | 现浇混凝土 | | 小计 | 3.6 | 0.3744 | 3.892 | 0 | 1 | 1.47 | 0.32 |
| | KZ9 | 框架柱 | 普通柱 | | | 小计 | 3.6 | 0.3744 | 3.892 | 0 | 1 | 1.47 | 0.32 |
| | | | | | | | 3.6 | 0.3744 | 3.892 | 0 | 1 | 1.47 | 0.32 |
| | | | | 小计 | | | 3.6 | 0.3744 | 3.892 | 0 | 1 | 1.47 | 0.32 |
| | | | | 小计 | | | 50.2 | 4.8906 | 52.3693 | 0 | 23 | 33.81 | 4.16 |

图 4-20　基础柱清单工程量汇总

## 4.2.2 地梁工程量

地梁俗称地圈梁，圈起来有闭合的特征，与构造柱共同构成抗震限裂体系，减缓不均匀沉降的负作用。与基础梁有区别，基础梁主要起联系作用，增强水平面刚度，有时兼作底层填充墙的承托梁，不考虑抗震作用。其主要作用是支撑上部结构，并将上部结构的荷载均匀地传递到地基上。地梁如图 4-21 所示。

扩展资源2：
地梁.docx

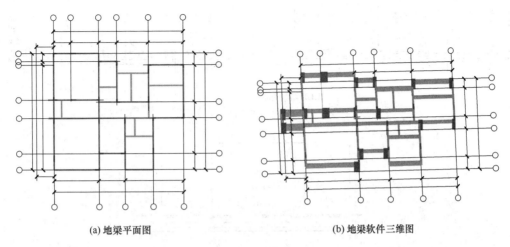

(a) 地梁平面图　　　　　　　　　　　(b) 地梁软件三维图

**图 4-21　地梁示意图**

1. 地梁钢筋工程量

基础层地梁以 KL15、L2 为例，KL15 的梁顶标高为-0.1，L2 的梁顶标高为-0.15，三维图如图 4-22 所示，图中所标识的梁即为 KL15、L2，KL15、L2 的梁平法施工图如图 4-23 所示。

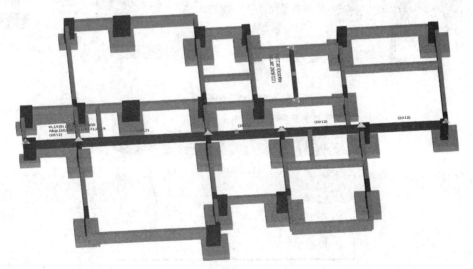

**图 4-22　地梁三维图**

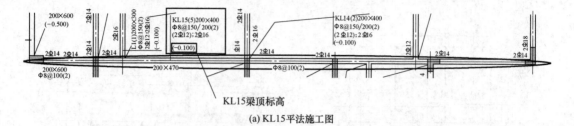

KL15梁顶标高

(a) KL15平法施工图

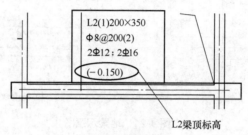

L2梁顶标高

(b) L2的平法施工图

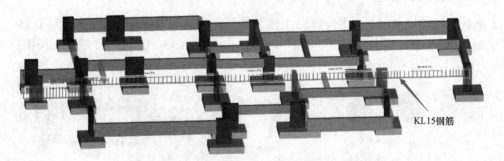

KL15钢筋

(c) KL15的钢筋三维

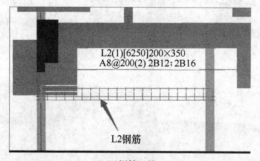

L2钢筋

(d) L2钢筋三维

图 4-23　地梁示意图

(1) KL15 钢筋工程量。

KL15 钢筋工程量如图 4-24 所示。

| 楼层名称 | 构件名称 | 钢筋总重量（kg） | HPB300 | | HRB335 | | |
|---|---|---|---|---|---|---|---|
| | | | 8 | 合计 | 12 | 16 | 合计 |
| 1 基础层 | KL15(5)[623 8] | 128.912 | 51.7 | 51.7 | 10.126 | 67.086 | 77.212 |
| 2 | 合计： | 128.912 | 51.7 | 51.7 | 10.126 | 67.086 | 77.212 |

钢筋总重量（kg）：128.912

图 4-24　KL15 钢筋工程量

(2) KL15 的钢筋工程量计算式。

KL15 中钢筋有通长筋、架立筋、箍筋，各详图如图 4-25 所示。KL15 钢筋工程量计算式如图 4-26 所示。

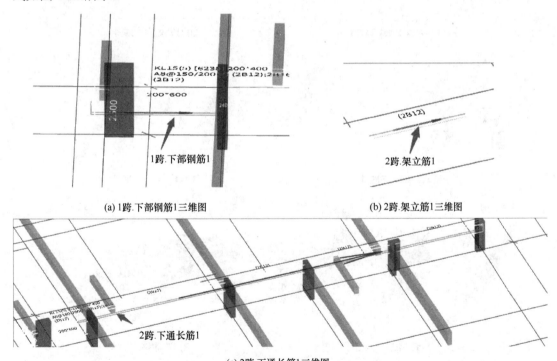

(a) 1跨.下部钢筋1三维图　　　　(b) 2跨.架立筋1三维图

(c) 2跨.下通长筋1三维图

图 4-25　KL15 的各个通长筋、架立筋、箍筋三维图

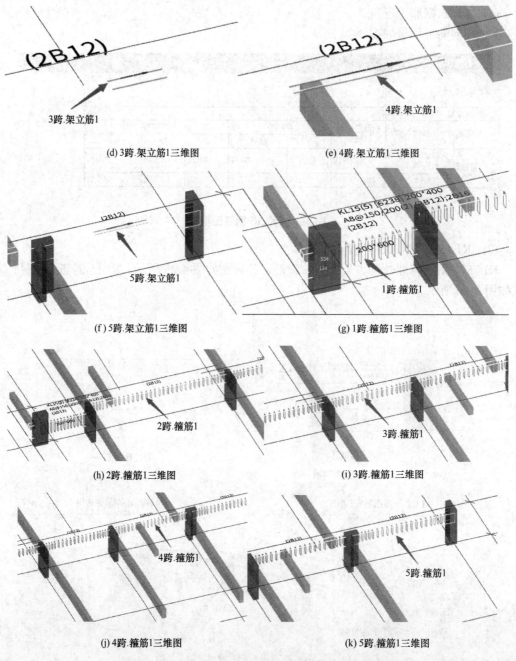

(d) 3跨.架立筋1三维图         (e) 4跨.架立筋1三维图

(f) 5跨.架立筋1三维图         (g) 1跨.箍筋1三维图

(h) 2跨.箍筋1三维图         (i) 3跨.箍筋1三维图

(j) 4跨.箍筋1三维图         (k) 5跨.箍筋1三维图

图 4-25   KL15 的各个通长筋、架立筋、箍筋三维图(续)

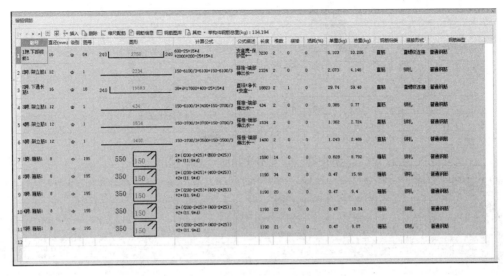

图 4-26　KL15 钢筋工程量计算式

(3) L2 钢筋工程量。

L2 钢筋工程量如图 4-27 所示。

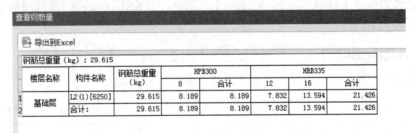

图 4-27　L2 钢筋工程量

(4) L2 钢筋工程量计算式。

L2 的各个钢筋分布如图 4-28 所示，L2 钢筋工程量计算式如图 4-29 所示。

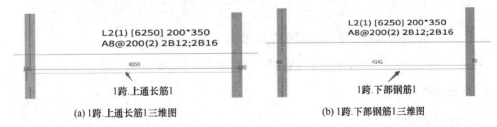

(a) 1跨.上通长筋1三维图　　　　　(b) 1跨.下部钢筋1三维图

图 4-28　L2 的各个钢筋三维图

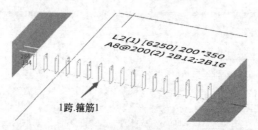

(c) 1跨.箍筋1三维图

图 4-28　L2 的各个钢筋三维图(续)

编辑钢筋

|< < > >| 插入 删除 缩尺配筋 钢筋信息 钢筋图库 其他 · 单构件钢筋总重(kg)：29.615

| | [illegible] | 直径(mm) | 级别 | 图号 | 图形 | 计算公式 | 公式描述 | 长度 | 根数 | 搭接 | 损耗(%) | 单重(kg) | 总重(kg) | 钢筋归类 | 搭接形式 | 钢筋类型 |
|---|---|---|---|---|---|---|---|---|---|---|---|---|---|---|---|---|
| 1 | 1跨.上通长筋1 | 12 | ф | 64 | 180 4050 180 | 200-25+15*d +3700+200-25+15*d | 支座宽-保护层+弯折+净长+支座宽-保护层+弯折 | 4410 | 2 | 0 | 0 | 3.916 | 7.832 | 直筋 | 绑扎 | 普通钢筋 |
| 2 | 1跨.下部钢筋1 | 16 | ф | 485 | 4142 | 200-25+2.89*d+5*d +3700+200-25+2.89*d+5*d | 支座宽-保护层+弯曲调整值+弯折+净长+支座宽-保护层+弯曲调整值+弯折 | 4302 | 2 | 0 | 0 | 6.797 | 13.594 | 直筋 | 直螺纹连接 | 普通钢筋 |
| 3 | 1跨.箍筋1 | 8 | ф | 195 | 300 150 | 2*((200-2*25)+(350-2*25)) +2*(11.9*d) | | 1090 | 19 | 0 | 0 | 0.431 | 8.189 | 箍筋 | 绑扎 | 普通钢筋 |
| 4 | | | | | | | | | | | | | | | | |

图 4-29　L2 钢筋工程量计算式

(5)　基础层地梁钢筋工程量汇总。

基础层地梁钢筋工程量以上述 KL15、L2 为例，其余不再叙述。基础层地梁钢筋工程量汇总如图 4-30 所示。

| 汇总信息 | 汇总信息钢筋总重kg | 构件名称 | 构件数量 | HPB300 | HRB335 | HRB400 |
|---|---|---|---|---|---|---|
| 楼层名称：基础层（绘图输入） | | | | 722.908 | 2240.978 | 54.671 |
| 梁 | 975.446 | KL-1(1)200*300[7155] | 1 | 5.865 | 14.86 | |
| | | KL10(1)[6233] | 1 | 4.537 | 14.86 | |
| | | KL11(1)[6234] | 1 | 10.121 | 18.914 | |
| | | KL12(1)[6235] | 1 | 9.423 | 20.06 | |
| | | KL13(3)[6236] | 1 | 25.592 | 37.508 | |
| | | KL14(2)[6237] | 1 | 17.86 | 27.582 | |
| | | KL15(5)[6238] | 1 | 54.382 | 79.812 | |
| | | KL16(2)[6239] | 1 | 11.28 | 18.764 | |
| | | KL17(1)[6240] | 1 | 13.262 | 24.774 | |
| | | KL2(3A)[6241] | 1 | 62.51 | 6.87 | |
| | | KL3(4A)[6242] | 1 | 43.575 | 5.71 | |
| | | KL4(1)[6243] | 1 | 19.468 | 21.596 | |
| | | KL5(1A)[6244] | 1 | 32.025 | 3.67 | |
| | | KL6(2)[6245] | 1 | 23.97 | 25.694 | |
| | | KL7(1A)[6246] | 1 | 37.68 | 3.668 | |
| | | KL8(1)[6247] | 1 | 14.658 | 39.86 | |
| | | KL9(2)[6248] | 1 | 11.868 | 25.212 | |
| | | L1(1)[6249] | 1 | 6.256 | 14.516 | |
| | | L2(1)[6250] | 1 | 8.169 | 21.426 | |
| | | L3(1)[6251] | 1 | 6.256 | 14.418 | |
| | | L4(1)[6252] | 1 | 11.28 | 25.868 | |
| | | L5(1)[6253] | 1 | 6.256 | 14.516 | |
| | | L6(1)[6254] | 1 | 9.4 | 21.426 | |
| | | L7(1)[6255] | 1 | 8.725 | 21.426 | |
| | | 合计 | | 454.436 | 521.01 | |

图 4-30　基础层地梁钢筋工程量汇总

2. 地梁清单工程量

(1)　KL15 清单工程量。

地梁中 KL15 清单工程量如图 4-31 所示。

查看构件图元工程量

构件工程量　做法工程量

◉ 清单工程量 ○ 定额工程量 ☑ 显示房间、组合构件量 ☑ 只显示标准层单层量

| | 楼层 | 名称 | 结构类别 | 定额类别 | 材质 | 混凝土类型 | 混凝土强度等级 | 工程量名称：梁体积 (m³) | 梁模板面积 (m²) | 超高模板面积 (m²) | 梁脚手架面积 (m²) | 梁截面周长 (m) | 梁净长 (m) | 梁轴线长度 (m) | 梁侧面面积 (m²) | 截面面积 (m²) | 截面高度 (m) | 截面宽度 (m) |
|---|---|---|---|---|---|---|---|---|---|---|---|---|---|---|---|---|---|---|
| 1 | 基础层 | KL15 (5) | 楼层框架梁 | 单梁 | 现浇混凝土 | 现浇碎石混凝土 | C25 | 1.4854 | 18.0858 | 0 | 17.071 | 1.2 | 18.7 | 20.6 | 14.7 | 0.08 | 0.4 | 0.2 |
| 2 | | | | | | | 小计 | 1.4854 | 18.0858 | 0 | 17.071 | 1.2 | 18.7 | 20.6 | 14.7 | 0.08 | 0.4 | 0.2 |
| 3 | | | | | | 小计 | | 1.4854 | 18.0858 | 0 | 17.071 | 1.2 | 18.7 | 20.6 | 14.7 | 0.08 | 0.4 | 0.2 |
| 4 | | | | | 小计 | | | 1.4854 | 18.0858 | 0 | 17.071 | 1.2 | 18.7 | 20.6 | 14.7 | 0.08 | 0.4 | 0.2 |
| 5 | | | | 小计 | | | | 1.4854 | 18.0858 | 0 | 17.071 | 1.2 | 18.7 | 20.6 | 14.7 | 0.08 | 0.4 | 0.2 |
| 6 | | | 小计 | | | | | 1.4854 | 18.0858 | 0 | 17.071 | 1.2 | 18.7 | 20.6 | 14.7 | 0.08 | 0.4 | 0.2 |
| 7 | | 小计 | | | | | | 1.4854 | 18.0858 | 0 | 17.071 | 1.2 | 18.7 | 20.6 | 14.7 | 0.08 | 0.4 | 0.2 |
| 8 | 合计 | | | | | | | 1.4854 | 18.0858 | 0 | 17.071 | 1.2 | 18.7 | 20.6 | 14.7 | 0.08 | 0.4 | 0.2 |

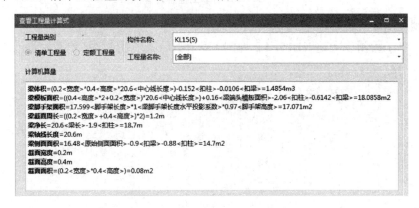

图 4-31　地梁 KL15 清单工程量

(2)　KL15 清单工程量计算式。

地梁中 KL15 清单工程量计算式如图 4-32 所示。

查看工程量计算式

工程量类别　◉ 清单工程量 ○ 定额工程量

构件名称：KL15(5)

工程量名称：[全部]

计算机算量

**梁体积**=(0.2<宽度>*0.4<高度>*20.6<中心线长度>)-0.152<扣柱>-0.0106<扣梁>=1.4854m3
**梁模板面积**=((0.4<高度>*2+0.2<宽度>)*20.6<中心线长度>)+0.16<梁端头模板面积>-2.06<扣柱>-0.6142<扣梁>=18.0858m2
**梁脚手架面积**=17.599<脚手架长度>*1<梁脚手架长度水平投影系数>*0.97<脚手架高度>=17.071m2
**梁截面周长**=((0.2<宽度>+0.4<高度>)*2)=1.2m
**梁净长**=20.6<梁长>-1.9<扣柱>=18.7m
**梁轴线长度**=20.6m
**梁侧面面积**=16.48<原始侧面面积>-0.9<扣梁>-0.88<扣柱>=14.7m2
**截面宽度**=0.2m
**截面高度**=0.4m
**截面面积**=(0.2<宽度>*0.4<高度>)=0.08m2

图 4-32　KL15 清单工程量计算式

(3)　L2 清单工程量。

地梁中 L2 的清单工程量如图 4-33 所示。

查看构件图元工程量

构件工程量　做法工程量

◉ 清单工程量 ○ 定额工程量 ☑ 显示房间、组合构件量 ☑ 只显示标准层单层量

| | 楼层 | 名称 | 结构类别 | 定额类别 | 材质 | 混凝土类型 | 混凝土强度等级 | 工程量名称：梁体积 (m³) | 梁模板面积 (m²) | 超高模板面积 (m²) | 梁脚手架面积 (m²) | 梁截面周长 (m) | 梁净长 (m) | 梁轴线长度 (m) | 梁侧面面积 (m²) | 截面面积 (m²) | 截面高度 (m) | 截面宽度 (m) |
|---|---|---|---|---|---|---|---|---|---|---|---|---|---|---|---|---|---|---|
| 1 | 基础层 | L2 (1) | 非框架梁 | 单梁 | 现浇混凝土 | 现浇碎石混凝土 | C25 | 0.259 | 3.33 | 0 | 3.589 | 1.1 | 3.7 | 3.9 | 2.59 | 0.07 | 0.35 | 0.2 |
| 2 | | | | | | | 小计 | 0.259 | 3.33 | 0 | 3.589 | 1.1 | 3.7 | 3.9 | 2.59 | 0.07 | 0.35 | 0.2 |
| 3 | | | | | | 小计 | | 0.259 | 3.33 | 0 | 3.589 | 1.1 | 3.7 | 3.9 | 2.59 | 0.07 | 0.35 | 0.2 |
| 4 | | | | | 小计 | | | 0.259 | 3.33 | 0 | 3.589 | 1.1 | 3.7 | 3.9 | 2.59 | 0.07 | 0.35 | 0.2 |
| 5 | | | | 小计 | | | | 0.259 | 3.33 | 0 | 3.589 | 1.1 | 3.7 | 3.9 | 2.59 | 0.07 | 0.35 | 0.2 |
| 6 | | | 小计 | | | | | 0.259 | 3.33 | 0 | 3.589 | 1.1 | 3.7 | 3.9 | 2.59 | 0.07 | 0.35 | 0.2 |
| 7 | | 小计 | | | | | | 0.259 | 3.33 | 0 | 3.589 | 1.1 | 3.7 | 3.9 | 2.59 | 0.07 | 0.35 | 0.2 |
| 8 | 合计 | | | | | | | 0.259 | 3.33 | 0 | 3.589 | 1.1 | 3.7 | 3.9 | 2.59 | 0.07 | 0.35 | 0.2 |

图 4-33　地梁中 L2 的清单工程量

（4）L2 清单工程量计算式。

地梁中 L2 的清单工程量计算式如图 4-34 所示。

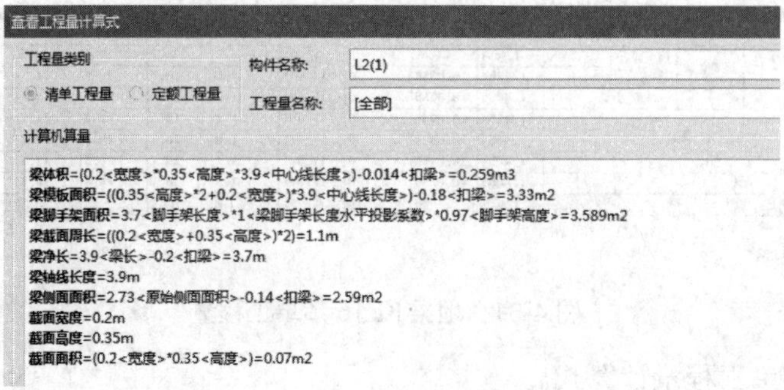

图 4-34　L2 清单工程量计算式

（5）地梁清单工程量汇总。

地梁清单工程量以上述 KL15、L2 为例，其余不再叙述。地梁清单工程量汇总如图 4-35 所示。

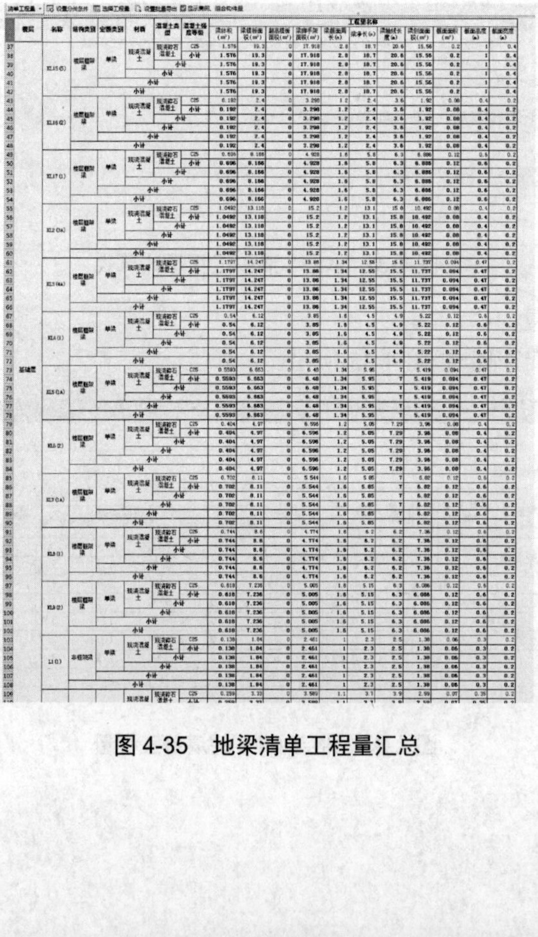

图 4-35　地梁清单工程量汇总

# 4.3　定额工程量

## 4.3.1 ▍柱工程量

柱是建筑物中垂直的主结构件，承托在它上方物件的重量。

在中国建筑中，横梁直柱，柱阵列负责承托梁架结构及其他部分的重量，如屋檐，在主柱与地基间，常建有柱础。另外，亦有其他较小的柱，不置于地基之上，而是置于梁架上，以承托上方物件的重量，再通过梁架结构，把重量传至主柱之上。

柱分为方柱、圆柱、管柱、矩形柱、工字形柱、H 形柱、T 形柱、L 形柱、十字形柱、双肢柱、构造柱等。

柱定额计算如下所示：

柱：按设计图示尺寸以体积计算。

有梁板的柱高，应自柱基上表面(或楼板上表面)至上一层楼板上表面之间的高度计算。

无梁板的柱高，应自柱基上表面(或楼板上表面)至柱帽下表面之间的高度计算。

框架柱的柱高，应自柱基上表面至柱顶面高度计算。

构造柱按全高计算，嵌接墙体部分(马牙槎)并入柱身体积。

依附柱上的牛腿，并入柱身体积内计算。

钢管混凝土柱以钢管高度按照钢管内径计算混凝土体积。

某县城郊区别墅，层高均为 3m，每层柱的平面布置图大致相同，如图 4-36 所示。由于所在层数不同，截面尺寸不同，每层柱的工程量也会不同。下面以首层、第二层柱为例，计算柱的工程量。

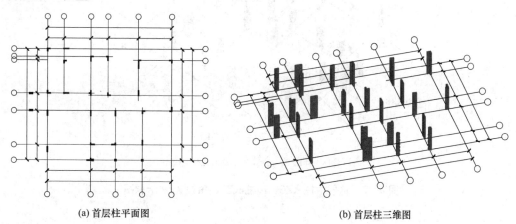

(a) 首层柱平面图　　　　　　　　　　(b) 首层柱三维图

**图 4-36　首层、二层柱示意图**

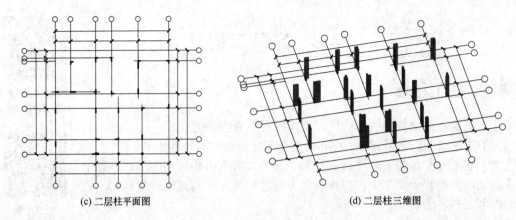

(c) 二层柱平面图        (d) 二层柱三维图

图 4-36 首层、二层柱示意图(续)

### 1. 首层柱钢筋工程量

以首层中柱 KZ6、边柱 KZ7、角柱 KZ8 为例,其余不再叙述。如图 4-37 所示,计算钢筋工程量。

(1) 首层中柱 KZ6 钢筋工程量。

首层中柱 KZ6 钢筋工程量如图 4-38 所示。

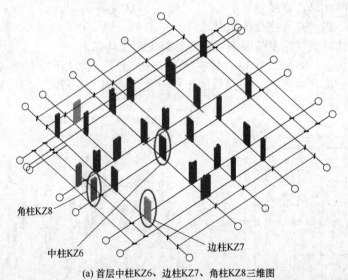

角柱KZ8

中柱KZ6            边柱KZ7

(a)首层中柱KZ6、边柱KZ7、角柱KZ8三维图

图 4-37 首层中柱 KZ6、边柱 KZ7、角柱 KZ8 示意图

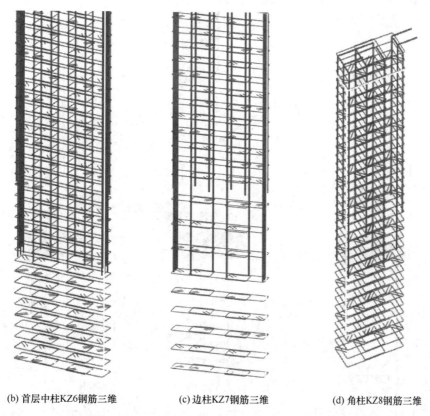

(b) 首层中柱KZ6钢筋三维　　(c) 边柱KZ7钢筋三维　　(d) 角柱KZ8钢筋三维

图 4-37　首层中柱 KZ6、边柱 KZ7、角柱 KZ8 示意图(续)

查看钢筋量

导出到Excel

钢筋总重里（kg）：141.454

| 楼层名称 | 构件名称 | 钢筋总重里 (kg) | HPB300 | | | HRB335 | | |
|---|---|---|---|---|---|---|---|---|
| | | | 6 | 8 | 合计 | 14 | 18 | 合计 |
| 1 首层 | KZ6[7461] | 141.454 | 13.16 | 28.91 | 42.07 | 74.8 | 24.584 | 99.384 |
| 2 | 合计： | 141.454 | 13.16 | 28.91 | 42.07 | 74.8 | 24.584 | 99.384 |

图 4-38　首层中柱 KZ6 钢筋工程量

(2)　首层中柱 KZ6 各个钢筋详细三维图如图 4-39 所示。

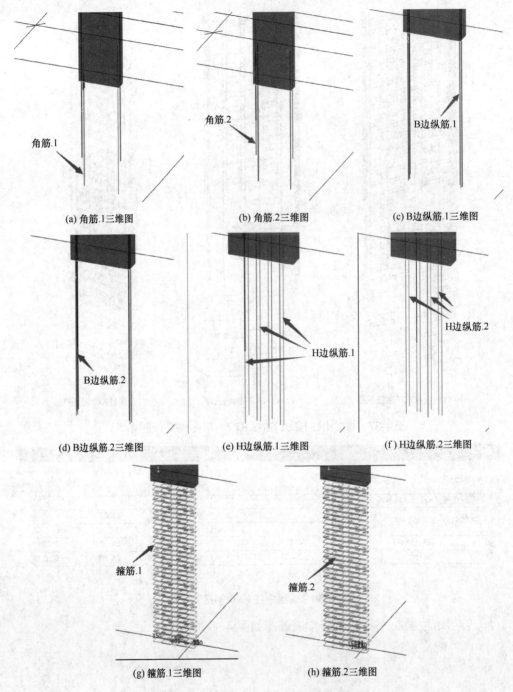

(a) 角筋.1三维图　　　　　(b) 角筋.2三维图　　　　　(c) B边纵筋.1三维图

(d) B边纵筋.2三维图　　　(e) H边纵筋.1三维图　　　(f) H边纵筋.2三维图

(g) 箍筋.1三维图　　　　　(h) 箍筋.2三维图

图4-39　首层中柱 KZ6 各个钢筋三维图

首层中柱 KZ6 钢筋工程量计算式如图 4-40 所示。

编辑钢筋

单构件钢筋总重(kg)：141.454

| | 筋号 | 直径(mm) | 级别 | 图号 | 图形 | 计算公式 | 公式描述 | 长度 | 根数 | 搭接 | 损耗(%) | 单重(kg) | 总重(kg) | 钢筋归类 | 搭接形式 | 钢筋类型 |
|---|---|---|---|---|---|---|---|---|---|---|---|---|---|---|---|---|
| 1 | 角筋.1 | 18 | Φ | 1 | 3073 | 3100-877+max(2600/6,850,500) | 层高-本层的露出长度+上层露出长度 | 3073 | 2 | 1 | 0 | 6.146 | 12.292 | 直筋 | 电渣压力焊 | 普通钢筋 |
| 2 | 角筋.2 | 18 | Φ | 1 | 3073 | 3100-1507+max(2600/6,850,500)+1*max(35*d,500) | 层高-本层的露出长度+上层露出长度+错开距离 | 3073 | 2 | 1 | 0 | 6.146 | 12.292 | 直筋 | 电渣压力焊 | 普通钢筋 |
| 3 | B边纵筋.1 | 14 | Φ | 1 | 3912 | 3100-1660+53*d+1750 | 层高-本层的露出长度+与下层钢筋的搭接+上层露出长度 | 3912 | 4 | 0 | 0 | 4.734 | 18.936 | 直筋 | 绑扎 | 普通钢筋 |
| 4 | B边纵筋.2 | 14 | Φ | 1 | 3815 | 3100-1619+53*d+max(2600/6,850,500)+53*14 | 层高-本层的露出长度+与下层钢筋的搭接+上层露出长度+与上层钢筋的搭接 | 3815 | 4 | 0 | 0 | 4.616 | 18.464 | 直筋 | 绑扎 | 普通钢筋 |
| 5 | H边纵筋.1 | 14 | Φ | 1 | 3815 | 3100-1619+53*d+max(2600/6,850,500)+53*14 | 层高-本层的露出长度+与下层钢筋的搭接+上层露出长度+与上层钢筋的搭接 | 3815 | 4 | 0 | 0 | 4.616 | 18.464 | 直筋 | 绑扎 | 普通钢筋 |
| 6 | H边纵筋.2 | 14 | Φ | 1 | 3912 | 3100-1660+53*d+1750 | 层高-本层的露出长度+与下层钢筋的搭接+上层露出长度 | 3912 | 4 | 0 | 0 | 4.734 | 18.936 | 直筋 | 绑扎 | 普通钢筋 |
| 7 | 箍筋.1 | 8 | Φ | 195 | 150 800 | 2*(800+150)+2*(11.9*d) | | 2090 | 35 | 0 | 0 | 0.826 | 28.91 | 箍筋 | 绑扎 | 普通钢筋 |
| 8 | 箍筋.2 | 6 | Φ | 195 | 150 187 | 2*(187+150)+2*(75+1.9*d) | | 847 | 70 | 0 | 0 | 0.188 | 13.16 | 箍筋 | 绑扎 | 普通钢筋 |

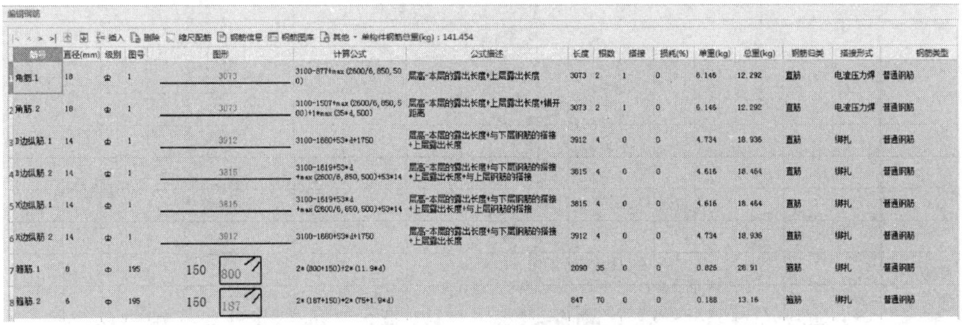

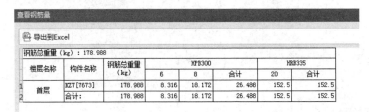

图 4-40　首层中柱 KZ6 钢筋工程量计算式

(3)　首层边柱 KZ7 钢筋工程量。

首层边柱 KZ7 钢筋工程量如图 4-41 所示。

查看钢筋量

导出到Excel

钢筋总重量（kg）：178.988

| | 楼层名称 | 构件名称 | 钢筋总重量（kg） | HPB300 | | | HRB335 | |
|---|---|---|---|---|---|---|---|---|
| | | | | 6 | 8 | 合计 | 20 | 合计 |
| 1 | 首层 | KZ7[7673] | 178.988 | 8.316 | 18.172 | 26.488 | 152.5 | 152.5 |
| 2 | | 合计: | 178.988 | 8.316 | 18.172 | 26.488 | 152.5 | 152.5 |

图 4-41　首层边柱 KZ7 钢筋工程量

(4)　首层边柱 KZ7 各个钢筋详细三维图如图 4-42 所示。

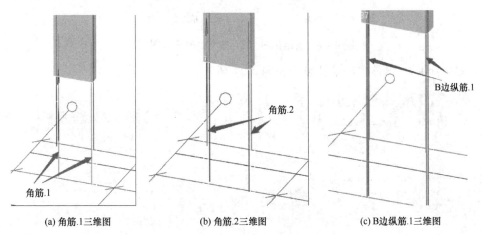

(a) 角筋.1三维图　(b) 角筋.2三维图　(c) B边纵筋.1三维图

图 4-42　首层边柱 KZ7 各个钢筋三维图

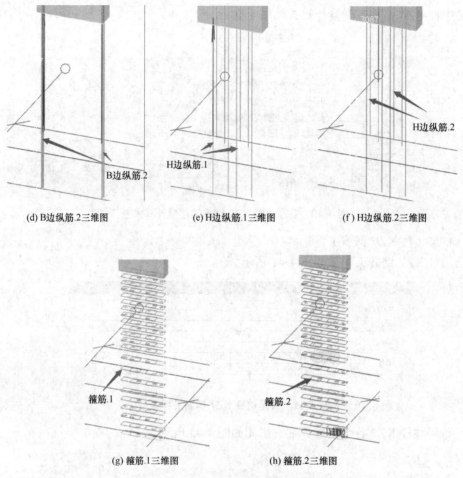

(d) B边纵筋.2三维图　(e) H边纵筋.1三维图　(f) H边纵筋.2三维图

(g) 箍筋.1三维图　(h) 箍筋.2三维图

**图4-42　首层边柱 KZ7 各个钢筋三维图(续)**

首层边柱 KZ7 钢筋工程量计算式如图 4-43 所示。

**图4-43　首层边柱 KZ7 钢筋工程量计算式**

(5) 首层角柱 KZ8 钢筋工程量。

首层角柱 KZ8 钢筋工程量如图 4-44 所示。

| 查看钢筋量 | | | | | | | | | | |

| 导出到Excel | | | | | | | | | | |

钢筋总重量（kg）：75.987

| 楼层名称 | 构件名称 | 钢筋总重量 (kg) | HPB300 | | HRB335 | | | HRB400 | |
|---|---|---|---|---|---|---|---|---|---|
| | | | 8 | 合计 | 14 | 16 | 合计 | 16 | 合计 |
| 1 | 首层 | KZ8[7489] | 75.987 | 41.112 | 41.112 | 11.934 | 7.647 | 19.581 | 15.294 | 15.294 |
| 2 | | 合计： | 75.987 | 41.112 | 41.112 | 11.934 | 7.647 | 19.581 | 15.294 | 15.294 |

图 4-44 首层角柱 KZ8 钢筋工程量

(6) 首层角柱 KZ8 钢筋工程量计算式。

首层角柱 KZ8 各个钢筋详细三维图如图 4-45 所示，首层角柱 KZ8 钢筋工程量计算式如图 4-46 所示。

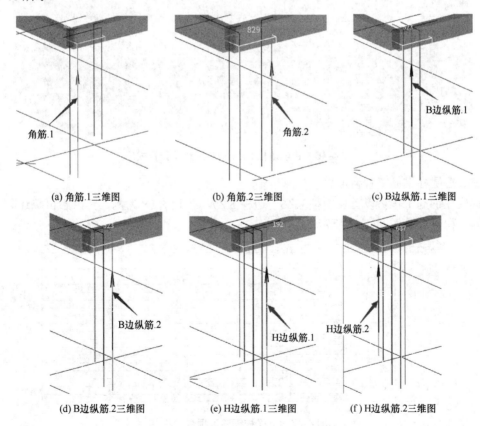

(a) 角筋.1三维图　　(b) 角筋.2三维图　　(c) B边纵筋.1三维图

(d) B边纵筋.2三维图　　(e) H边纵筋.1三维图　　(f) H边纵筋.2三维图

图 4-45 首层角柱 KZ8 各个钢筋三维图

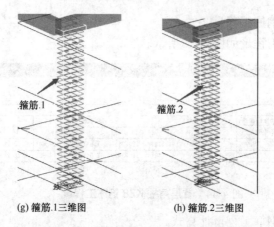

(g) 箍筋.1三维图　　　　　　　　　(h) 箍筋.2三维图

图 4-45　首层角柱 KZ8 各个钢筋三维图(续)

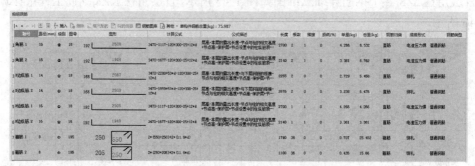

图 4-46　首层角柱 KZ8 钢筋工程量计算式

(7) 首层柱钢筋工程量汇总。

首层柱钢筋工程量以首层中柱 KZ6、边柱 KZ7、角柱 KZ8 为例，其余不再叙述。首层柱钢筋工程量汇总如图 4-47 所示。

| 楼层名称：首层（绘图输入） | | | | 2716.562 | 3213.714 | 177.357 |
|---|---|---|---|---|---|---|
| | | KZ1[96] | 1 | | 24.952 | |
| | | KZ1[101] | 3 | | 104.544 | |
| | | KZ6[97] | 1 | 47.215 | 38.026 | |
| | | KZ6[104] | 1 | 47.215 | 50.728 | |
| | | KZ6[107] | 1 | 47.215 | 49.79 | |
| | | KZ6[109] | 1 | 49.913 | 49.492 | |
| | | KZ6[110] | 2 | 94.43 | 99.608 | |
| | | KZ6[117] | 1 | 47.215 | 49.928 | |
| 柱 | 1492.729 | KZ4[98] | 1 | | 86.995 | |
| | | KZ3[99] | 1 | | 47.688 | |
| | | KZ3[113] | 1 | | 47.06 | |
| | | KZ3[115] | 2 | | 92.472 | |
| | | KZ3[118] | 1 | | 47.204 | |
| | | KZ9[100] | 1 | | 76.46 | |
| | | KZ8[102] | 2 | 84.508 | 82.104 | |
| | | KZ2[103] | 1 | | 10.359 | |
| | | KZ5[105] | 1 | | 41.022 | |
| | | KZ7[114] | 1 | 29.7 | 66.086 | |
| | | 合计 | | 447.411 | 1045.318 | |

图 4-47　首层柱钢筋工程量汇总

2. 首层柱定额工程量

以上述图 4-37 所示，首层中柱 KZ6、边柱 KZ7、角柱 KZ8 为例，计算柱定额工程量，其余不再叙述。

(1) 首层中柱 KZ6 定额工程量。

首层中柱 KZ6 定额工程量如图 4-48 所示。

| 楼层 | 名称 | 结构类别 | 定额类别 | 材质 | 混凝土类型 | 混凝土强度等级 | 柱周长 (m) | 柱体积 (m³) | 柱模板面积 (m²) | 柱超幕体积 (m³) | 超幕模板面积 (m²) | 柱数量 (根) | 柱脚手架面积 (m²) | 模板体积 (m³) | 高度 (m) | 截面面积 (m²) |
|---|---|---|---|---|---|---|---|---|---|---|---|---|---|---|---|---|
| 首层 | KZ6 | 框架柱 | 普通柱 | 现浇混凝土 | 现浇碎石混凝土 | C25 | 2.1 | 0.51 | 6.3 | 0 | 0 | 1 | 0 | 0.51 | 3 | 0.17 |
| | | | | | | 小计 | 2.1 | 0.51 | 6.3 | 0 | 0 | 1 | 0 | 0.51 | 3 | 0.17 |
| | | | | | 小计 | | 2.1 | 0.51 | 6.3 | 0 | 0 | 1 | 0 | 0.51 | 3 | 0.17 |
| | | | | 小计 | | | 2.1 | 0.51 | 6.3 | 0 | 0 | 1 | 0 | 0.51 | 3 | 0.17 |
| | | | 小计 | | | | 2.1 | 0.51 | 6.3 | 0 | 0 | 1 | 0 | 0.51 | 3 | 0.17 |
| | | 小计 | | | | | 2.1 | 0.51 | 6.3 | 0 | 0 | 1 | 0 | 0.51 | 3 | 0.17 |
| | 合计 | | | | | | 2.1 | 0.51 | 6.3 | 0 | 0 | 1 | 0 | 0.51 | 3 | 0.17 |

**图 4-48　首层中柱 KZ6 定额工程量**

(2) 首层中柱 KZ6 定额工程量计算式。

首层中柱 KZ6 定额工程量计算式如图 4-49 所示。

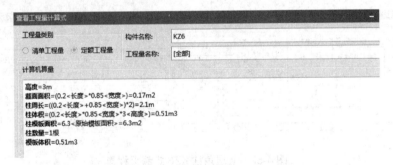

**图 4-49　首层中柱 KZ6 定额工程量计算式**

(3) 首层边柱 KZ7 定额工程量。

首层边柱 KZ7 定额工程量如图 4-50 所示。

(4) 首层边柱 KZ7 定额工程量计算式。

首层边柱 KZ7 定额工程量计算式如图 4-51 所示。

(5) 首层角柱 KZ8 定额工程量。

首层角柱 KZ8 定额工程量如图 4-52 所示。

(6) 首层角柱 KZ8 定额工程量计算式。

首层角柱 KZ8 定额工程量计算式如图 4-53 所示。

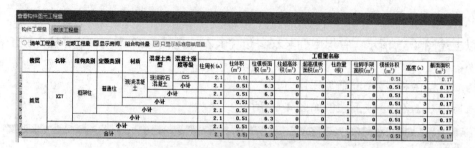

图 4-50 首层边柱 KZ7 定额工程量

工程量类别
○ 清单工程量 ● 定额工程量
构件名称: KZ7
工程量名称: [全部]

计算机算量

高度=3m
截面面积=(0.2<长度>*0.85<宽度>)=0.17m2
柱周长=((0.2<长度>+0.85<宽度>)*2)=2.1m
柱体积=(0.2<长度>*0.85<宽度>*3<高度>)=0.51m3
柱模板面积=6.3<原始模板面积>=6.3m2
柱数量=1根
模板体积=0.51m3

图 4-51 首层边柱 KZ7 定额工程量计算式

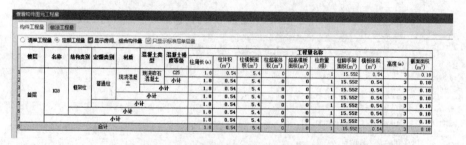

图 4-52 首层角柱 KZ8 定额工程量

工程量类别
○ 清单工程量 ● 定额工程量
构件名称: KZ8
工程量名称: [全部]

计算机算量

高度=3m
截面面积=(0.3<长度>*0.6<宽度>)=0.18m2
柱周长=((0.3<长度>+0.6<宽度>)*2)=1.8m
柱体积=(0.3<长度>*0.6<宽度>*3<高度>)=0.54m3
柱模板面积=5.4<原始模板面积>=5.4m2
柱数量=1根
柱脚手架面积=2.88<柱脚手架高度>*(1.8<投影周长>+3.6<脚手架增加系数>)=15.552m2
模板体积=0.54m3

图 4-53 首层角柱 KZ8 定额工程量计算式

(7) 首层柱定额工程量汇总。

首层柱定额工程量以首层中柱 KZ6、边柱 KZ7、角柱 KZ8 为例，其余不再叙述。将首层的各个中柱、边柱、角柱的定额工程量汇总，如图 4-54 所示。

| 楼层 | 名称 | 结构类别 | 定额类别 | 材质 | 混凝土类型 | 混凝土强度等级 | 柱高度(m) | 柱体积(m³) | 柱模板面积(m²) | 柱超高体积(m³) | 超高模板面积(m²) | 柱数量(根) | 柱脚手架面积(m²) | 模板体积(m³) |
|---|---|---|---|---|---|---|---|---|---|---|---|---|---|---|
| | | | | | 现浇碎石混凝土 | C25 | 8 | 1.755 | 22.05 | 0 | 0 | 4 | 0 | 1.755 |
| | | | | | | 小计 | 8 | 1.755 | 22.05 | 0 | 0 | 4 | 0 | 1.755 |
| | KZ1 | 框架柱 | 普通柱 | | | | 8 | 1.755 | 22.05 | 0 | 0 | 4 | 0 | 1.755 |
| | | | | | 小计 | | 8 | 1.755 | 22.05 | 0 | 0 | 4 | 0 | 1.755 |
| | | | | 小计 | | | 8 | 1.755 | 22.05 | 0 | 0 | 4 | 0 | 1.755 |
| | | 小计 | | | | | 8 | 1.755 | 22.05 | 0 | 0 | 4 | 0 | 1.755 |
| | | | | | 现浇碎石混凝土 | C25 | 2.2 | 0.54 | 6.6 | 0 | 0 | 1 | 0 | 0.54 |
| | | | | | | 小计 | 2.2 | 0.54 | 6.6 | 0 | 0 | 1 | 0 | 0.54 |
| | KZ2 | 框架柱 | 普通柱 | | | | 2.2 | 0.54 | 6.6 | 0 | 0 | 1 | 0 | 0.54 |
| | | | | | 小计 | | 2.2 | 0.54 | 6.6 | 0 | 0 | 1 | 0 | 0.54 |
| | | | | 小计 | | | 2.2 | 0.54 | 6.6 | 0 | 0 | 1 | 0 | 0.54 |
| | | 小计 | | | | | 2.2 | 0.54 | 6.6 | 0 | 0 | 1 | 0 | 0.54 |
| | | | | | 现浇碎石混凝土 | C25 | 11 | 2.7 | 33 | 0 | 0 | 5 | 0 | 2.7 |
| | | | | | | 小计 | 11 | 2.7 | 33 | 0 | 0 | 5 | 0 | 2.7 |
| | KZ3 | 框架柱 | 普通柱 | | | | 11 | 2.7 | 33 | 0 | 0 | 5 | 0 | 2.7 |
| | | | | | 小计 | | 11 | 2.7 | 33 | 0 | 0 | 5 | 0 | 2.7 |
| | | | | 小计 | | | 11 | 2.7 | 33 | 0 | 0 | 5 | 0 | 2.7 |
| | | 小计 | | | | | 11 | 2.7 | 33 | 0 | 0 | 5 | 0 | 2.7 |
| | | | | | 现浇碎石混凝土 | C25 | 2.6 | 0.66 | 7.0 | 0 | 0 | 1 | 0 | 0.66 |
| | | | | | | 小计 | 2.6 | 0.66 | 7.8 | 0 | 0 | 1 | 0 | 0.66 |
| | KZ4 | 框架柱 | 普通柱 | | | | 2.6 | 0.66 | 7.8 | 0 | 0 | 1 | 0 | 0.66 |
| | | | | | 小计 | | 2.6 | 0.66 | 7.8 | 0 | 0 | 1 | 0 | 0.66 |
| | | | | 小计 | | | 2.6 | 0.66 | 7.8 | 0 | 0 | 1 | 0 | 0.66 |
| | | 小计 | | | | | 2.6 | 0.66 | 7.8 | 0 | 0 | 1 | 0 | 0.66 |
| 首层 | | | | | 现浇碎石混凝土 | C25 | 2.4 | 0.558 | 6.36 | 0 | 0 | 1 | 0 | 0.558 |
| | | | | | | 小计 | 2.4 | 0.558 | 6.36 | 0 | 0 | 1 | 0 | 0.558 |
| | KZ5 | 框架柱 | 普通柱 | | | | 2.4 | 0.558 | 6.36 | 0 | 0 | 1 | 0 | 0.558 |
| | | | | | 小计 | | 2.4 | 0.558 | 6.36 | 0 | 0 | 1 | 0 | 0.558 |
| | | | | 小计 | | | 2.4 | 0.558 | 6.36 | 0 | 0 | 1 | 0 | 0.558 |
| | | 小计 | | | | | 2.4 | 0.558 | 6.36 | 0 | 0 | 1 | 0 | 0.558 |
| | | | | | 现浇碎石混凝土 | C25 | 14.7 | 3.414 | 42.28 | 0 | 0 | 7 | 0 | 3.414 |
| | | | | | | 小计 | 14.7 | 3.414 | 42.28 | 0 | 0 | 7 | 0 | 3.414 |
| | KZ6 | 框架柱 | 普通柱 | | | | 14.7 | 3.414 | 42.28 | 0 | 0 | 7 | 0 | 3.414 |
| | | | | | 小计 | | 14.7 | 3.414 | 42.28 | 0 | 0 | 7 | 0 | 3.414 |
| | | | | 小计 | | | 14.7 | 3.414 | 42.28 | 0 | 0 | 7 | 0 | 3.414 |
| | | 小计 | | | | | 14.7 | 3.414 | 42.28 | 0 | 0 | 7 | 0 | 3.414 |
| | | | | | 现浇碎石混凝土 | C25 | 2.1 | 0.51 | 6.3 | 0 | 0 | 1 | 0 | 0.51 |
| | | | | | | 小计 | 2.1 | 0.51 | 6.3 | 0 | 0 | 1 | 0 | 0.51 |
| | KZ7 | 框架柱 | 普通柱 | | | | 2.1 | 0.51 | 6.3 | 0 | 0 | 1 | 0 | 0.51 |
| | | | | | 小计 | | 2.1 | 0.51 | 6.3 | 0 | 0 | 1 | 0 | 0.51 |
| | | | | 小计 | | | 2.1 | 0.51 | 6.3 | 0 | 0 | 1 | 0 | 0.51 |
| | | 小计 | | | | | 2.1 | 0.51 | 6.3 | 0 | 0 | 1 | 0 | 0.51 |
| | | | | | 现浇碎石混凝土 | C25 | 3.6 | 1.08 | 10.8 | 0 | 0 | 2 | 31.104 | 1.08 |
| | | | | | | 小计 | 3.6 | 1.08 | 10.8 | 0 | 0 | 2 | 31.104 | 1.08 |
| | KZ8 | 框架柱 | 普通柱 | | | | 3.6 | 1.08 | 10.8 | 0 | 0 | 2 | 31.104 | 1.08 |
| | | | | | 小计 | | 3.6 | 1.08 | 10.8 | 0 | 0 | 2 | 31.104 | 1.08 |
| | | | | 小计 | | | 3.6 | 1.08 | 10.8 | 0 | 0 | 2 | 31.104 | 1.08 |
| | | 小计 | | | | | 3.6 | 1.08 | 10.8 | 0 | 0 | 2 | 31.104 | 1.08 |
| | | | | | 现浇碎石混凝土 | C25 | 3.6 | 0.555 | 6.45 | 0 | 0 | 0 | 0 | 0.555 |
| | | | | | | 小计 | 3.6 | 0.555 | 6.45 | 0 | 0 | 0 | 0 | 0.555 |
| | KZ9 | 框架柱 | 普通柱 | | | | 3.6 | 0.555 | 6.45 | 0 | 0 | 0 | 0 | 0.555 |
| | | | | | 小计 | | 3.6 | 0.555 | 6.45 | 0 | 0 | 0 | 0 | 0.555 |
| | | | | 小计 | | | 3.6 | 0.555 | 6.45 | 0 | 0 | 0 | 0 | 0.555 |
| | | 小计 | | | | | 3.6 | 0.555 | 6.45 | 0 | 0 | 0 | 0 | 0.555 |
| 小计 | | | | | | | 50.2 | 11.772 | 141.64 | 0 | 0 | 23 | 31.104 | 11.772 |

图 4-54　首层柱定额工程量汇总

**3. 二层柱钢筋工程量**

二层柱钢筋如图 4-55 所示，以二层中柱 KZ1、边柱 KZ6 为例，计算钢筋工程量，其余钢筋工程量不再叙述。

(1) 二层中柱 KZ1 钢筋工程量。

二层中柱 KZ1 钢筋工程量如图 4-56 所示。

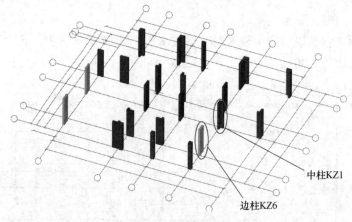

(a) 二层中柱KZ1、边柱KZ6三维图

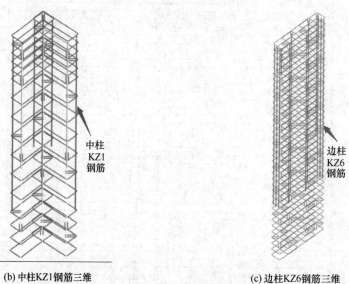

(b) 中柱KZ1钢筋三维

(c) 边柱KZ6钢筋三维

图 4-55　二层中柱 KZ1、边柱 KZ6 示意图

| 查看钢筋量 | | | | | | |
|---|---|---|---|---|---|---|
| 导出到Excel | | | | | | |
| 钢筋总重量（kg）：39.628 | | | | | | |
| 楼层名称 | 构件名称 | 钢筋总重量（kg） | HPB300 | | HRB335 | |
| | | | 8 | 合计 | 16 | 合计 |
| 1　第2层 | KZ1[7642] | 39.628 | 17.568 | 17.568 | 22.06 | 22.06 |
| 2 | 合计： | 39.628 | 17.568 | 17.568 | 22.06 | 22.06 |

图 4-56　二层中柱 KZ1 钢筋工程量

(2) 二层中柱 KZ1 钢筋工程量计算式。

二层中柱 KZ1 的各个钢筋详细三维图如图 4-57 所示，二层中柱 KZ1 钢筋工程量计算式如图 4-58 所示。

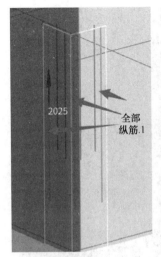

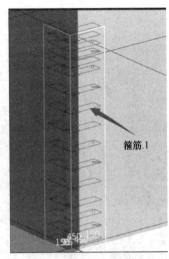

(a) 全部纵筋.1三维图　　　　　(b) 全部纵筋.2三维图　　　　　(c) 箍筋.1三维图

图 4-57　二层中柱 KZ1 的各个钢筋三维图

图 4-58　二层中柱 KZ1 钢筋工程量计算式

(3) 二层边柱 KZ6 钢筋工程量。

二层边柱 KZ6 钢筋工程量如图 4-59 所示。

| 钢筋总重量（kg）：86.714 | | | | | | | | |
|---|---|---|---|---|---|---|---|---|
| 楼层名称 | 构件名称 | 钢筋总重量（kg） | HPB300 | | | HRB335 | | |
| | | | 6 | 8 | 合计 | 14 | 18 | 合计 |
| 第2层 | KZ6[7664] | 86.714 | 13.912 | 30.562 | 44.474 | 24.56 | 17.68 | 42.24 |
| | 合计： | 86.714 | 13.912 | 30.562 | 44.474 | 24.56 | 17.68 | 42.24 |

图 4-59　二层边柱 KZ6 钢筋工程量

(4) 二层边柱 KZ6 钢筋工程量计算式。

二层边柱 KZ6 的各个钢筋详细三维图如图 4-60 所示，二层边柱 KZ6 钢筋工程量计算式如图 4-61 所示。

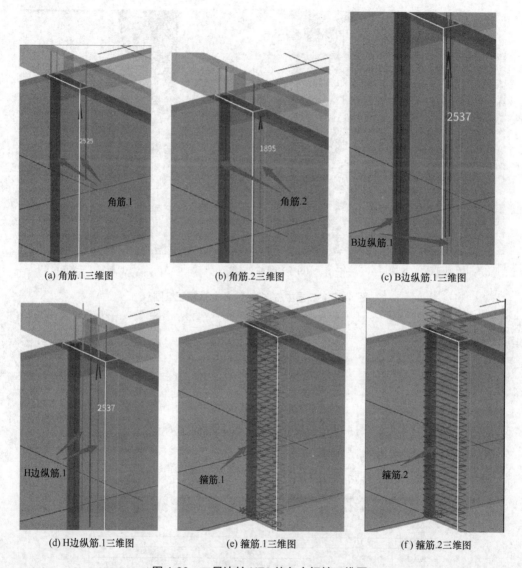

(a) 角筋.1三维图　　　　　(b) 角筋.2三维图　　　　　(c) B边纵筋.1三维图

(d) H边纵筋.1三维图　　　　　(e) 箍筋.1三维图　　　　　(f) 箍筋.2三维图

图 4-60　二层边柱 KZ6 的各个钢筋三维图

图 4-61　二层边柱 KZ6 钢筋工程量计算式

（5）二层柱钢筋工程量汇总。

二层柱钢筋工程量以上述二层中柱 KZ1、边柱 KZ6 为例，其余不再叙述。二层柱钢筋
工程量汇总如图 4-62 所示。

| 汇总信息 | 汇总信息钢筋总重kg | 构件名称 | 构件数量 | HPB300 | HRB335 | HRB400 |
|---|---|---|---|---|---|---|
| 楼层名称：第2层（绘图输入） | | | | 1203.665 | 2253.667 | 220.984 |
| 柱 | 1814.389 | LZ1[7594] | 1 | 25.254 | 48.416 | |
| | | KZ9[7600] | 1 | 106.392 | 51.608 | |
| | | KZ7[7677] | 1 | 28.896 | 119.31 | |
| | | KZ6[7606] | 1 | 44.474 | 65.792 | |
| | | KZ6[7634] | 1 | 44.474 | 66.144 | |
| | | KZ8[7636] | 1 | 43.272 | 66.824 | |
| | | KZ6[7638] | 2 | 88.948 | 130.064 | |
| | | KZ6[7664] | 1 | 44.474 | 42.24 | |
| | | KZ5[7628] | 1 | 51.8 | 87.977 | |
| | | KZ4[7596] | 1 | 56.56 | 31.173 | |
| | | KZ3[7598] | 1 | 40.737 | 32.424 | |
| | | KZ3[7644] | 1 | 40.737 | 34.131 | |
| | | KZ3[7660] | 2 | 81.474 | 67.026 | |
| | | KZ3[7669] | 1 | 40.737 | 32.787 | |
| | | KZ1[7602] | 1 | 24.156 | 35.228 | |
| | | KZ1[7630] | 2 | 35.136 | 44.12 | |
| | | KZ10[7626] | 1 | | 81.604 | |
| | | 合计 | | 797.521 | 1016.668 | |

图 4-62　二层柱钢筋工程量汇总

4. 二层柱定额工程量

以上述二层柱钢筋如图 4-55 所示，以二层中柱 KZ1、边柱 KZ6 为例计算定额工程量，
其余定额工程量不再叙述。

（1）二层中柱 KZ1 定额工程量。

二层中柱 KZ1 定额工程量如图 4-63 所示。

（2）二层中柱 KZ1 定额工程量计算式。

二层中柱 KZ1 定额工程量计算式如图 4-64 所示。

（3）二层边柱 KZ6 定额工程量。

二层边柱 KZ6 定额工程量如图 4-65 所示。

图 4-63　二层中柱 KZ1 定额工程量

查看工程量计算式

工程量类别　　　　　　　构件名称：　KZ1

○ 清单工程量　◎ 定额工程量　　工程量名称：　[全部]

**计算机算量**

**高度=3m**
**截面面积=0.16m2**
**柱周长=2m**
**柱体积=(0.16<截面面积>\*3<高度>)=0.48m3**
**柱模板面积=6<原始模板面积>=6m2**
**柱数量=1根**
**模板体积=0.48m3**

图 4-64　二层中柱 KZ1 定额工程量计算式

图 4-65　二层边柱 KZ6 定额工程量

（4）　二层边柱 KZ6 定额工程量计算式。

二层边柱 KZ6 定额工程量计算式如图 4-66 所示。

（5）　二层柱定额工程量汇总。

二层柱定额工程量以上述二层中柱 KZ1、边柱 KZ6 为例，其余不再叙述。二层柱定额工程量汇总如图 4-67 所示。

**查看工程量计算式**

工程量类别　　　　　　　　　构件名称: KZ6

○ 清单工程量　◉ 定额工程量　　工程量名称: [全部]

计算机算量

高度=3m
截面面积=((0.2<长度>*0.85<宽度>)=0.17m2
柱周长=((0.2<长度>+0.85<宽度>)*2)=2.1m
柱体积=((0.2<长度>*0.85<宽度>*3<高度>)=0.51m3
柱模板面积=6.3<原始模板面积>=6.3m2
柱数量=1根
模板体积=0.51m3

图 4-66　二层边柱 KZ6 定额工程量计算式

定额工程量 ▾ | 设置分类条件 | 选择工程量 | 设置批量导出 | ☑显示房间、组合构件量

| 楼层 | 名称 | 结构类别 | 定额类别 | 材质 | 混凝土类型 | 混凝土强度等级 | 柱周长(m) | 柱体积(m³) | 柱模板面积(m²) | 柱超高体积(m³) | 超高模板面积(m²) | 柱数量(根) | 柱脚手架面积(m²) | 模板体积(m³) | 高度(m) | 截面面积(m²) |
|---|---|---|---|---|---|---|---|---|---|---|---|---|---|---|---|---|
| | | | | | 小计 | | 1.6 | 0.36 | 4.8 | 0 | 0 | 1 | 0 | 0.36 | 3 | 0.12 |
| | KZ2 | 框架柱 | | | 小计 | | 1.6 | 0.36 | 4.8 | 0 | 0 | 1 | 0 | 0.36 | 3 | 0.12 |
| | | | | 小计 | | | 1.6 | 0.36 | 4.8 | 0 | 0 | 1 | 0 | 0.36 | 3 | 0.12 |
| | | | 小计 | | | | 1.6 | 0.36 | 4.8 | 0 | 0 | 1 | 0 | 0.36 | 3 | 0.12 |
| | | | | 现浇混凝土 | 现浇碎石混凝土 | C25 | 11 | 2.7 | 33 | 0 | 0 | 5 | 0 | 2.7 | 15 | 0.9 |
| | | | 普通柱 | | | 小计 | 11 | 2.7 | 33 | 0 | 0 | 5 | 0 | 2.7 | 15 | 0.9 |
| | KZ3 | 框架柱 | | | | | 11 | 2.7 | 33 | 0 | 0 | 5 | 0 | 2.7 | 15 | 0.9 |
| | | | | 小计 | | | 11 | 2.7 | 33 | 0 | 0 | 5 | 0 | 2.7 | 15 | 0.9 |
| | | | 小计 | | | | 11 | 2.7 | 33 | 0 | 0 | 5 | 0 | 2.7 | 15 | 0.9 |
| | | | 小计 | | | | 11 | 2.7 | 33 | 0 | 0 | 5 | 0 | 2.7 | 15 | 0.9 |
| | | | | 现浇混凝土 | 现浇碎石混凝土 | C25 | 2.6 | 0.66 | 7.8 | 0 | 0 | 1 | 0 | 0.66 | 3 | 0.22 |
| | | | 普通柱 | | | 小计 | 2.6 | 0.66 | 7.8 | 0 | 0 | 1 | 0 | 0.66 | 3 | 0.22 |
| | KZ4 | 框架柱 | | | | | 2.6 | 0.66 | 7.8 | 0 | 0 | 1 | 0 | 0.66 | 3 | 0.22 |
| | | | | 小计 | | | 2.6 | 0.66 | 7.8 | 0 | 0 | 1 | 0 | 0.66 | 3 | 0.22 |
| | | | 小计 | | | | 2.6 | 0.66 | 7.8 | 0 | 0 | 1 | 0 | 0.66 | 3 | 0.22 |
| | | | 小计 | | | | 2.6 | 0.66 | 7.8 | 0 | 0 | 1 | 0 | 0.66 | 3 | 0.22 |
| | | | | 现浇混凝土 | 现浇碎石混凝土 | C25 | 2.4 | 0.348 | 4.26 | 0 | 0 | 1 | 0 | 0.348 | 3 | 0.2 |
| 第2层 | | | 普通柱 | | | 小计 | 2.4 | 0.348 | 4.26 | 0 | 0 | 1 | 0 | 0.348 | 3 | 0.2 |
| | KZ5 | 框架柱 | | | | | 2.4 | 0.348 | 4.26 | 0 | 0 | 1 | 0 | 0.348 | 3 | 0.2 |
| | | | | 小计 | | | 2.4 | 0.348 | 4.26 | 0 | 0 | 1 | 0 | 0.348 | 3 | 0.2 |
| | | | 小计 | | | | 2.4 | 0.348 | 4.26 | 0 | 0 | 1 | 0 | 0.348 | 3 | 0.2 |
| | | | 小计 | | | | 2.4 | 0.348 | 4.26 | 0 | 0 | 1 | 0 | 0.348 | 3 | 0.2 |
| | | | | 现浇混凝土 | 现浇碎石混凝土 | C25 | 12.6 | 3.06 | 37.8 | 0 | 0 | 6 | 0 | 3.06 | 18 | 1.02 |
| | | | 普通柱 | | | 小计 | 12.6 | 3.06 | 37.8 | 0 | 0 | 6 | 0 | 3.06 | 18 | 1.02 |
| | KZ6 | 框架柱 | | | | | 12.6 | 3.06 | 37.8 | 0 | 0 | 6 | 0 | 3.06 | 18 | 1.02 |
| | | | | 小计 | | | 12.6 | 3.06 | 37.8 | 0 | 0 | 6 | 0 | 3.06 | 18 | 1.02 |
| | | | 小计 | | | | 12.6 | 3.06 | 37.8 | 0 | 0 | 6 | 0 | 3.06 | 18 | 1.02 |
| | | | 小计 | | | | 12.6 | 3.06 | 37.8 | 0 | 0 | 6 | 0 | 3.06 | 18 | 1.02 |
| | | | | 现浇混凝土 | 现浇碎石混凝土 | C25 | 2.1 | 0.51 | 6.3 | 0.408 | 5.04 | 1 | 0 | 0.51 | 3 | 0.17 |
| | | | 普通柱 | | | 小计 | 2.1 | 0.51 | 6.3 | 0.408 | 5.04 | 1 | 0 | 0.51 | 3 | 0.17 |
| | KZ7 | 框架柱 | | | | | 2.1 | 0.51 | 6.3 | 0.408 | 5.04 | 1 | 0 | 0.51 | 3 | 0.17 |
| | | | | 小计 | | | 2.1 | 0.51 | 6.3 | 0.408 | 5.04 | 1 | 0 | 0.51 | 3 | 0.17 |
| | | | 小计 | | | | 2.1 | 0.51 | 6.3 | 0.408 | 5.04 | 1 | 0 | 0.51 | 3 | 0.17 |
| | | | 小计 | | | | 2.1 | 0.51 | 6.3 | 0.408 | 5.04 | 1 | 0 | 0.51 | 3 | 0.17 |
| | | | | 现浇混凝土 | 现浇碎石混凝土 | C25 | 3.6 | 0.96 | 10.8 | 0 | 0 | 1 | 0 | 0.96 | 3 | 0.32 |
| | | | 普通柱 | | | 小计 | 3.6 | 0.96 | 10.8 | 0 | 0 | 1 | 0 | 0.96 | 3 | 0.32 |
| | KZ9 | 框架柱 | | | | | 3.6 | 0.96 | 10.8 | 0 | 0 | 1 | 0 | 0.96 | 3 | 0.32 |
| | | | | 小计 | | | 3.6 | 0.96 | 10.8 | 0 | 0 | 1 | 0 | 0.96 | 3 | 0.32 |
| | | | 小计 | | | | 3.6 | 0.96 | 10.8 | 0 | 0 | 1 | 0 | 0.96 | 3 | 0.32 |
| | | | 小计 | | | | 3.6 | 0.96 | 10.8 | 0 | 0 | 1 | 0 | 0.96 | 3 | 0.32 |
| | | | | 现浇混凝土 | 现浇碎石混凝土 | C25 | 2 | 0.48 | 6 | 0 | 0 | 1 | 0 | 0.48 | 3 | 0.16 |
| | | | 普通柱 | | | 小计 | 2 | 0.48 | 6 | 0 | 0 | 1 | 0 | 0.48 | 3 | 0.16 |
| | LZ1 | 暗柱 | | | | | 2 | 0.48 | 6 | 0 | 0 | 1 | 0 | 0.48 | 3 | 0.16 |
| | | | | 小计 | | | 2 | 0.48 | 6 | 0 | 0 | 1 | 0 | 0.48 | 3 | 0.16 |
| | | | 小计 | | | | 2 | 0.48 | 6 | 0 | 0 | 1 | 0 | 0.48 | 3 | 0.16 |
| | | | 小计 | | | | 2 | 0.48 | 6 | 0 | 0 | 1 | 0 | 0.48 | 3 | 0.16 |
| | | | 小计 | | | | 43.9 | 10.518 | 128.76 | 0.408 | 5.04 | 20 | 0 | 10.518 | | 3.59 |
| | | | 合计 | | | | 144.3 | 27.1806 | 329.134 | 0.408 | 5.04 | 66 | 46.98 | 27.1806 | 162.81 | 11.95 |

图 4-67　二层柱定额工程量汇总

## 4.3.2 梁工程量

梁是建筑结构中经常出现的构件。在框架结构中，梁把各个方向的柱连接成整体；梁是承受竖向荷载，以受弯为主的构件。梁一般水平放置，用来支撑板并承受板传来的各种竖向荷载和梁的自重，梁和板共同组成建筑的楼面和屋面结构。

梁按设计图示尺寸以体积计算。伸入砖墙内的梁头、梁垫并入梁体积内。

梁与柱连接时，梁长算至柱侧面；主梁与次梁连接时，次梁长算至主梁侧面。

某县城郊区别墅首层梁如图 4-68 所示，二层梁如图 4-69 所示。

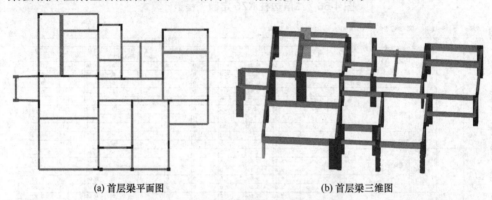

(a) 首层梁平面图　　　　　　　　(b) 首层梁三维图

图 4-68　某县城郊区别墅首层梁示意图

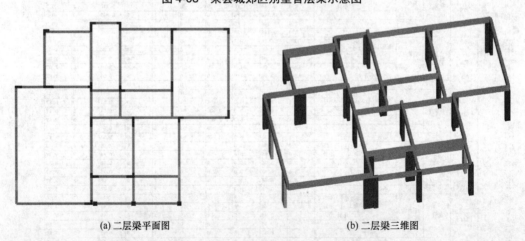

(a) 二层梁平面图　　　　　　　　(b) 二层梁三维图

图 4-69　某县城郊区别墅二层梁示意图

## 1. 首层梁钢筋工程量

如图4-70所示，以首层KL18、KL20为例计算首层梁钢筋工程量，其余不再叙述。

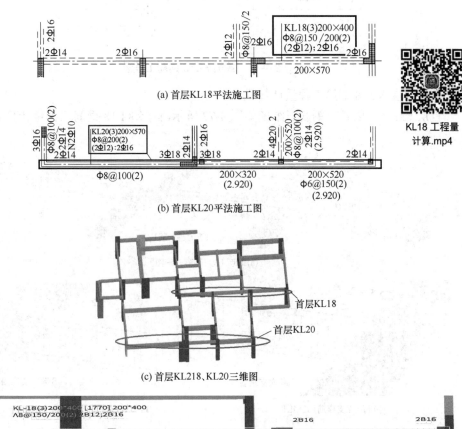

(a) 首层KL18平法施工图

(b) 首层KL20平法施工图

(c) 首层KL218、KL20三维图

KL18 工程量
计算.mp4

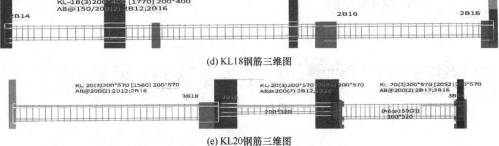

(d) KL18钢筋三维图

(e) KL20钢筋三维图

**图 4-70　首层 KL18、KL20 示意图**

(1) 首层 KL18 钢筋工程量。

首层 KL18 钢筋工程量如图 4-71 所示。

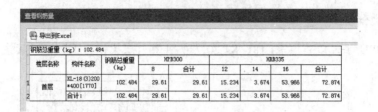

图 4-71 首层 KL18 钢筋工程量

(2) 首层 KL18 钢筋工程量计算式。

首层 KL18 中的各个钢筋三维图如图 4-72 所示,首层 KL18 钢筋工程量计算式如图 4-73 所示。

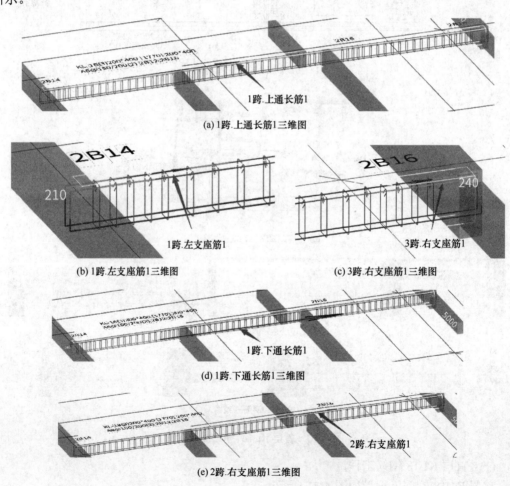

图 4-72 首层 KL18 中的各个钢筋三维图

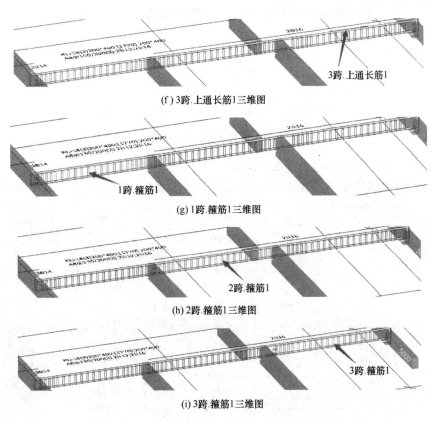

(f) 3跨.上通长筋1三维图

(g) 1跨.箍筋1三维图

(h) 2跨.箍筋1三维图

(i) 3跨.箍筋1三维图

图 4-72　首层 KL18 中的各个钢筋三维图(续)

图 4-73　首层 KL18 钢筋工程量计算式

(3) 首层 KL20 钢筋工程量。

首层 KL20 分 3 跨，单构件钢筋量有 85.918kg、52.773kg、38.4kg，钢筋总重量为177.091kg。首层 KL20 钢筋工程量如图 4-74 所示。

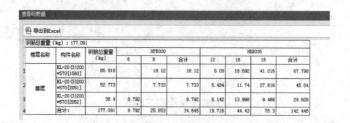

**图 4-74 首层 KL20 钢筋工程量**

(4) 首层 KL20 单构件钢筋量 85.918kg、52.773kg、38.4kg 工程量计算式。

首层 KL20 单构件钢筋量 85.918kg、52.773kg、38.4kg 工程量计算式如图 4-75 所示。

(a) 单构件钢筋量85.918kg工程量计算式

(b) 单构件钢筋量52.773kg工程量计算式

(c) 单构件钢筋量38.4kg工程量计算式

**图 4-75 首层 KL20 钢筋工程量计算式**

(5) 首层梁钢筋工程量汇总。

首层梁钢筋工程量以上述首层 KL18、KL20 为例计算，其余不再叙述。首层梁钢筋工程量汇总如图 4-76 所示。

**2. 首层梁定额工程量**

以上述图 4-70 所示，以首层 KL18、KL20 为例计算首层梁定额工程量，其余不再叙述。

| 楼层名称：首层（绘图输入） | | | 3214.66 | 3596.35 | 197.305 |
|---|---|---|---|---|---|
| | | | KZ3[7436] | 1 | 36.535 | 47.152 |
| | | | KZ3[7487] | 1 | 36.535 | 47.878 |
| | | | KZ3[7474] | 2 | 77.07 | 92.126 |
| | | | KZ3[7486] | 1 | 36.535 | 46.789 |
| | | | KZ24[7434] | 1 | 56.56 | 83.425 |
| | | | KZ1[7427] | 1 | 23.058 | 24.952 |
| | | | KZ1[7440] | 3 | 69.174 | 104.544 |
| | | | KZ2[7444] | 1 | 48.5 | 20.039 |
| | | | KZ5[7438] | 1 | 100.936 | 90.092 |
| 柱 | | 2465.479 | KZ5[7453] | 1 | 49 | 53.379 |
| | | | KZ6[7432] | 1 | 42.07 | 56.576 |
| | | | KZ6[7455] | 1 | 42.07 | 108.948 |
| | | | KZ6[7457] | 1 | 42.07 | 102.952 |
| | | | KZ6[7459] | 1 | 44.474 | 103.504 |
| | | | KZ6[7461] | 2 | 84.14 | 196.768 |
| | | | KZ6[7478] | 1 | 42.07 | 116.616 |
| | | | KZ7[7673] | 1 | 25.488 | 152.5 |
| | | | KZ8[7488] | 2 | 82.224 | 39.182 | 30.588 |
| | | | 合计 | | 945.909 | 1499.382 | 30.588 |

图 4-76 首层梁钢筋工程量汇总

(1) 首层 KL18 定额工程量。

首层 KL18 定额工程量如图 4-77 所示。

图 4-77 首层 KL18 定额工程量

(2) 首层 KL18 定额工程量计算式。

首层 KL18 定额工程量计算式如图 4-78 所示。

图 4-78 首层 KL18 定额工程量计算式

(3) 首层 KL20 定额工程量。

首层 KL20 定额工程量如图 4-79 所示。

(4) 首层 KL20 定额工程量计算式。

首层 KL20 定额工程量计算式如图 4-80 所示。

(5) 首层梁定额工程量汇总。

首层梁定额工程量以首层 KL18、KL20 为例计算，其余不再叙述。首层梁定额工程量汇总如图 4-81 所示。

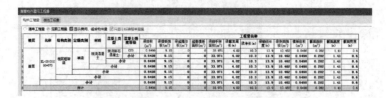

图 4-79　首层 KL20 定额工程量

图 4-80　首层 KL20 定额工程量计算式

图 4-81　首层梁定额工程量汇总

### 3. 二层梁钢筋工程量

如图 4-82 所示，以二层 KL1、KL16 为例计算二层梁钢筋工程量，其余不再叙述。

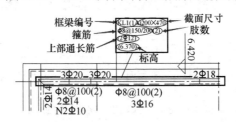

(a) 二层KL1平法施工图

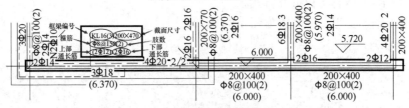

(b) 二层KL16平法施工图

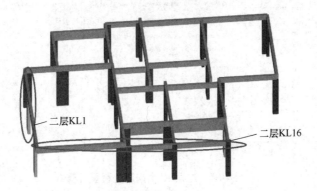

(c) 二层KL1、KL16三维图

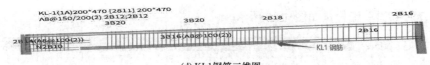

(d) KL1钢筋三维图

(e) KL16钢筋三维图

**图 4-82　二层 KL1、KL16 示意图**

(1) 二层 KL1 钢筋工程量。

二层 KL1 钢筋工程量如图 4-83 所示。

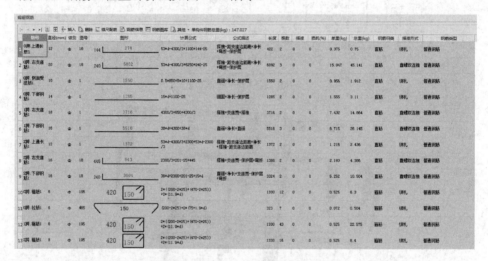

图 4-83　二层 KL1 钢筋工程量

(2) 二层 KL1 钢筋工程量计算式。

二层 KL1 钢筋工程量计算式如图 4-84 所示。

图 4-84　二层 KL1 钢筋工程量计算式

(3) 二层 KL16 钢筋工程量。

二层 KL16 钢筋工程量如图 4-85 所示。

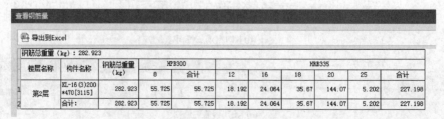

图 4-85　二层 KL16 钢筋工程量

(4) 二层 KL16 钢筋工程量计算式。

二层 KL16 钢筋工程量计算式如图 4-86 所示。

**图 4-86　二层 KL16 钢筋工程量计算式**

(5) 二层梁钢筋工程量汇总。

二层梁钢筋工程量以二层 KL1、KL16 为例计算，其余不再叙述。计算二层梁钢筋工程量汇总如图 4-87 所示。

| 汇总信息 | 汇总信息钢筋总重kg | 构件名称 | 构件数量 | HPB300 | HRB335 | HRB400 |
|---|---|---|---|---|---|---|
| 楼层名称：第2层（绘图输入） | | | | 406.144 | 1821.373 | 540.347 |
| 梁 | 1840.443 | KL-1 (1A)200*470[2811] | 1 | 37.779 | 109.248 | |
| | | KL-2 (1)200*400[4923] | 1 | 11.28 | 37.492 | |
| | | KL-3 (4)200*470[4726] | 1 | 54.141 | 129.108 | |
| | | KL-4 (2)200*400[5083] | 1 | 19.815 | 64.75 | |
| | | KL-5 (2)200*400[5204] | 1 | 14.57 | 47.72 | |
| | | KL-6 (1)200*470[5185] | 1 | 22.05 | 100.403 | |
| | | KL-7 (1A)200*470[3578] | 1 | 22.415 | 72.49 | |
| | | KL-8 (1A)200*470[3412] | 1 | 22.415 | 97.696 | |
| | | KL-9 (1)200*370[5080] | 1 | 5.798 | 15.512 | |
| | | KL-10 (1)200*700[4926] | 1 | 15.554 | 30.6 | |
| | | KL-11 (2)200*400[5141] | 1 | 10.81 | 27.282 | |
| | | KL-11 (2)200*400[5144] | 1 | 11.28 | 33.418 | |
| | | KL-12 (2)200*400[3082] | 1 | 13.902 | 47.572 | |
| | | KL-13 (2)200*400[4999] | 1 | 17.86 | 55.73 | |
| | | KL-14 (3)200*400[3415] | 1 | 29.61 | 83.414 | |
| | | KL-15 (2)200*970[5242] | 1 | 38.64 | 57.168 | |
| | | KL-16 (3)200*470[3115] | 1 | 55.725 | 227.198 | |
| | | 合计 | | 403.644 | 1236.799 | |

**图 4-87　二层梁钢筋工程量汇总**

**4. 二层梁定额工程量**

由上述图 4-82 所示，以二层 KL1、KL16 为例计算二层梁定额工程量，其余不再叙述。

(1) 二层 KL1 定额工程量。

二层 KL1 定额工程量如图 4-88 所示。

(2) 二层 KL1 定额工程量计算式。

二层 KL1 定额工程量计算式如图 4-89 所示。

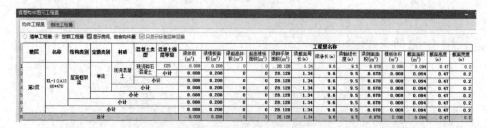

图 4-88　二层 KL1 定额工程量

图 4-89　二层 KL1 定额工程量计算式

(3)　二层 KL16 定额工程量。

二层 KL16 定额工程量如图 4-90 所示。

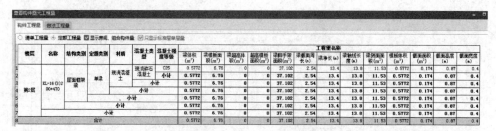

图 4-90　二层 KL16 定额工程量

(4)　二层 KL16 定额工程量计算式。

二层 KL16 定额工程量计算式如图 4-91 所示。

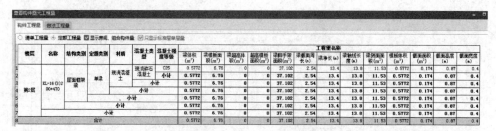

图 4-91　二层 KL16 定额工程量计算式

(5) 二层梁定额工程量汇总。

二层梁定额工程量以上述二层 KL1、KL16 为例计算，其余不再叙述。计算二层梁定额工程量汇总如图 4-92 所示。

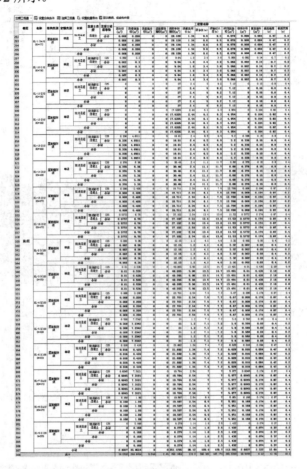

**图 4-92 二层梁定额工程量汇总**

## 4.3.3 板工程量

板是指主要用来承受垂直于板面的荷载，厚度远小于平面尺度的平面构件。板主要可分为有梁板和无梁板两种。

有梁板系指梁(包括主、次梁)与板构成一体的板，其工程量为梁和板的体积总和。无梁板系指不带梁直接用柱头支承的板，其体积为板和柱帽之和。

本工程采用有梁板，首层板如图 4-93 所示，二层板如图 4-94 所示。

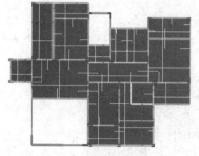

(a) 首层板平面图　　　　　　　　　　(b) 首层板三维图

图 4-93　首层板示意图

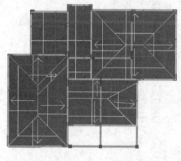
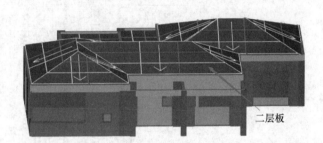

(a) 二层板平面图　　　　　　　　　　(b) 二层板三维图

图 4-94　二层板示意图

## 1. 首层板钢筋工程量

首层板内主要有受力筋(底筋、面筋)和负筋。以受力筋、支座负筋 Φ8@150 为例，其余不再叙述，如图 4-95 所示，计算钢筋工程量。

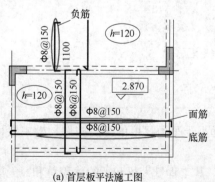
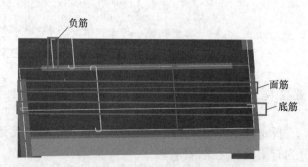

(a) 首层板平法施工图　　　　　　　　(b) 首层板三维图

图 4-95　首层板示意图

(1) 底筋 Φ8@150 钢筋工程量。

底筋 Φ8@150 钢筋工程量如图 4-96 所示。

查看钢筋量

导出到Excel

| 钢筋总重量（kg）：25.485 | | | | | |
|---|---|---|---|---|---|
| | 楼层名称 | 构件名称 | 钢筋总重量（kg） | HPB300 | |
| | | | | 8 | 合计 |
| 1 | 首层 | 底筋A8@150[2434] | 25.485 | 25.485 | 25.485 |
| 2 | | 合计: | 25.485 | 25.485 | 25.485 |

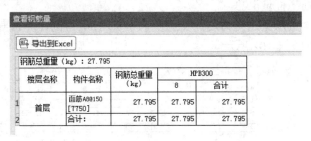

图 4-96　底筋 Φ8@150 钢筋工程量

(2) 底筋 Φ8@150 钢筋工程量计算式。

底筋 Φ8@150 钢筋工程量计算式如图 4-97 所示。

编辑钢筋

|< < > >| 插入 删除 缩尺配筋 钢筋信息 钢筋图库 其他 · 单构件钢筋总重(kg)：25.485

| | 筋号 | 直径(mm) | 级别 | 图号 | 图形 | 计算公式 | 公式描述 | 长度 | 根数 | 搭接 | 损耗(%) | 单重(kg) | 总重(kg) | 钢筋归类 | 搭接形式 | 钢筋类型 |
|---|---|---|---|---|---|---|---|---|---|---|---|---|---|---|---|---|
| 1 | 底筋 | 8 | Φ | 3 | 4200 | 4000+max(200/2,5*d)+max(200/2,5*d)+12.5*d | 净长+设定锚固+设定锚固+两倍弯钩 | 4300 | 15 | 0 | 0 | 1.699 | 25.485 | 直筋 | 绑扎 | 普通钢筋 |

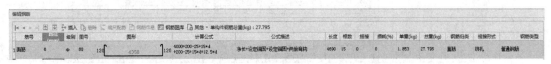

图 4-97　底筋 Φ8@150 钢筋工程量计算式

(3) 面筋 Φ8@150 钢筋工程量。

面筋 Φ8@150 钢筋工程量如图 4-98 所示。

查看钢筋量

导出到Excel

| 钢筋总重量（kg）：27.795 | | | | | |
|---|---|---|---|---|---|
| | 楼层名称 | 构件名称 | 钢筋总重量（kg） | HPB300 | |
| | | | | 8 | 合计 |
| 1 | 首层 | 面筋A8@150[7750] | 27.795 | 27.795 | 27.795 |
| 2 | | 合计: | 27.795 | 27.795 | 27.795 |

图 4-98　面筋 Φ8@150 钢筋工程量

(4) 面筋 Φ8@150 钢筋工程量计算式。

面筋 Φ8@150 钢筋工程量计算式如图 4-99 所示。

编辑钢筋

|< < > >| 插入 删除 缩尺配筋 钢筋信息 钢筋图库 其他 · 单构件钢筋总重(kg)：27.795

| | 筋号 | 直径(mm) | 级别 | 图号 | 图形 | 计算公式 | 公式描述 | 长度 | 根数 | 搭接 | 损耗(%) | 单重(kg) | 总重(kg) | 钢筋归类 | 搭接形式 | 钢筋类型 |
|---|---|---|---|---|---|---|---|---|---|---|---|---|---|---|---|---|
| 1 | 面筋 | 8 | Φ | 80 | 120 4350 120 | 4000+200-25+15*d+200-25+15*d+12.5*d | 净长+设定锚固+设定锚固+两倍弯钩 | 4690 | 15 | 0 | 0 | 1.853 | 27.795 | 直筋 | 绑扎 | 普通钢筋 |

图 4-99　面筋 Φ8@150 钢筋工程量计算式

(5) 负筋 Φ8@150 钢筋工程量。

负筋 Φ8@150 钢筋工程量如图 4-100 所示。

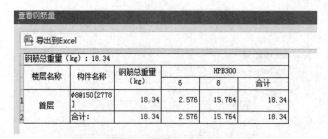

**图 4-100　负筋 Φ8@150 钢筋工程量**

(6) 负筋 Φ8@150 钢筋工程量计算式。

负筋 Φ8@150 钢筋工程量计算式如图 4-101 所示。

| 筋号 | 直径(mm) | 级别 | 图号 | 图形 | 计算公式 | 公式描述 | 长度 | 根数 | 搭接 | 损耗(%) | 单重(kg) | 总重(kg) | 钢筋归类 | 搭接形式 | 钢筋类型 |
|---|---|---|---|---|---|---|---|---|---|---|---|---|---|---|---|
| 板负筋.1 | 6 | Φ | T2 | 80  1175  120 | 1000*200-25+15*d+80+6.25*d | 右净长+设定弯图+弯折+弯钩 | 1425 | 26 | 0 | 0 | 0.563 | 15.764 | 直筋 | 绑扎 | 普通钢筋 |
| 2分布筋 | 6 | Φ | | 2800 | 2800+150+150 | 净长+搭接+搭接 | 2900 | 4 | 0 | 0 | 0.644 | 2.576 | 直筋 | 绑扎 | 普通钢筋 |

**图 4-101　负筋 Φ8@150 钢筋工程量计算式**

(7) 首层板钢筋工程量汇总。

首层板钢筋工程量以上述受力筋、支座负筋 Φ8@150 为例计算，其余不再叙述。首层板钢筋工程量汇总如图 4-102 所示。

| 汇总信息 | 汇总信息钢筋总重kg | 构件名称 | 构件数量 | HPB300 | HRB335 | HRB400 |
|---|---|---|---|---|---|---|
| 楼层名称：首层（绘图输入） | | | | 3214.66 | 3596.35 | 197.305 |
| 板负筋 | 441.77 | B10@150 | 1 | 3.128 | 14.661 | |
| | | B10@150 (1) | 1 | 4.513 | 34.944 | |
| | | B8@180 | 1 | 10.981 | 50.745 | |
| | | B8@180 (1) | 1 | 11.358 | 67.161 | |
| | | B10@200 | 1 | 16.047 | 149.516 | |
| | | A8@150 | 1 | 18.34 | | |
| | | B10@125 | 1 | 6.504 | 53.872 | |
| | | 合计 | | 70.871 | 370.899 | |
| 板受力筋 | 1565.261 | 板厚120[2383] | 1 | 73.449 | | |
| | | 板厚120[2382] | 1 | 164.678 | | |
| | | 板厚120[2410] | 1 | 110.79 | | |
| | | 板厚100[2415] | 1 | 94.624 | | |
| | | 板厚150[2413] | 1 | 287.405 | | |
| | | 板厚120[2365] | 1 | 66.605 | | |
| | | 板厚100[2635] | 1 | 54.498 | | |
| | | 板厚100[2444] | 1 | 109.747 | | |
| | | 板厚120[2380] | 1 | 151.807 | | |
| | | 板厚100[2416] | 1 | 47.375 | | |
| | | 板厚120[2411] | 1 | 144.236 | | |
| | | 板厚100[2421] | 1 | 67.837 | | |
| | | 板厚100[2419] | 1 | 54.666 | | |
| | | 板厚100[2441] | 1 | 45.396 | | |
| | | 板厚120[2417] | 1 | 92.13 | | |
| | | 合计 | | 1565.261 | | |

**图 4-102　首层板钢筋工程量汇总**

## 2. 首层板定额工程量

以首层板厚 120mm 为例计算定额工程量，其余不再叙述，如图 4-103 所示。

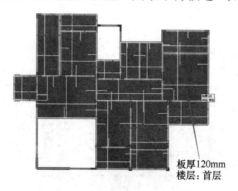

板厚120mm
楼层：首层

图 4-103　首层板厚 120mm 示意图

(1) 首层板定额工程量。

首层板定额工程量如图 4-104 所示。

| 楼层 | 名称 | 类别 | 材质 | 混凝土类型 | 混凝土强度等级 | 现浇板面积(m²) | 现浇板体积(m³) | 现浇板底面模板面积(m²) | 现浇板侧面模板面积(m²) | 现浇板数量(块) | 投影面积(m²) | 休息平台贴墙面积(m²) | 现浇板超高体积(m³) | 超高模板面积(m²) | 超高侧面模板面积(m²) | 模板体积(m³) | 板厚(m) | 阳台板投影面积(m²) | 楼梯平台板投影面积(m²) | 飘窗板投影面积(m³) |
|---|---|---|---|---|---|---|---|---|---|---|---|---|---|---|---|---|---|---|---|---|
| 首层 | 板厚120 | 有梁板 | | 现浇碎石混凝土 | C25 | 21.57 | 3.5595 | 32.217 | 2.328 | 1 | 21.39 | 0 | 0 | 0 | 0 | 3.5595 | 0.12 | 0 | 0 | 0 |
| | | | | | 小计 | 21.57 | 3.5595 | 32.217 | 2.328 | 1 | 21.39 | 0 | 0 | 0 | 0 | 3.5595 | 0.12 | 0 | 0 | 0 |
| | | | | 小计 | | 21.57 | 3.5595 | 32.217 | 2.328 | 1 | 21.39 | 0 | 0 | 0 | 0 | 3.5595 | 0.12 | 0 | 0 | 0 |
| | | 小计 | | | | 21.57 | 3.5595 | 32.217 | 2.328 | 1 | 21.39 | 0 | 0 | 0 | 0 | 3.5595 | 0.12 | 0 | 0 | 0 |
| | 合计 | | | | | 21.57 | 3.5595 | 32.217 | 2.328 | 1 | 21.39 | 0 | 0 | 0 | 0 | 3.5595 | 0.12 | 0 | 0 | 0 |

图 4-104　首层板定额工程量

(2) 首层板定额工程量计算式。

首层板定额工程量计算式如图 4-105 所示。

查看工程量计算式

工程量类别　　　　　　　　　构件名称　　板厚120
○ 清单工程量　● 定额工程量　　工程量名称　[全部]

计算机算量

现浇板面积=(4.9<长度>*4.8<宽度>)-0.215<扣柱>-1.735<扣梁>=21.57m2
现浇板体积=((4.9<长度>*4.8<宽度>)*0.12<厚度>)-0.0258<扣柱>+0.7629<扣梁>=3.5595m3
现浇板底面模板面积=(4.9<长度>*4.8<宽度>)+8.697<扣梁>=32.217m2
现浇板侧面模板面积=((4.9<长度>+4.8<宽度>)*2*0.12<厚度>)=2.328m2
现浇板数量=1块
模板体积=3.5595m3
板厚=0.12m
投影面积=(4.9<长度>*4.8<宽度>)-1.7<投影面积扣墙面积>-0.43<投影面积扣梁面积>=21.39m2

图 4-105　首层板定额工程量计算式

(3) 首层板定额工程量汇总。

首层板定额工程量以上述首层板厚 120mm 为例计算，其余不再叙述。首层板定额工程量汇总如图 4-106 所示。

| 楼层 | 名称 | 类别 | 材质 | 混凝土类型 | 混凝土强度等级 | 现浇板面积(m²) | 现浇板侧体积(m³) | 现浇板侧面模板面积(m²) | 现浇板底面模板面积(m²) | 现浇板数量(块) | 投影面积(m²) | 现浇板超高体积(m³) | 超高模板面积(m²) | 超高侧面模板面积(m²) | 模板体积(m³) | 板厚(m) |
|---|---|---|---|---|---|---|---|---|---|---|---|---|---|---|---|---|
| | | | | 现浇砼混凝土 | C25 | 87.4054 | 15.9974 | 152.4641 | 14.4108 | 9 | 85.3404 | 0 | 0 | 0 | 15.9974 | 1.08 |
| | | | | | 小计 | 87.4054 | 15.9974 | 152.4641 | 14.4108 | 9 | 85.3404 | 0 | 0 | 0 | 15.9974 | 1.08 |
| | 板厚100 | 有梁板 | - | | 小计 | 87.4054 | 15.9974 | 152.4641 | 14.4108 | 9 | 85.3404 | 0 | 0 | 0 | 15.9974 | 1.08 |
| | | | | | 小计 | 87.4054 | 15.9974 | 152.4641 | 14.4108 | 9 | 85.3404 | 0 | 0 | 0 | 15.9974 | 1.08 |
| | | | | 现浇砼混凝土 | C25 | 81.7176 | 13.44 | 124.614 | 11.9161 | 7 | 79.7026 | 0 | 0 | 0 | 13.44 | 0.84 |
| 首层 | | | | | 小计 | 81.7176 | 13.44 | 124.614 | 11.9161 | 7 | 79.7026 | 0 | 0 | 0 | 13.44 | 0.84 |
| | 板厚120 | 有梁板 | - | | 小计 | 81.7176 | 13.44 | 124.614 | 11.9161 | 7 | 79.7026 | 0 | 0 | 0 | 13.44 | 0.84 |
| | | | | | 小计 | 81.7176 | 13.44 | 124.614 | 11.9161 | 7 | 79.7026 | 0 | 0 | 0 | 13.44 | 0.84 |
| | | | | 现浇砼混凝土 | C25 | 20.3687 | 3.3153 | 31.0208 | 2.532 | 1 | 19.1487 | 0 | 0 | 0 | 3.3153 | 0.12 |
| | | | | | 小计 | 20.3687 | 3.3153 | 31.0208 | 2.532 | 1 | 19.1487 | 0 | 0 | 0 | 3.3153 | 0.12 |
| | 板厚150 | 有梁板 | - | | 小计 | 20.3687 | 3.3153 | 31.0208 | 2.532 | 1 | 19.1487 | 0 | 0 | 0 | 3.3153 | 0.12 |
| | | | | | 小计 | 20.3687 | 3.3153 | 31.0208 | 2.532 | 1 | 19.1487 | 0 | 0 | 0 | 3.3153 | 0.12 |
| | | | | 小计 | | 189.4917 | 32.7527 | 308.0989 | 28.8589 | 17 | 184.1917 | 0 | 0 | 0 | 32.7527 | 2.04 |

图 4-106　首层板定额工程量汇总

3. 二层板钢筋工程量

二层板也是屋面板，屋面有坡屋面和平屋面两种，坡屋面配筋双层双向 $\Phi12@150$；平屋面配筋双层双向 $\Phi10@150$。坡屋面板配筋如图 4-107 所示，平屋面板配筋如图 4-108 所示。

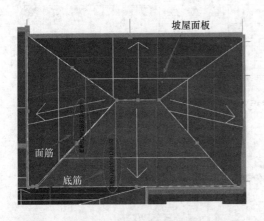

图 4-107　坡屋面板配筋图

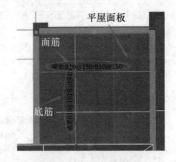

图 4-108　平屋面板配筋图

(1) 坡屋面板底筋 $\Phi12@150$ 钢筋工程量。

坡屋面板底筋 $\Phi12@150$ 钢筋工程量如图 4-109 所示。

(2) 坡屋面板底筋 $\Phi12@150$ 钢筋工程量计算式。

坡屋面板底筋 $\Phi12@150$ 钢筋工程量计算式如图 4-110 所示。

查看钢筋量

导出到Excel

| 钢筋总重量（kg）：136.742 | | | | | | |
|---|---|---|---|---|---|---|
| | 楼层名称 | 构件名称 | 钢筋总重量（kg） | HRB335 | |
| | | | | 12 | 合计 |
| 1 | 第2层 | 底筋B12@150 [7927] | 136.742 | 136.742 | 136.742 |
| 2 | | 合计： | 136.742 | 136.742 | 136.742 |

图 4-109　坡屋面板底筋 ⌽12@150 钢筋工程量

图 4-110　坡屋面板底筋 ⌽12@150 钢筋工程量计算式

(3)　坡屋面板面筋 ⌽12@150 钢筋工程量。

坡屋面板面筋 ⌽12@150 钢筋工程量如图 4-111 所示。

查看钢筋量

导出到Excel

| 钢筋总重量（kg）：144.274 | | | | | | |
|---|---|---|---|---|---|---|
| | 楼层名称 | 构件名称 | 钢筋总重量（kg） | HRB335 | |
| | | | | 12 | 合计 |
| 1 | 第2层 | 面筋 B12@150 [7928] | 144.274 | 144.274 | 144.274 |
| 2 | | 合计： | 144.274 | 144.274 | 144.274 |

图 4-111　坡屋面板面筋 ⌽12@150 钢筋工程量

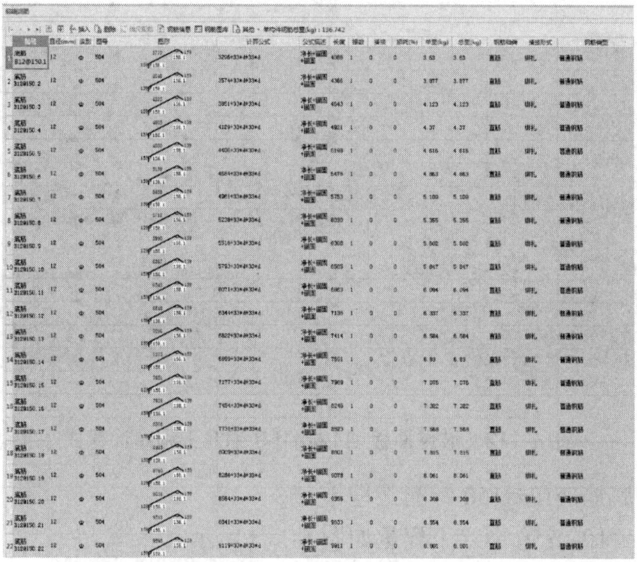

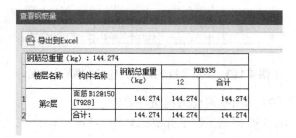

(4) 坡屋面板 ⏀12@150 钢筋工程量计算式。

坡屋面板 ⏀12@150 钢筋工程量计算式如图 4-112 所示。

图 4-112　坡屋面板 ⏀12@150 钢筋工程量计算式

(5) 平屋面板底筋 ⏀10@150 钢筋工程量。

平屋面板底筋 ⏀10@150 钢筋工程量如图 4-113 所示。

| 查看钢筋量 | | | | |
| --- | --- | --- | --- | --- |
| ⊞ 导出到Excel | | | | |
| 钢筋总重量（kg）：69.412 | | | | |
| 楼层名称 | 构件名称 | 钢筋总重量（kg） | HRB335 | |
| | | | 10 | 合计 |
| 1 第2层 | 底筋 B10@150 [7809] | 69.412 | 69.412 | 69.412 |
| 2 | 合计： | 69.412 | 69.412 | 69.412 |

图 4-113　平屋面板底筋 ⏀10@150 钢筋工程量

(6) 平屋面板底筋 ⏀10@150 钢筋工程量计算式。

平屋面板底筋 ⏀10@150 钢筋工程量计算式如图 4-114 所示。

(7) 平屋面板面筋 ⏀10@150 钢筋工程量。

平屋面板面筋 ⏀10@150 钢筋工程量如图 4-115 所示。

编辑钢筋

|< < > >| 插入 删除 缩尺配筋 钢筋信息 钢筋图库 其他 · 单构件钢筋总重(kg)：69.412

| | 筋号 | 直径(mm) | 级别 | 图号 | 图形 | 计算公式 | 公式描述 | 长度 | 根数 | 搭接 | 损耗(%) | 单重(kg) | 总重(kg) | 钢筋归类 | 搭接形式 | 钢筋类型 |
|---|---|---|---|---|---|---|---|---|---|---|---|---|---|---|---|---|
| 1 | 底筋 B10@150.1 | 10 | Φ | 1 | 4500 | 4300+max(200/2,5*d)+max(200/2,5*d) | 净长+设定锚固+设定锚固 | 4500 | 24 | 0 | 0 | 2.777 | 66.648 | 直筋 | 绑扎 | 普通钢筋 |
| 2 | 底筋 B10@150.2 | 10 | Φ | 1 | 4480 | 4400+max(200/2,5*d)-20 | 净长+设定锚固 | 4480 | 1 | 0 | 0 | 2.764 | 2.764 | 直筋 | 绑扎 | 普通钢筋 |

图 4-114　平屋面板底筋 Φ10@150 钢筋工程量计算式

查看钢筋量

导出到Excel

钢筋总重量（kg）：78.379

| | 楼层名称 | 构件名称 | 钢筋总重量（kg） | HRB335 | |
|---|---|---|---|---|---|
| | | | | 10 | 合计 |
| 1 | 第2层 | 面筋B10@150[7810] | 78.379 | 78.379 | 78.379 |
| 2 | | 合计: | 78.379 | 78.379 | 78.379 |

图 4-115　平屋面板面筋 Φ10@150 钢筋工程量

(8)　平屋面板面筋 Φ10@150 钢筋工程量计算式。

平屋面板面筋 Φ10@150 钢筋工程量计算式如图 4-116 所示。

编辑钢筋

|< < > >| 插入 删除 缩尺配筋 钢筋信息 钢筋图库 其他 · 单构件钢筋总重(kg)：78.379

| | 筋号 | 直径(mm) | 级别 | 图号 | 图形 | 计算公式 | 公式描述 | 长度 | 根数 | 搭接 | 损耗(%) | 单重(kg) | 总重(kg) | 钢筋归类 | 搭接形式 | 钢筋类型 |
|---|---|---|---|---|---|---|---|---|---|---|---|---|---|---|---|---|
| 1 | 面筋 B10@150.1 | 10 | Φ | 18 | 150 730 | 225+33*d+200-25+15*d | 净长+钢筋锚入支座长… | 880 | 1 | 0 | 0 | 0.543 | 0.543 | 直筋 | 绑扎 | 普通钢筋 |
| 2 | 面筋 B10@150.2 | 10 | Φ | 64 | 150 4050 150 | 3700+200-25+15*d+200-25+15*d | 净长+设定锚固+设定锚固 | 4350 | 29 | 0 | 0 | 2.684 | 77.836 | 直筋 | 绑扎 | 普通钢筋 |

图 4-116　平屋面板面筋 Φ10@150 钢筋工程量计算式

(9)　二层板钢筋工程量汇总。

二层板钢筋工程量以上述坡屋面配筋双层双向 Φ12@150，平屋面配筋双层双向 Φ10@150 为例计算，其余不再叙述。二层板钢筋工程量汇总如图 4-117 所示。

| 汇总信息 | 汇总信息钢筋总重kg | 构件名称 | 构件数量 | HPB300 | HRB335 | HRB400 |
|---|---|---|---|---|---|---|
| 楼层名称：第2层（绘图输入） | | | | 1203.665 | 7387.486 | 244.744 |
| 板受力筋 | 5120.301 | 板厚130[6971] | 1 | | 372.414 | |
| | | 板厚130[6970] | 1 | | 606.302 | |
| | | 板厚130[6972] | 1 | | 372.651 | |
| | | 板厚120[6980] | 1 | | 206.433 | |
| | | 板厚120[6979] | 1 | | 351.658 | |
| | | 板厚120[6981] | 1 | | 440.843 | |
| | | B-h130[6665] | 1 | | 456.77 | |
| | | B-h130[6657] | 1 | | 283.731 | |
| | | B-h130[6655] | 1 | | 283.731 | |
| | | B-h130[6667] | 1 | | 98.834 | |
| | | B-h130[7905] | 1 | | 470.59 | |
| | | B-h130[6658] | 1 | | 554.675 | |
| | | 板厚120[5411] | 1 | | 294.217 | |
| | | 板厚120[5412] | 1 | | 234.108 | |
| | | 板厚120[5415] | 1 | | 93.344 | |
| | | 合计 | | | 5120.301 | |

图 4-117　二层板钢筋工程量汇总

### 4. 二层板定额工程量

以二层板厚 120mm 为例计算定额工程量，如图 4-118 所示，其余不再叙述。

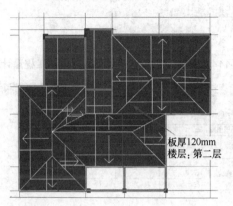

板厚120mm
楼层：第二层

**图 4-118　二层板厚 120mm 示意图**

(1)　二层板厚 120mm 定额工程量。

二层板厚 120mm 定额工程量如图 4-119 所示。

**图 4-119　二层板厚 120mm 定额工程量**

(2)　二层板厚 120mm 定额工程量计算式。

二层板厚 120mm 定额工程量计算式如图 4-120 所示。

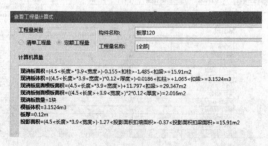

**图 4-120　二层板厚 120mm 定额工程量计算式**

（3）二层板定额工程量汇总。

二层板定额工程量以二层板厚 120mm 为例计算，其余不再叙述。二层板定额工程量汇总如图 4-121 所示。

| 楼层 | 名称 | 类别 | 材质 | 混凝土类型 | 混凝土强度等级 | 现浇板面积(m²) | 现浇板体积(m³) | 现浇板底模板面积(m²) | 现浇板侧面模板面积(m²) | 现浇板数量(块) | 投影面积(m²) | 现浇板超高体积(m³) | 超高模板面积(m²) | 超高侧面模板面积(m²) | 模板体积(m³) | 板厚(m) |
|---|---|---|---|---|---|---|---|---|---|---|---|---|---|---|---|---|
| 第2层 | B-h130 | 有梁板 | - | 现浇碎石混凝土 | C25 | 83.0769 | 13.5978 | 115.9782 | 13.7389 | 6 | 72.95 | 8.390 | 58.1861 | 0.16 | 13.5978 | 0.78 |
| | | | | | 小计 | 83.0769 | 13.5978 | 115.9782 | 13.7389 | 6 | 72.95 | 8.390 | 58.1861 | 0.266 | 13.5978 | 0.78 |
| | | | | 小计 | | 83.0769 | 13.5978 | 115.9782 | 13.7389 | 6 | 72.95 | 8.390 | 58.1861 | 0.266 | 13.5978 | 0.78 |
| | | | 小计 | | | 83.0769 | 13.5978 | 115.9782 | 13.7389 | 6 | 72.95 | 8.390 | 58.1861 | 0.266 | 13.5978 | 0.78 |
| | | 小计 | | | | 83.0769 | 13.5978 | 115.9782 | 13.7389 | 6 | 72.95 | 8.390 | 58.1861 | 0.266 | 13.5978 | 0.78 |
| | 板厚120 | 有梁板 | - | 现浇碎石混凝土 | C25 | 71.4054 | 12.7072 | 118.2775 | 10.2721 | 6 | 67.9039 | 3.433 | 26.5002 | 0.969 | 12.7072 | 0.72 |
| | | | | | 小计 | 71.4054 | 12.7072 | 118.2775 | 10.2721 | 6 | 67.9039 | 3.433 | 26.5002 | 0.969 | 12.7072 | 0.72 |
| | | | | 小计 | | 71.4054 | 12.7072 | 118.2775 | 10.2721 | 6 | 67.9039 | 3.433 | 26.5002 | 0.969 | 12.7072 | 0.72 |
| | | | 小计 | | | 71.4054 | 12.7072 | 118.2775 | 10.2721 | 6 | 67.9039 | 3.433 | 26.5002 | 0.969 | 12.7072 | 0.72 |
| | 板厚130 | 有梁板 | - | 现浇碎石混凝土 | C25 | 52.3059 | 8.4539 | 70.638 | 6.333 | | 47.0769 | 4.934 | 35.66 | 0.869 | 8.4539 | 0.39 |
| | | | | | 小计 | 52.3059 | 8.4539 | 70.638 | 6.333 | | 47.0769 | 4.934 | 35.66 | 0.869 | 8.4539 | 0.39 |
| | | | | 小计 | | 52.3059 | 8.4539 | 70.638 | 6.333 | | 47.0769 | 4.934 | 35.66 | 0.869 | 8.4539 | 0.39 |
| | | | 小计 | | | 52.3059 | 8.4539 | 70.638 | 6.333 | 1 | 47.0769 | 4.934 | 35.66 | 0.869 | 8.4539 | 0.39 |
| | | 小计 | | | | 206.7882 | 34.7589 | 304.8937 | 30.344 | 15 | 187.9368 | 16.75 | 120.3533 | 2.106 | 34.7589 | 1.89 |
| 合计 | | | | | | 396.2186 | 67.6683 | 614.8394 | 59.3289 | 32 | 372.1454 | 16.75 | 120.3533 | 2.106 | 67.6683 | 3.93 |

图 4-121　二层板定额工程量汇总

## 4.3.4 楼梯工程量

音频 2：楼梯分类.mp3

楼梯是指供房屋各层间上下步行的交通通道。布置楼梯的房间称为楼梯间。楼梯一般由梯段、平台、栏杆扶手三部分组成。

梯段又称"梯跑"，是联系两个不同标高平台的倾斜构件，它由若干个踏步组成。为了减轻人们上下楼梯时的疲劳，梯段的踏步数一般最多不超过 18 级，但也不宜少于 3 级，以免步数太少时不被人们察觉而摔倒。

楼梯平台是指连接两梯段之间的水平部分。按平台所处的位置与标高，与楼层标高相一致的平台称为楼层平台，介于两个楼层之间的平台，称为中间平台。平台的主要作用在于缓解疲劳，让人们在连续上楼时可在平台上稍加休息，故又称为休息平台。同时，平台还是梯段之间转换方向的连接处。楼层平台还用来分配从楼梯到达各楼层的人流。

栏杆扶手是布置在楼梯梯段和平台边缘处的安全围护构件，要求坚固可靠，并保证有足够的安全高度。楼梯如图 4-122 所示。

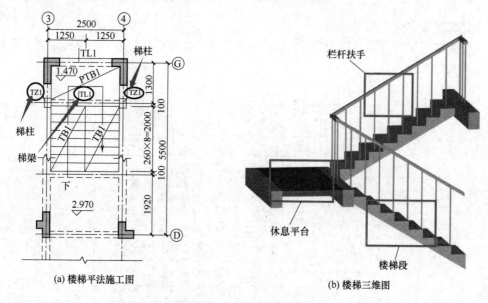

<table>
<tr><td>(a) 楼梯平法施工图</td><td>(b) 楼梯三维图</td></tr>
</table>

图 4-122　楼梯示意图

(1) 楼梯定额工程量。

楼梯定额工程量如图 4-123 所示。

| 楼层 | 名称 | 混凝土强度等级 | 楼梯水平投影面积(m²) | 砼体积(m³) | 模板面积(m²) | 底部抹灰面积(m²) | 梯段侧面积(m²) | 踏步立面面积(m²) | 踏步平面面积(m²) | 踢脚线面积(直)(m) | 靠墙扶手长度(m) | 栏杆扶手长度(m) | 防滑条长度(m) | 踢脚线面积(斜)(m²) | 踢脚线长度(斜)(m) |
|---|---|---|---|---|---|---|---|---|---|---|---|---|---|---|---|
| 1 | LT-1 | C25 | 8.784 | 1.5982 | 18.636 | 10.4167 | 0.8282 | 2.835 | 4.368 | 14.46 | 9.9027 | 6.603 | 20.7 | 2.2339 | 9.9027 |
| 2 | 首层 | | 小计 | 8.784 | 1.5982 | 18.636 | 10.4167 | 0.8282 | 2.835 | 4.368 | 14.46 | 9.9027 | 6.603 | 20.7 | 2.2339 | 9.9027 |
| 3 | | 小计 | | 8.784 | 1.5982 | 18.636 | 10.4167 | 0.8282 | 2.835 | 4.368 | 14.46 | 9.9027 | 6.603 | 20.7 | 2.2339 | 9.9027 |
| 4 | 合计 | | | 8.784 | 1.5982 | 18.636 | 10.4167 | 0.8282 | 2.835 | 4.368 | 14.46 | 9.9027 | 6.603 | 20.7 | 2.2339 | 9.9027 |

图 4-123　楼梯定额工程量

(2) 楼梯定额工程量计算式。

楼梯定额工程量计算式如图 4-124 所示。

(3) 楼梯定额工程量汇总。

楼梯定额工程量以上述图 4-123 为例计算,其余不再叙述。楼梯定额工程量汇总如图 4-125 所示。

图 4-124 楼梯定额工程量计算式

图 4-125 楼梯定额工程量汇总

# 4.4 工程量计算方法与方式汇总

## 4.4.1 工程量计算方法

本工程运用 GTJ2018 软件进行计算,计算方法采用房屋建筑与装饰工程计量规范计算规则(2013-河南)、河南省房屋建筑与装饰工程预算定额计算规则(2016)、16 系平法计算规则进行计算。工程量计算方法如图 4-126 所示。

扩展资源 3:工程量计算方法.docx

图 4-126 工程量计算方法

## 4.4.2 计算方式及结果汇总

某县城郊区别墅现浇混凝土框架结构多层住宅完成后需要进行汇总计算，本工程全部楼层显示如图 4-127 所示。

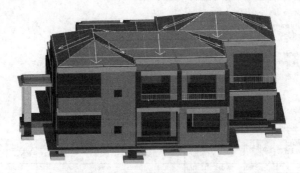

**图 4-127 全部楼层示意图**

### 1. 钢筋报表汇总

（1）工程技术经济指标。

工程技术经济指标如图 4-128 所示。

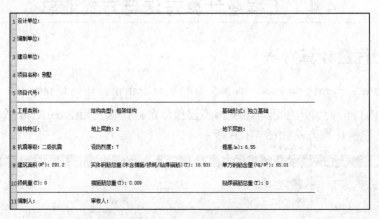

| 1 | 设计单位： | | |
| 2 | 编制单位： | | |
| 3 | 建设单位： | | |
| 4 | 项目名称：别墅 | | |
| 5 | 项目代号： | | |
| 6 | 工程类别： | 结构类型：框架结构 | 基础形式：独立基础 |
| 7 | 结构特征： | 地上层数：2 | 地下层数： |
| 8 | 抗震等级：二级抗震 | 设防烈度：7 | 檐高(m)：6.55 |
| 9 | 建筑面积(㎡)：291.2 | 实体钢筋总重(未含措施/损耗/贴焊锚筋)(T)：18.931 | 单方砼筋含量(kg/㎡)：65.01 |
| 10 | 损耗重(T)：0 | 措施筋总重(T)：0.009 | 贴焊锚筋总重(T)：0 |
| 11 | 编制人： | 审核人： | |

**图 4-128 工程技术经济指标**

（2）钢筋统计汇总表。

钢筋统计汇总表如图 4-129 所示。

（3）钢筋接头汇总表。

钢筋接头汇总表如图 4-130 所示。

| | 构件类型 | 合计(t) | 级别 | 6 | 8 | 10 | 12 | 14 | 16 | 18 | 20 | 25 |
|---|---|---|---|---|---|---|---|---|---|---|---|---|
| 1 | 柱 | 2.012 | Φ | 0.383 | 1.629 | | | | | | | |
| 2 | 柱 | 3.853 | Φ | | | | 0.134 | 1.849 | 0.886 | 0.565 | 0.419 | |
| 3 | 柱 | 0.067 | Φ | | | | | | 0.067 | | | |
| 4 | 构造柱 | 0.074 | Φ | | 0.031 | | 0.043 | | | | | |
| 5 | 暗梁 | 0.017 | Φ | | 0.017 | | | | | | | |
| 6 | 暗梁 | 0.073 | Φ | | | | | 0.022 | | | 0.051 | |
| 7 | 梁 | 1.474 | Φ | 0.084 | 1.231 | 0.159 | | | | | | |
| 8 | 梁 | 3.393 | Φ | | | 0.041 | 0.435 | 0.225 | 1.451 | 0.419 | 0.592 | 0.23 |
| 9 | 梁 | 0.148 | Φ | | 0.02 | | | | | | | 0.128 |
| 10 | 现浇板 | 0.071 | Φ | | 0.055 | 0.016 | | | | | | |
| 11 | 现浇板 | 7.059 | Φ | | 0.904 | 1.656 | 4.499 | | | | | |
| 12 | 独立基础 | 0.401 | Φ | | | | 0.401 | | | | | |
| 13 | 独立基础 | 0.022 | Φ | | | | 0.022 | | | | | |
| 14 | 栏板 | 0.003 | Φ | 0.003 | | | | | | | | |
| 15 | 栏板 | 0.17 | Φ | | 0.17 | | | | | | | |
| 16 | 其他 | 0.015 | Φ | 0.015 | | | | | | | | |
| 17 | 其他 | 0.087 | Φ | | | 0.03 | 0.057 | | | | | |
| 18 | 合计(t) | 3.591 | Φ | 0.539 | 2.893 | 0.159 | | | | | | |
| 19 | 合计(t) | 14.867 | Φ | | 0.904 | 1.727 | 5.525 | 2.097 | 2.337 | 0.985 | 1.062 | 0.23 |
| 20 | | 0.481 | Φ | | 0.221 | | 0.065 | | 0.067 | | | 0.128 |

图 4-129　钢筋统计汇总表

| | 搭接形式 | 楼层名称 | 构件类型 | 16 | 18 | 20 |
|---|---|---|---|---|---|---|
| 1 | 电渣压力焊 | 首层 | 柱 | 74 | 36 | 20 |
| 2 | | | 合计 | 74 | 36 | 20 |
| 3 | | 第2层 | 柱 | 62 | 32 | 20 |
| 4 | | | 合计 | 62 | 32 | 20 |
| 5 | | 整楼 | -- | 136 | 68 | 40 |
| 6 | 直螺纹连接 | 基础层 | 梁 | 2 | | |
| 7 | | | 合计 | 2 | | |
| 8 | | 首层 | 梁 | 2 | | |
| 9 | | | 合计 | 2 | | |
| 10 | | 整楼 | -- | 4 | | |

图 4-130　钢筋接头汇总表

(4) 楼层构件类型级别直径计算结果汇总表。

楼层构件类型级别直径计算结果汇总表如图 4-131 所示。

| 楼层名称 | 构件类型 | 钢筋总重 kg | HPB300 6 | HPB300 8 | HPB300 10 | HRB335 8 | HRB335 10 | HRB335 12 | HRB335 14 | HRB335 16 | HRB335 18 | HRB335 20 | HRB335 25 | HRB400 8 | HRB400 12 | HRB400 16 | HRB400 25 |
|---|---|---|---|---|---|---|---|---|---|---|---|---|---|---|---|---|---|
| 基础层 | 柱 | 1520.353 | 44.546 | 223.925 | | | | 37.44 | 662.668 | 281.767 | 197.032 | 140.19 | | | | 32.764 | |
| | 梁 | 975.446 | 72.592 | 381.844 | | | | 111.466 | 46.464 | 363.06 | | | | | 21.907 | | |
| | 独立基础 | 422.758 | | | | | | 400.851 | | | | | | | | | |
| | 合计 | 3018.957 | 117.139 | 605.77 | | | | 549.757 | 709.172 | 644.827 | 197.032 | 140.19 | | | 21.907 | 32.764 | |
| 首层 | 柱 | 2483.171 | 182.613 | 762.896 | | | | 61.184 | 785.196 | 281.932 | 222.236 | 152.5 | | | | 34.614 | |
| | 暗梁 | 90.632 | | 17.4 | | | | | 22.348 | | 50.884 | | | | | | |
| | 梁 | 2400.261 | 10.448 | 445.868 | 159.303 | | 39.31 | 192.348 | 129.924 | 550.887 | 239.45 | 264.299 | 221.76 | 19.809 | | | 127.866 |
| | 现浇板 | 2009.448 | | 55.107 | 15.764 | 904.385 | 1034.192 | | | | | | | | | | |
| | 其他 | 101.898 | 15.33 | | | | 29.64 | 56.928 | | | | | | | | | |
| | 合计 | 7085.41 | 253.498 | 1241.928 | 159.303 | 904.385 | 1103.142 | 310.46 | 936.468 | 632.806 | 461.686 | 467.683 | 221.76 | 19.809 | | 34.614 | 127.866 |
| 第2层 | 柱 | 1827.907 | 155.431 | 642.09 | | | | 34.69 | 400.966 | 322.208 | 145.94 | 126.392 | | | | | |
| | 构造柱 | 74.62 | | | | | | | | | | | | 31.36 | 43.26 | | |
| | 梁 | 1640.443 | 0.504 | 403.14 | | | 1.912 | 131.292 | 50.048 | 537.111 | 179.86 | 327.906 | 8.67 | | | | |
| | 现浇板 | 5120.301 | | | | | 621.669 | 4498.632 | | | | | | | | | |
| | 栏板 | 172.624 | 2.5 | | | | | | | | | | | 170.124 | | | |
| | 合计 | 8835.895 | 158.435 | 1045.23 | | | 523.581 | 4664.804 | 451.014 | 859.319 | 325.8 | 454.238 | 8.67 | 201.484 | 43.26 | 170.124 | |
| 全部层汇总 | 柱 | 5931.431 | 382.59 | 1628.912 | | | | 133.504 | 1848.65 | 885.907 | 565.208 | 419.082 | | | | 67.378 | |
| | 构造柱 | 74.62 | | | | | | | | | | | | 31.36 | 43.26 | | |
| | 暗梁 | 90.632 | | 17.4 | | | | | 22.348 | | 50.884 | | | | | | |
| | 梁 | 5016.15 | 83.544 | 1230.852 | 159.303 | | 41.222 | 435.106 | 225.458 | 1451.045 | 419.31 | 592.205 | 230.43 | 19.809 | | | 127.866 |
| | 现浇板 | 7129.749 | | 55.107 | 15.764 | 904.385 | 1655.861 | 4498.632 | | | | | | | | | |
| | 独立基础 | 422.758 | | | | | | 400.851 | | | | | | | | | |
| | 栏板 | 172.624 | 2.5 | | | | | | | | | | | 170.124 | | | |
| | 其他 | 101.898 | 15.33 | | | | 29.64 | 56.928 | | | | | | | | | |
| | 合计 | 10939.882 | 539.071 | 2692.928 | 159.303 | 904.385 | 1726.723 | 5525.021 | 2096.654 | 2336.952 | 984.518 | 1062.171 | 230.43 | 221.293 | 65.167 | 67.378 | 127.868 |

图 4-131　楼层构件类型级别直径计算结果汇总表

2. 土建报表汇总

清单定额计算方式及结果汇总表，如图 4-132 所示。

| 序号 | 编码 | 项目名称 | 单位 | 工 程 量 |
|---|---|---|---|---|
| 实体项目 | | | | |
| 1 | 010402001001 | 砌块墙 | m³ | 83.192 |
| 2 | 010501003001 | 独立基础 | m³ | 13.707 |
| 3 | 010502002001 | 构造柱 | m³ | 1.0176 |
| 4 | 010502003001 | 异形柱 | m³ | 27.0746 |
| 5 | 010503002001 | 矩形梁 | m³ | 18.5033 |
| 6 | 010505001001 | 有梁板 | m³ | 67.7419 |
| 7 | 010505006001 | 栏板 | m³ | 1.3424 |
| 8 | 010505008001 | 雨篷、悬挑板、阳台板 | m³ | 2.411 |
| 9 | 010507001001 | 散水、坡道 | m² | 52.544 |
| 10 | 010507004001 | 台阶 | m² | 9.7047 |
| 11 | 010802001001 | 金属(塑钢)门 | m² | 44.01 |
| 12 | 010802004001 | 防盗门 | m² | 3.6 |
| 13 | 010803001001 | 金属卷帘(闸)门 | m² | 12.65 |
| 14 | 010807001001 | 金属(塑钢、断桥)窗 | m² | 51.477 |
| 15 | 010808003001 | 饰面夹板筒子板 | m² | 18.27 |
| 16 | 011702004001 | 异形柱 | m² | 20.6 |
| 措施项目 | | | | |
| 1 | 011702001001 | 基础 | m² | 38.82 |
| 2 | 011702003001 | 构造柱 | m² | 11.325 |
| 3 | 011702004001 | 异形柱 | m² | 288.2667 |
| 4 | 011702006001 | 矩形梁 | m² | 219.5108 |
| 5 | 011702014001 | 有梁板 | m² | 585.1411 |
| 6 | 011702021001 | 栏板 | m² | 28.2967 |
| 7 | 011702023001 | 雨篷、悬挑板、阳台板 | m² | 19.8408 |
| 8 | 011702024001 | 楼梯 | m² | 8.784 |
| 9 | 011702027001 | 台阶 | m² | 10.53 |
| 10 | 011702029001 | 散水 | m² | 13.254 |

图 4-132 清单定额计算方式及结果汇总表

# 第 5 章　某学校钢筋混凝土框架结构

# 5.1 工 程 概 况

1. 场地概况

本项目位于××县。

2. 工程概况

本工程为××县职业技术学校校区建筑组团工程，本子项为实训楼。建筑工程等级：二级；建筑使用性质：教学用房；设计使用年限：50 年；建筑高度：20.40m；建筑层数：地上 5 层；建筑层高：3.9m；总建筑面积：4111.21m²；基底面积：771.73m²；结构类型：框架结构；基础类型：独立基础。

3. 设计参数

(1) 抗震设计的有关参数。

抗震设防类别：乙类(重点设防类)；

抗震设防烈度：6 度；设计基本地震加速度：0.1g；设计地震分组：第一组；

建筑场地类别：Ⅱ类场地；框架抗震等级：三级。

(2) 建筑结构的设计使用年限和安全等级：结构的安全等级：二级；结构设计使用年限：50 年；地基基础设计等级：丙级。

(3) 耐火等级：一级。

(4) ±0.000 标高所对应的绝对标高，详见建施图。

(5) 图纸中标高以米为单位，尺寸以毫米为单位。

4. 材料

各构件混凝土强度等级见表 5-1 所示。墙体材料见表 5-2 所示。

表 5-1　混凝土强度等级

| 构件名称 | 混凝土强度等级 |
| --- | --- |
| 基础垫层 | C10 |
| 挖孔桩(护壁、桩身) | C30 |
| 钢筋混凝土梁、板 | C30 |
| 钢筋混凝土柱 | C30(除特殊注明外) |
| 楼梯 | 与同层框架梁强度同 |
| 构造柱、过梁、圈梁、零星等构件 | C20 |

表 5-2　墙体材料

| 构件部位 | 砖块强度等级 | 砂浆强度等级 | 备　注 |
|---|---|---|---|
| 埋地砌体 | MU10 页岩实心砖 | M5.0 水泥砂浆 | a. 外围护墙、卫生间隔墙 MU5.0 空心砖；<br>b. 页岩空心砖容重≤8kN/m³ |
| 上部结构填充墙 | MU5.0 页岩空心砖 | M5.0 混合砂浆 | |
| 女儿墙高度<1.4m | MU5.0 页岩空心砖 | M5.0 混合砂浆 | |
| 女儿墙高度≥1.4m | MU5.0 页岩空心砖 | M10 混合砂浆 | |
| 电梯井筒、零星砌体 | MU10 页岩实心砖 | M7.5 混合砂浆 | |
| 室内分隔墙及二装隔墙 | 轻质隔墙 | 此隔墙每平米墙面面积的容重≤0.5kN/m² | |

# 5.2　某学校框架结构结构部分工程量计算

## 5.2.1　柱钢筋工程量

柱的钢筋分为纵筋和箍筋。根据柱子所在位置不同纵筋和箍筋的计算方式也有所不同。每层框架柱平面图中柱子分为边柱、角柱、中柱，以中层柱子为例，柱钢筋计算式如下：

$$纵筋=层高-当前层伸出地面的高度+上一层伸出楼地面的高度 \tag{5-1}$$

$$箍筋根数=N 个加密区/加密区间距+非加密区/非加密区间距-1 \tag{5-2}$$

某学校框架结构共 5 层，层高均为 3.9m，每层柱的平面布置图相同，柱平法施工图如图 5-1 所示。相同截面尺寸、钢筋布置的柱由于所在层数的不同，钢筋工程量也会不同，下面以首层、第二层和顶层为例，计算柱的钢筋。以边柱 KZ4、中柱 KZ5、角柱 KZ8 为例来讲一下柱钢筋的工程量计算，这三个柱在首层、第二层和顶层的截面尺寸和钢筋布置都一致。柱钢筋工程量以上述 KZ4、KZ5、KZ8 为例进行计算分析，其余柱的钢筋工程量计算不再赘述。

1. 首层边柱 KZ4、中柱 KZ5、角柱 KZ8 钢筋工程量

首层边柱 KZ4、中柱 KZ5、角柱 KZ8 三维图如图 5-2 所示。

1)　首层边柱 KZ4 钢筋工程量计算

首层边柱 KZ4 钢筋平法如图 5-3 所示，通过图可知 KZ4 钢筋信息为：柱截面尺寸为 500×500mm，角部纵筋为 4⏀18，箍筋为 ⏀8@100/200，B 边中部筋为 2⏀16，H 边中部筋为 2⏀16。首层边柱 KZ4 钢筋位置图如图 5-4 所示。首层边柱 KZ4 钢筋三维图如图 5-5 所示。

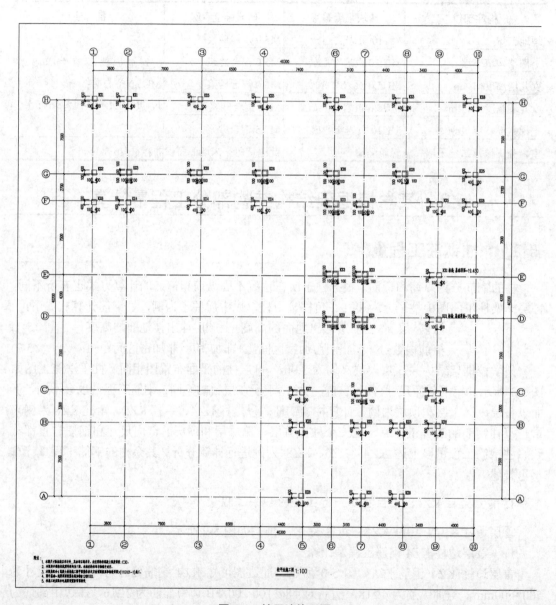

图 5-1　柱平法施工图

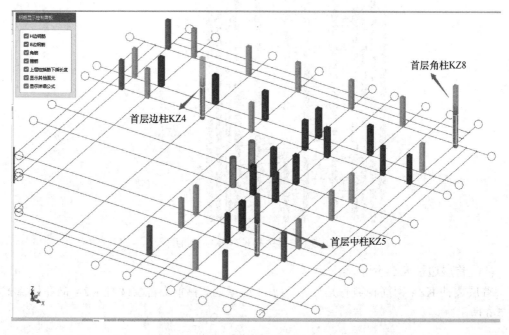

图 5-2 首层边柱 KZ4、中柱 KZ5、角柱 KZ8 钢筋三维图

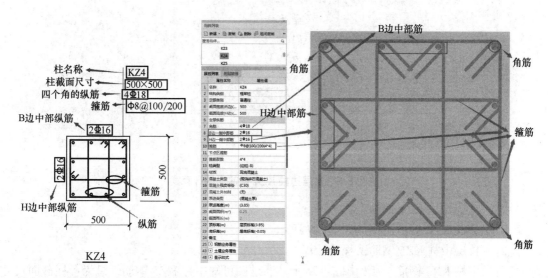

图 5-3 首层边柱 KZ4 钢筋平法

图 5-4 首层边柱 KZ4 钢筋位置图

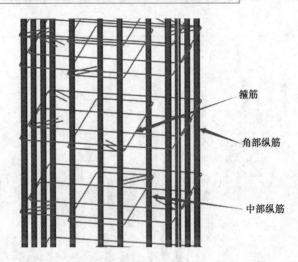

**图 5-5　首层边柱 KZ4 钢筋三维图**

(1) 首层边柱 KZ4 钢筋详细计算式。

首层边柱 KZ4 钢筋种类有角筋、B 或 H 边纵筋、箍筋。首层边柱 KZ4 钢筋计算式如图 5-6 所示。

| 筋号 | 直径(mm) | 级别 | 图号 | 图形 | 计算公式 | 公式描述 | 长度 | 根数 | 搭接 | 损耗(%) | 单重(kg) | 总重(kg) | 钢筋归类 | 搭接形式 | 钢筋类型 |
|---|---|---|---|---|---|---|---|---|---|---|---|---|---|---|---|
| 1 角筋 1 | 18 | Ⅱ | 1 | 3667 | 4400-1300+max (2400/6, 500, 5 00) | 层高-本层的露出长度+上层露出长度 | 3667 | 2 | 1 | 0 | 7.334 | 14.668 | 直筋 | 电渣压力焊 | 普通钢筋 |
| 2 角筋 2 | 18 | Ⅱ | 1 | 3667 | 4400-1930+max (2400/6, 500, 5 00)+1*max (35*d, 500) | 层高-本层的露出长度+上层露出长度+错开距离 | 3667 | 2 | 1 | 0 | 7.334 | 14.668 | 直筋 | 电渣压力焊 | 普通钢筋 |
| 3 B边纵筋 1 | 18 | Ⅱ | 1 | 3667 | 4400-1860+max (2400/6, 500, 5 00)+1*max (35*d, 500) | 层高-本层的露出长度+上层露出长度+错开距离 | 3667 | 2 | 1 | 0 | 5.794 | 11.588 | 直筋 | 电渣压力焊 | 普通钢筋 |
| 4 B边纵筋 2 | 18 | Ⅱ | 1 | 3667 | 4400-1300+max (2400/6, 500, 5 00) | 层高-本层的露出长度+上层露出长度 | 3667 | 2 | 1 | 0 | 5.794 | 11.588 | 直筋 | 电渣压力焊 | 普通钢筋 |
| 5 H边纵筋 1 | 18 | Ⅱ | 1 | 3667 | 4400-1300+max (2400/6, 500, 5 00) | 层高-本层的露出长度+上层露出长度 | 3667 | 2 | 1 | 0 | 5.794 | 11.588 | 直筋 | 电渣压力焊 | 普通钢筋 |
| 6 H边纵筋 2 | 18 | Ⅱ | 1 | 3667 | 4400-1860+max (2400/6, 500, 5 00)+1*max (35*d, 500) | 层高-本层的露出长度+上层露出长度+错开距离 | 3667 | 2 | 1 | 0 | 5.794 | 11.588 | 直筋 | 电渣压力焊 | 普通钢筋 |
| 7 箍筋 1 | 8 | Ф | 195 | 460 [460] | 2*(460+460)+2*(11.9*d) | | 2030 | 36 | 0 | 0 | 0.802 | 28.872 | 箍筋 | 绑扎 | 普通钢筋 |
| 8 箍筋 2 | 8 | Ф | 195 | 176 [460] | 2*(460+176)+2*(11.9*d) | | 1462 | 72 | 0 | 0 | 0.577 | 41.544 | 箍筋 | 绑扎 | 普通钢筋 |

单构件钢筋总量(kg): 146.104

**图 5-6　首层边柱 KZ4 钢筋详细计算式**

(2) 首层边柱 KZ4 钢筋工程量。

首层边柱 KZ4 钢筋工程量如图 5-7 所示。

2) 首层中柱 KZ5 钢筋工程量计算

首层中柱 KZ5 钢筋平法如图 5-8 所示，通过图可知中柱 KZ5 钢筋信息为：柱截面尺寸为 500×500mm，角部纵筋为 4⊈18，箍筋为 Φ8@100/200，B 边中部筋为 2⊈18，H 边中部筋为 2⊈18。首层中柱 KZ5 钢筋位置图如图 5-9 所示。首层中柱 KZ5 钢筋三维图如图 5-10 所示。

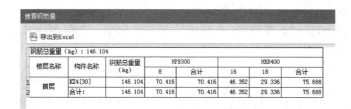

图 5-7　首层边柱 KZ4 钢筋工程量

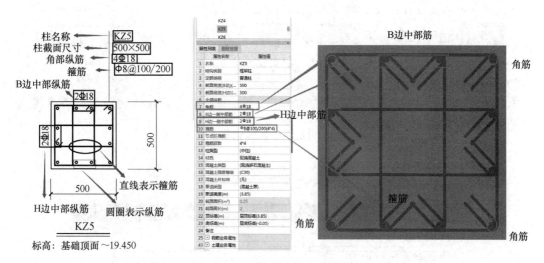

图 5-8　首层中柱 KZ5 钢筋平法　　　　　　　图 5-9　首层中柱 KZ5 钢筋位置图

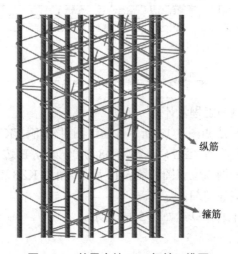

图 5-10　首层中柱 KZ5 钢筋三维图

(1) 首层中柱 KZ5 钢筋详细计算式。

首层中柱 KZ5 钢筋种类有角筋、B 或 H 边纵筋、箍筋。首层中柱 KZ5 钢筋详细计算式如图 5-11 所示。

编辑钢筋

|< < > >| 插入 删除 缩尺配筋 钢筋信息 钢筋图库 其他 · 单构件钢筋总重(kg)：161.172

| | 筋号 | 直径(mm) | 级别 | 图号 | 图形 | 计算公式 | 公式描述 | 长度 | 根数 | 搭接 | 损耗(%) | 单重(kg) | 总重(kg) | 钢筋归类 | 搭接形式 | 钢筋类型 |
|---|---|---|---|---|---|---|---|---|---|---|---|---|---|---|---|---|
| 1 | 角筋.1 | 18 | ⌀ | 1 | 3700 | 4400-1233+max(3200/6,500,500) | 层高-本层的露出长度+上层露出长度 | 3700 | 2 | 1 | 0 | 7.4 | 14.8 | 直筋 | 电渣压力焊 | 普通钢筋 |
| 2 | 角筋.2 | 18 | ⌀ | 1 | 3700 | 4400-1863+max(3200/6,500,500)+1*max(35*d,500) | 层高-本层的露出长度+上层露出长度+错开距离 | 3700 | 2 | 1 | 0 | 7.4 | 14.8 | 直筋 | 电渣压力焊 | 普通钢筋 |
| 3 | B边纵筋.1 | 18 | ⌀ | 1 | 3700 | 4400-1863+max(3200/6,500,500)+1*max(35*d,500) | 层高-本层的露出长度+上层露出长度+错开距离 | 3700 | 2 | 1 | 0 | 7.4 | 14.8 | 直筋 | 电渣压力焊 | 普通钢筋 |
| 4 | B边纵筋.2 | 18 | ⌀ | 1 | 3700 | 4400-1233+max(3200/6,500,500) | 层高-本层的露出长度+上层露出长度 | 3700 | 2 | 1 | 0 | 7.4 | 14.8 | 直筋 | 电渣压力焊 | 普通钢筋 |
| 5 | H边纵筋.1 | 18 | ⌀ | 1 | 3700 | 4400-1233+max(3200/6,500,500) | 层高-本层的露出长度+上层露出长度 | 3700 | 2 | 1 | 0 | 7.4 | 14.8 | 直筋 | 电渣压力焊 | 普通钢筋 |
| 6 | H边纵筋.2 | 18 | ⌀ | 1 | 3700 | 4400-1863+max(3200/6,500,500)+1*max(35*d,500) | 层高-本层的露出长度+上层露出长度+错开距离 | 3700 | 2 | 1 | 0 | 7.4 | 14.8 | 直筋 | 电渣压力焊 | 普通钢筋 |
| 7 | 箍筋.1 | 8 | φ | 195 | 460 460 | 2*(460+460)+2*(11.9*d) | | 2030 | 37 | 0 | 0 | 0.802 | 29.674 | 箍筋 | 绑扎 | 普通钢筋 |
| 8 | 箍筋.2 | 8 | φ | 195 | 176 460 | 2*(460+176)+2*(11.9*d) | | 1462 | 74 | 0 | 0 | 0.577 | 42.698 | 箍筋 | 绑扎 | 普通钢筋 |

图 5-11　首层中柱 KZ5 钢筋详细计算式

(2) 首层中柱 KZ5 钢筋工程量。

首层中柱 KZ5 钢筋工程量如图 5-12 所示。

查看钢筋量

导出到Excel

钢筋总重量（kg）：161.172

| | 楼层名称 | 构件名称 | 钢筋总重量（kg） | HPB300 | | HRB400 | |
|---|---|---|---|---|---|---|---|
| | | | | 8 | 合计 | 18 | 合计 |
| 1 | 首层 | KZ5[46] | 161.172 | 72.372 | 72.372 | 88.8 | 88.8 |
| 2 | | 合计： | 161.172 | 72.372 | 72.372 | 88.8 | 88.8 |

图 5-12　首层中柱 KZ5 钢筋工程量

3) 首层角柱 KZ8 钢筋工程量计算

首层角柱 KZ8 钢筋平法如图 5-13 所示，通过图可知角柱 KZ8 钢筋信息为：柱截面尺寸为 500×500mm，角部纵筋为 4⌀22，箍筋为 φ8@100/200，B 边中部筋为 2⌀18，H 边中部筋为 2⌀18。首层角柱 KZ8 钢筋位置图如图 5-14 所示。角柱 KZ8 钢筋三维图如图 5-15 所示。

(1) 首层角柱 KZ8 钢筋详细计算式。

首层角柱 KZ8 钢筋详细计算式如图 5-16 所示。

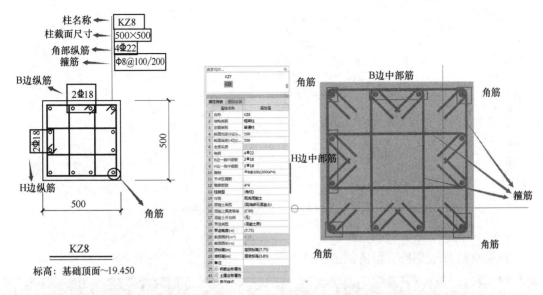

图 5-13　首层角柱 KZ8 钢筋平法　　　　图 5-14　首层角柱 KZ8 钢筋位置图

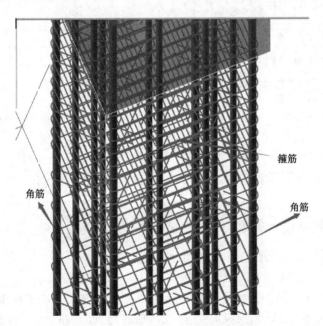

图 5-15　首层角柱 KZ8 钢筋三维图

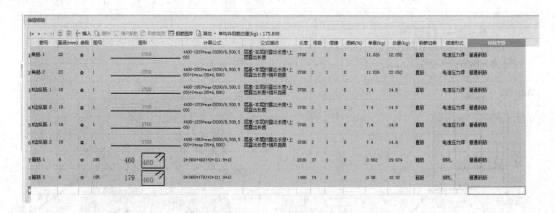

图 5-16　首层角柱 KZ8 钢筋详细计算式

(2)　首层角柱 KZ8 钢筋工程量。

首层角柱 KZ8 钢筋工程量如图 5-17 所示。

| | 楼层名称 | 构件名称 | 钢筋总重量<br>（kg) | HPB300 | | HRB400 | | |
| --- | --- | --- | --- | --- | --- | --- | --- | --- |
| | | | | 8 | 合计 | 18 | 22 | 合计 |
| 1 | 首层 | KZ8[20] | 175.898 | 72.594 | 72.594 | 59.2 | 44.104 | 103.304 |
| 2 | | 合计： | 175.898 | 72.594 | 72.594 | 59.2 | 44.104 | 103.304 |

钢筋总重量（kg)：175.898

查看钢筋量

导出到Excel

图 5-17　首层角柱 KZ8 钢筋工程量

4)　首层框柱钢筋工程量汇总

首层柱钢筋以上述柱为例，其余不再叙述，首层框柱钢筋工程量汇总见表 5-3 所示。

2. 第二层边柱 KZ4、中柱 KZ5、角柱 KZ8 钢筋工程量

第二层柱平面布置三维图如图 5-18 所示。

1)　第二层边柱 KZ4 钢筋工程量计算

第二层边柱 KZ4 钢筋平法如图 5-19 所示，通过图可知第二层边柱 KZ4 钢筋信息为：柱截面尺寸为 500×500mm，角部纵筋为 4⽚18，箍筋为 Φ8@100/200，B 边中部筋为 2⽚16，H 边中部筋为 2⽚16。第二层边柱 KZ4 钢筋三维图如图 5-20 所示。

表 5-3　首层框柱钢筋工程量汇总

| 构件类型 | 构件类型钢筋总重(kg) | 构件名称 | 构件数量 | 单个构件钢筋重量(kg) | 构件钢筋总重(kg) | 接头 |
| --- | --- | --- | --- | --- | --- | --- |
| 柱 | 6850.973 | KZ1[14] | 4 | 191.594 | 766.376 | 48 |
| | | KZ5[16] | 11 | 161.172 | 1772.892 | 132 |
| | | KZ8[20] | 6 | 175.898 | 1055.388 | 72 |
| | | KZ2[21] | 1 | 148.74 | 148.74 | 12 |
| | | KZ3[22] | 3 | 189.377 | 568.131 | 36 |
| | | KZ3[32] | 4 | 194.564 | 778.256 | 48 |
| | | KZ3[39] | 1 | 188.731 | 188.731 | 12 |
| | | KZ6[23] | 1 | 246.475 | 246.475 | 12 |
| | | KZ6[24] | 3 | 241.288 | 723.864 | 36 |
| | | KZ4[29] | 1 | 148.74 | 148.74 | 12 |
| | | KZ4[30] | 2 | 146.104 | 292.208 | 24 |
| | | KZ7[42] | 1 | 161.172 | 161.172 | 12 |

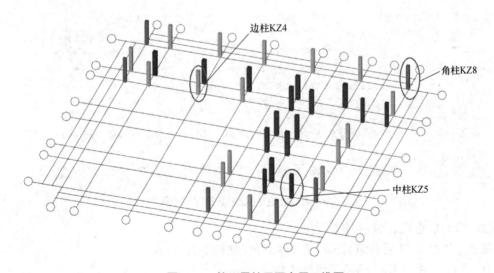

图 5-18　第二层柱平面布置三维图

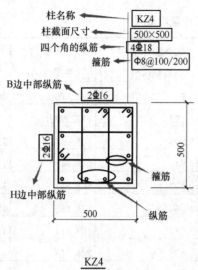

图 5-19　第二层边柱 KZ4 钢筋平法

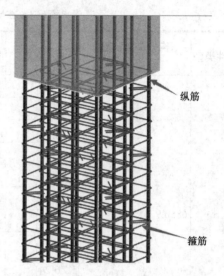

图 5-20　第二层边柱 KZ4 钢筋三维图

（1）第二层边柱 KZ4 钢筋详细计算式。

第二层边柱 KZ4 钢筋种类有角筋、B 边或 H 边中部筋、箍筋，详细计算式如图 5-21 所示。

图 5-21　第二层边柱 KZ4 钢筋详细计算式

（2）第二层边柱 KZ4 钢筋工程量。

第二层边柱 KZ4 所有钢筋工程量 139.176，如图 5-22 所示。

2）第二层中柱 KZ5 钢筋工程量计算

第二层中柱 KZ5 钢筋平法如图 5-23 所示，通过图可知第二层中柱 KZ5 钢筋信息为：柱截面尺寸为 500×500mm，角部纵筋为 4$\Phi$18，箍筋为 $\Phi$8@100/200，B 边中部筋为 2$\Phi$18，

H 边中部筋为 2Φ18。第二层中柱 KZ5 钢筋位置图如图 5-24 所示。第二层中柱 KZ5 钢筋三维图如图 5-25 所示。

(1) 第二层中柱 KZ5 钢筋详细计算式。

第二层中柱 KZ5 钢筋详细计算式如图 5-26 所示。

查看钢筋量

🖾 导出到Excel

钢筋总重量（kg）：139.176

| 楼层名称 | 构件名称 | 钢筋总重量（kg） | HPB300 | | HRB400 | | |
|---|---|---|---|---|---|---|---|
| | | | 8 | 合计 | 16 | 18 | 合计 |
| 1 | 第2层 | KZ4[91] | 139.176 | 58.68 | 58.68 | 49.296 | 31.2 | 80.496 |
| 2 | | 合计： | 139.176 | 58.68 | 58.68 | 49.296 | 31.2 | 80.496 |

**图 5-22　第二层边柱 KZ4 钢筋工程量**

图 5-23　第二层中柱 KZ5 钢筋平法

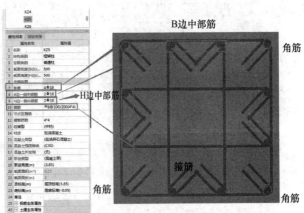

图 5-24　第二层中柱 KZ5 钢筋位置图

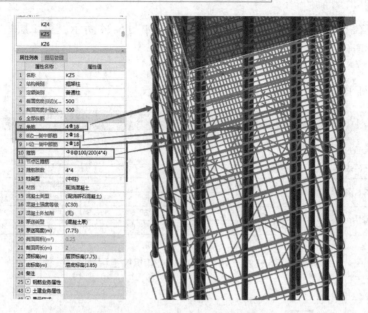

图 5-25    第二层中柱 KZ5 钢筋三维图

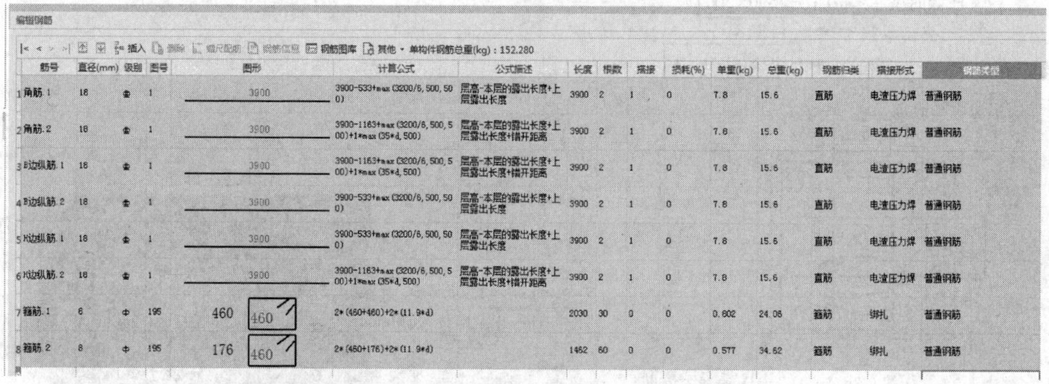

图 5-26    第二层中柱 KZ5 钢筋详细计算式

(2)    第二层中柱 KZ5 钢筋工程量。

第二层中柱 KZ5 钢筋工程量如图 5-27 所示。

3)    第二层角柱 KZ8 钢筋工程量计算

第二层角柱 KZ8 钢筋平法如图 5-28 所示，通过图可知第二层角柱 KZ8 钢筋信息为：柱截面尺寸为 500×500mm，角部纵筋为 4⊈22，箍筋为 Φ8@100/200，B 边中部筋为 2⊈18，H 边中部筋为 2⊈18。第二层角柱 KZ8 钢筋位置图如图 5-29 所示。第二层角柱 KZ8 钢筋三维图如图 5-30 所示。

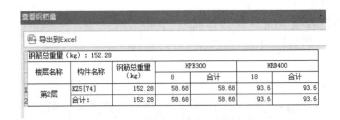

图 5-27　第二层中柱 KZ5 钢筋工程量

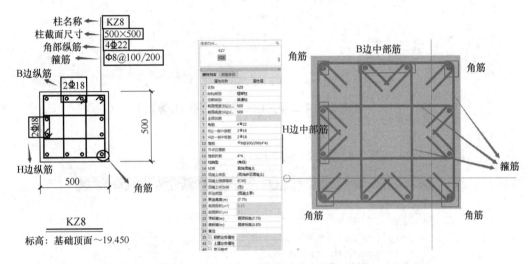

图 5-28　第二层角柱 KZ8 钢筋平法　　　　图 5-29　第二层角柱 KZ8 钢筋位置图

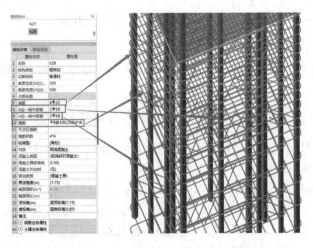

图 5-30　第二层角柱 KZ8 钢筋三维图

(1) 第二层角柱 KZ8 钢筋详细计算式。

第二层角柱 KZ8 钢筋详细计算式如图 5-31 所示。

编辑钢筋

插入 删除 缩尺配筋 钢筋信息 钢筋图库 其他 · 单构件钢筋总重(kg)：167.748

| | 筋号 | 直径(mm) | 级别 | 图号 | 图形 | 计算公式 | 公式描述 | 长度 | 根数 | 搭接 | 损耗(%) | 单重(kg) | 总重(kg) | 钢筋归类 | 搭接形式 | 钢筋类型 |
|---|---|---|---|---|---|---|---|---|---|---|---|---|---|---|---|---|
| 1 | 角筋.1 | 22 | Φ | 1 | 3900 | 3900-533+max(3200/6,500,500) | 层高-本层的露出长度+上层露出长度 | 3900 | 2 | 1 | 0 | 11.622 | 23.244 | 直筋 | 电渣压力焊 | 普通钢筋 |
| 2 | 角筋.2 | 22 | Φ | 1 | 3900 | 3900-1303+max(3200/6,500,500)+1*max(35*d,500) | 层高-本层的露出长度+上层露出长度+错开距离 | 3900 | 2 | 1 | 0 | 11.622 | 23.244 | 直筋 | 电渣压力焊 | 普通钢筋 |
| 3 | B边纵筋.1 | 18 | Φ | 1 | 3900 | 3900-1163+max(3200/6,500,500)+1*max(35*d,500) | 层高-本层的露出长度+上层露出长度+错开距离 | 3900 | 2 | 1 | 0 | 7.8 | 15.6 | 直筋 | 电渣压力焊 | 普通钢筋 |
| 4 | B边纵筋.2 | 18 | Φ | 1 | 3900 | 3900-533+max(3200/6,500,500) | 层高-本层的露出长度+上层露出长度 | 3900 | 2 | 1 | 0 | 7.8 | 15.6 | 直筋 | 电渣压力焊 | 普通钢筋 |
| 5 | H边纵筋.1 | 18 | Φ | 1 | 3900 | 3900-533+max(3200/6,500,500) | 层高-本层的露出长度+上层露出长度 | 3900 | 2 | 1 | 0 | 7.8 | 15.6 | 直筋 | 电渣压力焊 | 普通钢筋 |
| 6 | H边纵筋.2 | 18 | Φ | 1 | 3900 | 3900-1163+max(3200/6,500,500)+1*max(35*d,500) | 层高-本层的露出长度+上层露出长度+错开距离 | 3900 | 2 | 1 | 0 | 7.8 | 15.6 | 直筋 | 电渣压力焊 | 普通钢筋 |
| 7 | 箍筋.1 | 8 | φ | 195 | 460 460 | 2*(460+460)+2*(11.9*d) | | 2030 | 30 | 0 | 0 | 0.802 | 24.06 | 箍筋 | 绑扎 | 普通钢筋 |
| 8 | 箍筋.2 | 8 | φ | 195 | 179 460 | 2*(460+179)+2*(11.9*d) | | 1468 | 60 | 0 | 0 | 0.58 | 34.8 | 箍筋 | 绑扎 | 普通钢筋 |

图 5-31 第二层角柱 KZ8 钢筋详细计算式

(2) 第二层角柱 KZ8 钢筋工程量。

第二层角柱 KZ8 钢筋工程量如图 5-32 所示。

查看钢筋量

导出到Excel

钢筋总重量（kg）：167.748

| | 楼层名称 | 构件名称 | 钢筋总重量（kg） | HPB300 | | HRB400 | | |
|---|---|---|---|---|---|---|---|---|
| | | | | 8 | 合计 | 18 | 22 | 合计 |
| 1 | 第2层 | KZ8[101] | 167.748 | 58.86 | 58.86 | 62.4 | 46.488 | 108.888 |
| 2 | | 合计: | 167.748 | 58.86 | 58.86 | 62.4 | 46.488 | 108.888 |

图 5-32 第二层角柱 KZ8 钢筋工程量

4) 第二层柱钢筋工程量汇总

二层柱钢筋工程量计算以上述柱子为例，其余不再叙述，第二层框柱钢筋工程量汇总见表 5-4 所示。

3. 顶层(第五层)边柱 KZ4、中柱 KZ5、角柱 KZ8 钢筋工程量

顶层(第五层)边柱 KZ4、中柱 KZ5、角柱 KZ8 三维图如图 5-33 所示。

1) 顶层(第五层)边柱 KZ4 钢筋工程量计算

顶层(第五层)边柱 KZ4 钢筋平法如图 5-34 所示，通过图可知顶层(第五层)边柱 KZ4 钢筋信息为：柱截面尺寸为 500×500mm，角部纵筋为 4Φ18，箍筋为 φ8@100/200，B 边中部筋为 2Φ16，H 边中部筋为 2Φ16。顶层(第五层)边柱 KZ4 钢筋位置图如图 5-35 所示。顶层(第五层)边柱 KZ4 钢筋三维图如图 5-36 所示。

表 5-4　第二层框柱钢筋工程量汇总

| 构件类型 | 构件类型钢筋总重 kg | 构件名称 | 构件数量 | 单个构件钢筋重量 kg | 构件钢筋总重 kg | 接头 |
|---|---|---|---|---|---|---|
| 柱 | 6125.594 | KZ1[80] | 4 | 187.368 | 749.472 | 48 |
| | | KZ5[71] | 11 | 152.28 | 1675.08 | 132 |
| | | KZ8[70] | 6 | 167.748 | 1006.488 | 72 |
| | | KZ2[100] | 1 | 139.176 | 139.176 | 12 |
| | | KZ3[78] | 4 | 151.332 | 605.328 | 48 |
| | | KZ3[82] | 1 | 155.726 | 155.726 | 12 |
| | | KZ3[84] | 3 | 154.944 | 464.832 | 36 |
| | | KZ6[95] | 3 | 190.824 | 572.472 | 36 |
| | | KZ6[98] | 1 | 187.212 | 187.212 | 12 |
| | | KZ4[90] | 3 | 139.176 | 417.528 | 36 |
| | | KZ7[79] | 1 | 152.28 | 152.28 | 12 |

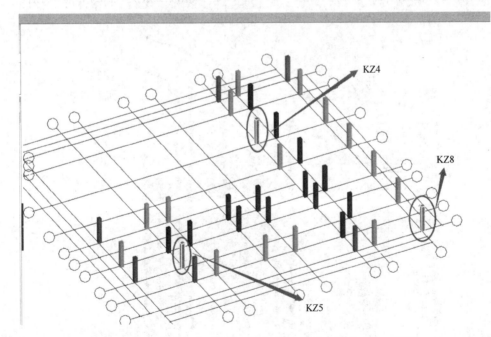

图 5-33　顶层(第五层)边柱 KZ4、中柱 KZ5、角柱 KZ8 三维图

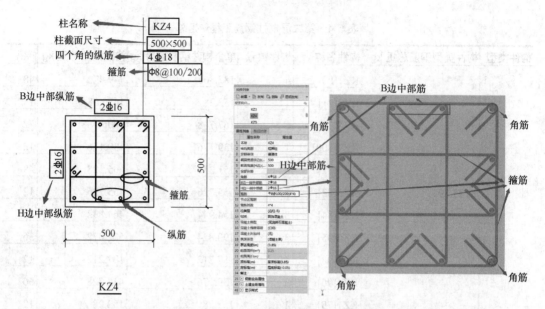

图 5-34　顶层(第五层)边柱 KZ4 钢筋平法　　　　图 5-35　顶层(第五层)边柱 KZ4 钢筋位置图

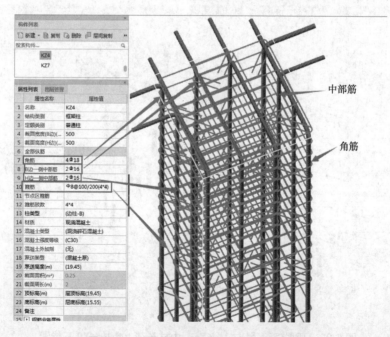

图 5-36　顶层(第五层)边柱 KZ4 钢筋三维图

(1) 顶层(第五层)边柱 KZ4 钢筋详细计算式。

顶层(第五层)边柱 KZ4 钢筋详细计算式如图 5-37 所示。

编辑钢筋

|< < > >| 插入 删除 缩尺配筋 钢筋信息 钢筋图库 其他 ▾ 单构件钢筋总重(kg)：127.732

| | 筋号 | 直径(mm) | 级别 | 图号 | 图形 | 计算公式 | 公式描述 | 长度 | 根数 | 搭接 | 损耗(%) | 单重(kg) | 总重(kg) | 钢筋归类 | 搭接形式 | 钢筋类 |
|---|---|---|---|---|---|---|---|---|---|---|---|---|---|---|---|---|
| 1 | 角筋.1 | 18 | ⏀ | 18 | 519 3313 | 3900-567-500+1.5*37*d | 层高-本层的露出… | 3832 | 1 | 1 | 0 | 7.664 | 7.664 | 直筋 | 电渣压力焊 | 普通钢筋 |
| 2 | 角筋.2 | 18 | ⏀ | 18 | 519 2683 | 3900-1197-500+1.5*37*d | 层高-本层的露出… | 3202 | 1 | 1 | 0 | 6.404 | 6.404 | 直筋 | 电渣压力焊 | 普通钢筋 |
| 3 | 角筋.3 | 18 | ⏀ | 18 | 216 3313 | 3900-587-500+500-20+12*d | 层高-本层的露出… | 3529 | 1 | 1 | 0 | 7.058 | 7.058 | 直筋 | 电渣压力焊 | 普通钢筋 |
| 4 | 角筋.4 | 18 | ⏀ | 18 | 216 2683 | 3900-1197-500+500-20+12*d | 层高-本层的露出… | 2899 | 1 | 1 | 0 | 5.798 | 5.798 | 直筋 | 电渣压力焊 | 普通钢筋 |
| 5 | B边纵筋.1 | 16 | ⏀ | 18 | 408 2753 | 3900-1127-500+500-20+max(1.5*37*d-500+20, 15*d) | 层高-本层的露出… | 3161 | 1 | 1 | 0 | 4.994 | 4.994 | 直筋 | 电渣压力焊 | 普通钢筋 |
| 6 | B边纵筋.2 | 16 | ⏀ | 18 | 408 3313 | 3900-567-500+500-20+max(1.5*37*d-500+20, 15*d) | 层高-本层的露出… | 3721 | 1 | 1 | 0 | 5.879 | 5.879 | 直筋 | 电渣压力焊 | 普通钢筋 |
| 7 | B边纵筋.3 | 16 | ⏀ | 18 | 192 2753 | 3900-1127-500+500-20+12*d | 层高-本层的露出… | 2945 | 1 | 1 | 0 | 4.653 | 4.653 | 直筋 | 电渣压力焊 | 普通钢筋 |
| 8 | B边纵筋.4 | 16 | ⏀ | 18 | 192 3313 | 3900-567-500+500-20+12*d | 层高-本层的露出… | 3505 | 1 | 1 | 0 | 5.538 | 5.538 | 直筋 | 电渣压力焊 | 普通钢筋 |
| 9 | H边纵筋.1 | 16 | ⏀ | 18 | 192 2753 | 3900-1127-500+500-20+12*d | 层高-本层的露出… | 2945 | 1 | 1 | 0 | 4.653 | 4.653 | 直筋 | 电渣压力焊 | 普通钢筋 |
| 10 | H边纵筋.2 | 16 | ⏀ | 18 | 408 3313 | 3900-567-500+500-20+max(1.5*37*d-500+20, 15*d) | 层高-本层的露出… | 3721 | 1 | 1 | 0 | 5.879 | 5.879 | 直筋 | 电渣压力焊 | 普通钢筋 |
| 11 | H边纵筋.3 | 16 | ⏀ | 18 | 192 3313 | 3900-567-500+500-20+12*d | 层高-本层的露出… | 3505 | 1 | 1 | 0 | 5.538 | 5.538 | 直筋 | 电渣压力焊 | 普通钢筋 |
| 12 | H边纵筋.4 | 16 | ⏀ | 18 | 408 2753 | 3900-1127-500+500-20+max(1.5*37*d-500+20, 15*d) | 层高-本层的露出… | 3161 | 1 | 1 | 0 | 4.994 | 4.994 | 直筋 | 电渣压力焊 | 普通钢筋 |
| 13 | 箍筋.1 | 8 | Φ | 195 | 460 460 | 2*(460+460)+2*(11.9*d) | | 2030 | 30 | 0 | 0 | 0.802 | 24.06 | 箍筋 | 绑扎 | 普通钢筋 |
| 14 | 箍筋.2 | 8 | Φ | 195 | 176 460 | 2*(460+176)+2*(11.9*d) | | 1462 | 60 | 0 | 0 | 0.577 | 34.62 | 箍筋 | 绑扎 | 普通钢筋 |

图 5-37　顶层(第五层)边柱 KZ4 钢筋详细计算式

(2) 顶层(第五层)边柱 KZ4 钢筋工程量。

顶层(第五层)边柱 KZ4 钢筋工程量如图 5-38 所示。

查看钢筋量

导出到Excel

钢筋总重量（kg）：127.732

| | 楼层名称 | 构件名称 | 钢筋总重量（kg） | HPB300 | | HRB400 | | |
|---|---|---|---|---|---|---|---|---|
| | | | | 8 | 合计 | 16 | 18 | 合计 |
| 1 | 第5层 | KZ4[221] | 127.732 | 58.68 | 58.68 | 42.128 | 26.924 | 69.052 |
| 2 | | 合计： | 127.732 | 58.68 | 58.68 | 42.128 | 26.924 | 69.052 |

图 5-38　顶层(第五层)边柱 KZ4 钢筋工程量

2) 顶层(第五层)中柱 KZ5 钢筋工程量

顶层(第五层)中柱 KZ5 钢筋平法如图 5-39 所示，通过图可知顶层(第五层)中柱 KZ5 钢筋信息为：柱截面尺寸为 500×500mm，角部纵筋为 4⏀18，箍筋为 Φ8@100/200，B 边中部筋为 2⏀18，H 边中部筋为 2⏀18。顶层(第五层)中柱 KZ5 钢筋位置图如图 5-40 所示。顶层(第五层)中柱 KZ5 钢筋三维图如图 5-41 所示。

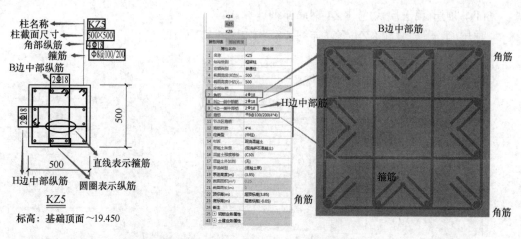

图 5-39 顶层(第五层)中柱 KZ5 钢筋平法

图 5-40 顶层(第五层)中柱 KZ5 钢筋位置图

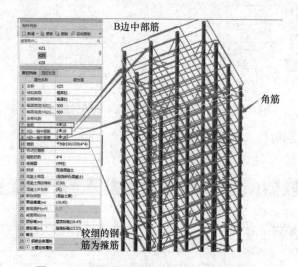

图 5-41 顶层(第五层)中柱 KZ5 钢筋三维图

(1) 顶层(第五层)中柱 KZ5 钢筋详细计算式。

顶层(第五层)中柱 KZ5 钢筋详细计算式如图 5-42 所示。

(2) 顶层(第五层)中柱 KZ5 钢筋工程量。

顶层(第五层)中柱 KZ5 钢筋工程量如图 5-43 所示。

3) 顶层(第五层)角柱 KZ8 钢筋

顶层(第五层)角柱 KZ8 钢筋平法如图 5-44 所示，通过图可知顶层(第五层)角柱 KZ8 钢筋信息为：柱截面尺寸为 500×500mm，角部纵筋为 4Φ22，箍筋为 Φ8@100/200，B 边中部筋为 2⏀18，H 边中部筋为 2⏀18。顶层(第五层)角柱 KZ8 钢筋位置图如图 5-45 所示。顶层(第五层)角柱 KZ8 钢筋三维图如图 5-46 所示。

单构件钢筋总重(kg)：131.448

| 筋号 | 直径(mm) | 级别 | 图号 | 图形 | 计算公式 | 公式描述 | 长度 | 根数 | 搭接 | 损耗(%) | 单重(kg) | 总重(kg) | 钢筋归类 | 搭接形式 | 钢筋类型 |
|---|---|---|---|---|---|---|---|---|---|---|---|---|---|---|---|
| 1 角筋.1 | 18 | ⏀ | 1 | 3347 | 3900-533-700+700-20 | 层高-本层的露出长度-节点高+节点高-保护层 | 3347 | 2 | 1 | 0 | 6.694 | 13.388 | 直筋 | 电渣压力焊 | 普通钢筋 |
| 2 角筋.2 | 18 | ⏀ | 1 | 2717 | 3900-1163-700+700-20 | 层高-本层的露出长度-节点高+节点高-保护层 | 2717 | 2 | 1 | 0 | 5.434 | 10.868 | 直筋 | 电渣压力焊 | 普通钢筋 |
| 3 B边纵筋.1 | 18 | ⏀ | 1 | 2717 | 3900-1163-700+700-20 | 层高-本层的露出长度-节点高+节点高-保护层 | 2717 | 2 | 1 | 0 | 5.434 | 10.868 | 直筋 | 电渣压力焊 | 普通钢筋 |
| 4 B边纵筋.2 | 18 | ⏀ | 1 | 3347 | 3900-533-700+700-20 | 层高-本层的露出长度-节点高+节点高-保护层 | 3347 | 2 | 1 | 0 | 6.694 | 13.388 | 直筋 | 电渣压力焊 | 普通钢筋 |
| 5 H边纵筋.1 | 18 | ⏀ | 1 | 3347 | 3900-533-700+700-20 | 层高-本层的露出长度-节点高+节点高-保护层 | 3347 | 2 | 1 | 0 | 6.694 | 13.388 | 直筋 | 电渣压力焊 | 普通钢筋 |
| 6 H边纵筋.2 | 18 | ⏀ | 1 | 2717 | 3900-1163-700+700-20 | 层高-本层的露出长度-节点高+节点高-保护层 | 2717 | 2 | 1 | 0 | 5.434 | 10.868 | 直筋 | 电渣压力焊 | 普通钢筋 |
| 7 箍筋.1 | 8 | Φ | 195 | 460 460 | 2*(460+460)+2*(11.9*4) |  | 2030 | 30 | 0 | 0 | 0.802 | 24.06 | 箍筋 | 绑扎 | 普通钢筋 |
| 8 箍筋.2 | 8 | Φ | 195 | 176 460 | 2*(460+176)+2*(11.9*4) |  | 1462 | 60 | 0 | 0 | 0.577 | 34.62 | 箍筋 | 绑扎 | 普通钢筋 |

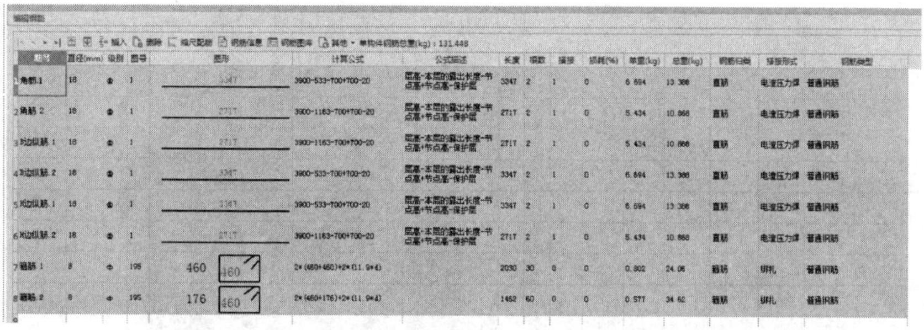

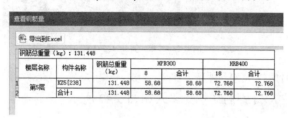

图 5-42　顶层(第五层)中柱 KZ5 钢筋详细计算式

查看钢筋量

导出到Excel

钢筋总重量（kg）：131.448

| | 楼层名称 | 构件名称 | 钢筋总重量（kg） | HPB300 | | HRB400 | |
|---|---|---|---|---|---|---|---|
| | | | | 8 | 合计 | 18 | 合计 |
| 1 | 第5层 | KZ5[238] | 131.448 | 58.68 | 58.68 | 72.768 | 72.768 |
| 2 | | 合计： | 131.448 | 58.68 | 58.68 | 72.768 | 72.768 |

图 5-43　顶层(第五层)中柱 KZ5 钢筋工程量

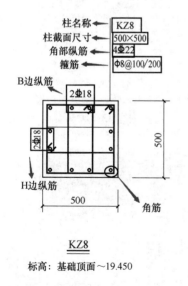

图 5-44　顶层(第五层)角柱 KZ8 钢筋平法

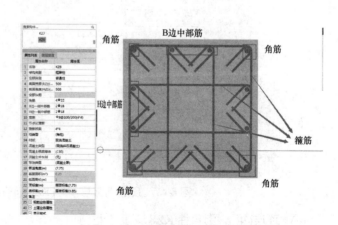

图 5-45　顶层(第五层)角柱 KZ8 钢筋位置图

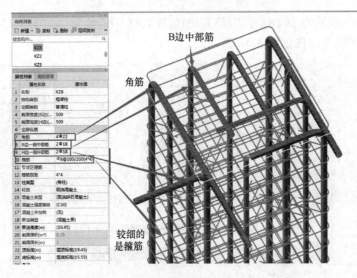

图 5-46　顶层(第五层)角柱 KZ8 钢筋三维图

(1)　顶层(第五层)角柱 KZ8 钢筋详细计算式。

顶层(第五层)角柱 KZ8 钢筋详细计算式如图 5-47 所示。

编辑钢筋

单构件钢筋总重(kg)：151.237

| | 筋号 | 直径(mm) | 级别 | 图号 | 图形 | 计算公式 | 公式描述 | 长度 | 根数 | 搭接 | 损耗(%) | 单重(kg) | 总重(kg) | 钢筋归类 | 搭接形式 | 钢筋类型 |
|---|---|---|---|---|---|---|---|---|---|---|---|---|---|---|---|---|
| 1 | 角筋.1 | 22 | Φ | 18 | 264 3347 | 3900-533-700+700-20+12*d | 层高-本层的露出… | 3611 | 1 | 1 | 0 | 10.761 | 10.761 | 直筋 | 电渣压力焊 | 普通钢筋 |
| 2 | 角筋.2 | 22 | Φ | 18 | 264 2577 | 3900-1303-700+700-20+12*d | 层高-本层的露出… | 2841 | 1 | 1 | 0 | 8.466 | 8.466 | 直筋 | 电渣压力焊 | 普通钢筋 |
| 3 | 角筋.3 | 22 | Φ | 18 | 541 3347 | 3900-533-700+1.5*37*d | 层高-本层的露出… | 3888 | 1 | 1 | 0 | 11.586 | 11.586 | 直筋 | 电渣压力焊 | 普通钢筋 |
| 4 | 角筋.4 | 22 | Φ | 18 | 541 2577 | 3900-1303-700+1.5*37*d | 层高-本层的露出… | 3118 | 1 | 1 | 0 | 9.292 | 9.292 | 直筋 | 电渣压力焊 | 普通钢筋 |
| 5 | B边纵筋.1 | 18 | Φ | 1 | 2717 | 3900-1163-700+700-20 | 层高-本层的露出… | 2717 | 1 | 1 | 0 | 5.434 | 5.434 | 直筋 | 电渣压力焊 | 普通钢筋 |
| 6 | B边纵筋.2 | 18 | Φ | 1 | 3347 | 3900-533-700+700-20 | 层高-本层的露出… | 3347 | 1 | 1 | 0 | 6.694 | 6.694 | 直筋 | 电渣压力焊 | 普通钢筋 |
| 7 | B边纵筋.3 | 18 | Φ | 18 | 319 2717 | 3900-1163-700+700-20+max(1.5*37*d-700+20, 15*d) | 层高-本层的露出… | 3036 | 1 | 1 | 0 | 6.072 | 6.072 | 直筋 | 电渣压力焊 | 普通钢筋 |
| 8 | B边纵筋.4 | 18 | Φ | 18 | 319 3347 | 3900-533-700+700-20+max(1.5*37*d-700+20, 15*d) | 层高-本层的露出… | 3666 | 1 | 1 | 0 | 7.332 | 7.332 | 直筋 | 电渣压力焊 | 普通钢筋 |
| 9 | H边纵筋.1 | 18 | Φ | 18 | 319 3347 | 3900-533-700+700-20+max(1.5*37*d-700+20, 15*d) | 层高-本层的露出… | 3666 | 1 | 1 | 0 | 7.332 | 7.332 | 直筋 | 电渣压力焊 | 普通钢筋 |
| 10 | H边纵筋.2 | 18 | Φ | 18 | 319 2717 | 3900-1163-700+700-20+max(1.5*37*d-700+20, 15*d) | 层高-本层的露出… | 3036 | 1 | 1 | 0 | 6.072 | 6.072 | 直筋 | 电渣压力焊 | 普通钢筋 |
| 11 | H边纵筋.3 | 18 | Φ | 1 | 2717 | 3900-1163-700+700-20 | 层高-本层的露出… | 2717 | 1 | 1 | 0 | 5.434 | 5.434 | 直筋 | 电渣压力焊 | 普通钢筋 |
| 12 | H边纵筋.4 | 18 | Φ | 66 | 460 3347 144 | 3900-533-700+700-20+500-40+8*d | 层高-本层的露出… | 3951 | 1 | 1 | 0 | 7.902 | 7.902 | 直筋 | 电渣压力焊 | 普通钢筋 |
| 13 | 箍筋.1 | 8 | Φ | 195 | 460 460 | 2*(460+460)+2*(11.9*d) | | 2030 | 30 | 0 | 0 | 0.802 | 24.06 | 箍筋 | 绑扎 | 普通钢筋 |
| 14 | 箍筋.2 | 8 | Φ | 195 | 179 460 | 2*(460+179)+2*(11.9*d) | | 1468 | 60 | 0 | 0 | 0.58 | 34.8 | 箍筋 | 绑扎 | 普通钢筋 |
| 15 | | | | | | | | | | | | | | | | |

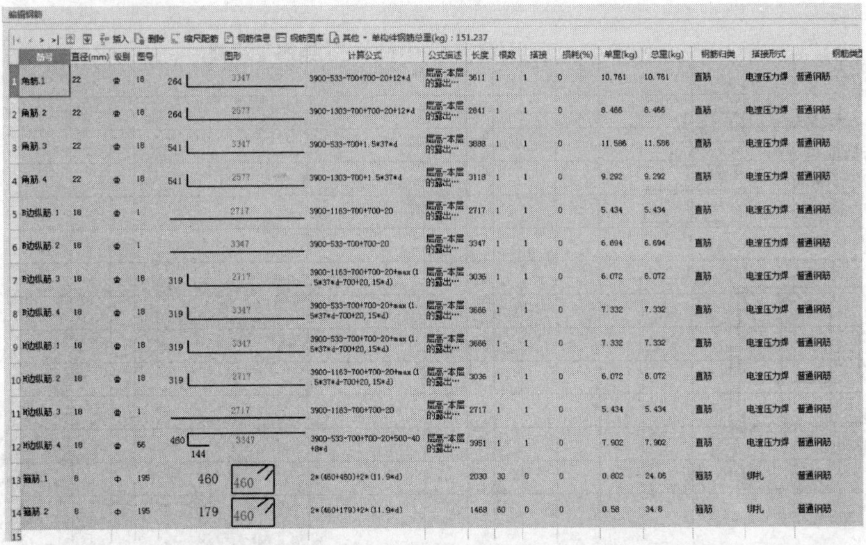

图 5-47　顶层(第五层)角柱 KZ8 钢筋详细计算式

(2)　顶层(第五层)角柱 KZ8 钢筋工程量。

顶层(第五层)角柱 KZ8 钢筋工程量如图 5-48 所示。

| 楼层名称 | 构件名称 | 钢筋总重量 (kg) | HPB300 | | HRB400 | | |
|---|---|---|---|---|---|---|---|
| | | | 8 | 合计 | 18 | 22 | 合计 |
| 第5层 | KZ8[211] | 151.237 | 58.86 | 58.86 | 52.272 | 40.105 | 92.377 |
| | 合计: | 151.237 | 58.86 | 58.86 | 52.272 | 40.105 | 92.377 |

**图 5-48 顶层(第五层)角柱 KZ8 钢筋工程量**

4) 顶层(第五层)框柱钢筋工程量汇总

顶层(第五层)框柱钢筋工程量计算以上述为例,其余不再列举,顶层(第五层)框柱钢筋工程量汇总见表 5-5 所示。

**表 5-5 顶层(第五层)框柱钢筋工程量汇总**

| 构件类型 | 构件类型钢筋总重(kg) | 构件名称 | 构件数量 | 单个构件钢筋重量(kg) | 构件钢筋总重(kg) | 接头 |
|---|---|---|---|---|---|---|
| 柱 | 5481.954 | KZ1[205] | 2 | 183.798 | 367.596 | 24 |
| | | KZ1[229] | 2 | 169.649 | 339.298 | 24 |
| | | KZ5[207] | 4 | 135.276 | 541.104 | 48 |
| | | KZ5[218] | 1 | 133.362 | 133.362 | 12 |
| | | KZ5[225] | 3 | 131.448 | 394.344 | 36 |
| | | KZ5[235] | 1 | 135.276 | 135.276 | 12 |
| | | KZ5[236] | 1 | 135.276 | 135.276 | 12 |
| | | KZ5[241] | 1 | 132.724 | 132.724 | 12 |
| | | KZ8[211] | 1 | 151.237 | 151.237 | 12 |
| | | KZ8[219] | 1 | 153.554 | 153.554 | 12 |
| | | KZ8[226] | 1 | 147.927 | 147.927 | 12 |
| | | KZ8[239] | 1 | 153.553 | 153.553 | 12 |
| | | KZ8[240] | 1 | 151.237 | 151.237 | 12 |
| | | KZ8[242] | 1 | 149.204 | 149.204 | 12 |
| | | KZ2[212] | 1 | 137.596 | 137.596 | 12 |
| | | KZ3[213] | 7 | 137.596 | 963.172 | 84 |
| | | KZ3[230] | 1 | 135.288 | 135.288 | 12 |
| | | KZ6[214] | 4 | 157.58 | 630.32 | 48 |
| | | KZ4[220] | 1 | 124.494 | 124.494 | 12 |
| | | KZ4[221] | 2 | 127.732 | 255.464 | 24 |
| | | KZ7[233] | 1 | 149.928 | 149.928 | 12 |

## 5.2.2 ‖ 梁钢筋工程量

梁的种类较多，有地梁、框架梁、连系梁、悬挑梁、圈梁、过梁等，梁内的钢筋种类也较多，有通长筋、支座负筋、腰筋(构造筋)、拉筋、箍筋、架立筋等。以框架梁为例说明梁平法钢筋工程量的计算。

框架梁内部钢筋有纵向钢筋、吊筋、箍筋、拉筋等。框架梁钢筋主要计算公式如下：

$$上部通长筋=通跨净长+两端支座锚固长度+搭接长度 \tag{5-3}$$

$$端支座负筋=锚固长度+伸出支座长度 \tag{5-4}$$

$$中间支座负筋=中间支座宽度+左右两边伸出支座的长度 \tag{5-5}$$

$$架立筋=每跨净长-左右两边伸出支座的负筋长度+2×搭接长度 \tag{5-6}$$

$$下部钢筋(分跨布置)=净跨长+左侧锚固长度+左侧锚固长度 \tag{5-7}$$

$$下部钢筋(不伸入支座)=净跨长-2×0.1l_{ni}(l_{ni}各跨净跨长度) \tag{5-8}$$

$$侧面纵向构造钢筋长度=净跨长+2×15d+搭接长度 \tag{5-9}$$

$$侧面纵向抗扭钢筋长度=净跨长+锚固长度+搭接长度 \tag{5-10}$$

$$两肢箍钢筋单根长度=(梁宽+梁高)×2-8×保护层+2max(75+1.9d, 11.9d) \tag{5-11}$$

$$箍筋根数=[(非加密长度-50)/加密区间距+1]×2+(非加密区长度-50)/非加密区间距-1 \tag{5-12}$$

$$吊筋长度=2×锚固长度+2×斜段长度+次梁宽度+2×50 \tag{5-13}$$

### 1. 首层梁的钢筋工程量计算

某学校框架结构中，DKL 表示地框梁，顶标高为-0.55m，首层地框梁平法施工图如图 5-49 所示。

1) 首层地框梁 DKL1 钢筋工程量计算

DKL1 在首层地框梁位置图如图 5-50 所示，图中标注的梁为 DKL1。DKL1 的平法标注如图 5-51 所示，由图可知 DKL1 平法信息为：梁名称为 DKL1，梁跨数为 2 跨，箍筋为 $\phi8@100/150(2)$，通长筋为 $2\Phi18$。DKL1 钢筋三维图如图 5-52 所示。

(1) DKL1 的钢筋工程量计算式。

DKL1 的钢筋工程量计算式如图 5-53 所示。

(2) DKL1 钢筋工程量。

DKL1 钢筋工程量如图 5-54 所示。

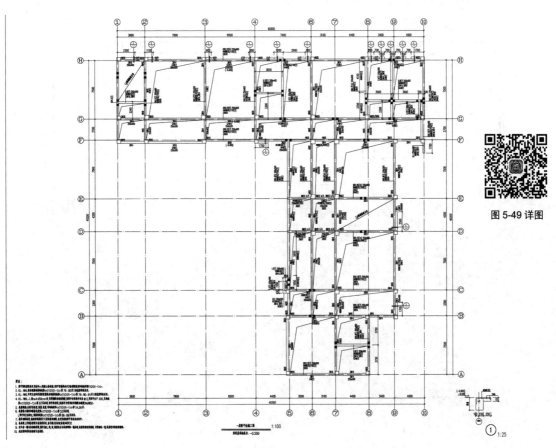

图 5-49 详图

图 5-49　首层地框梁平法施工图

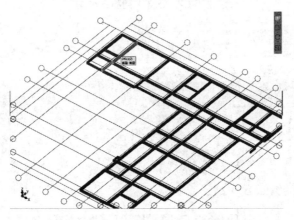

图 5-50　DKL1 在首层地框梁位置图

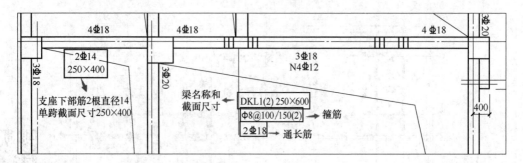

图 5-51　DKL1 的平法标注

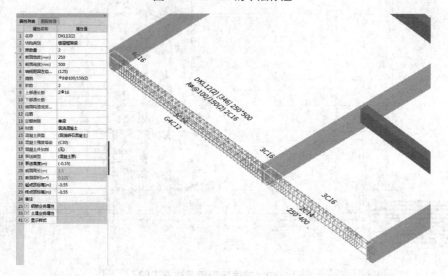

图 5-52　DKL1 钢筋三维图

图 5-53　DKL1 的钢筋工程量计算式

| 楼层名称 | 构件名称 | 钢筋总重量<br>（kg） | HPB300 | | | HRB400 | | | |
| --- | --- | --- | --- | --- | --- | --- | --- | --- | --- |
| | | | 6 | 8 | 合计 | 12 | 14 | 18 | 合计 |
| 1 首层 | DKL1(2)[342] | 227.085 | 4.8 | 51.847 | 56.647 | 27.664 | 8.974 | 133.8 | 170.438 |
| 2 | 合计: | 227.085 | 4.8 | 51.847 | 56.647 | 27.664 | 8.974 | 133.8 | 170.438 |

钢筋总重量（kg）：227.085

图 5-54　DKL1 钢筋工程量

2)　DKL12 钢筋工程量

地框梁 DKL12 在首层位置图如图 5-55 所示，图中标注的梁为 DKL12。DKL12 的平法标注如图 5-56 所示，由图可知 DKL12 平法信息为：梁名称为 DKL12，梁跨数为 2 跨，截面尺寸为 250×500mm，箍筋为 $\Phi8@100/150(2)$，通长筋为 $2\Phi16$。DKL12 钢筋三维图如图 5-57 所示。

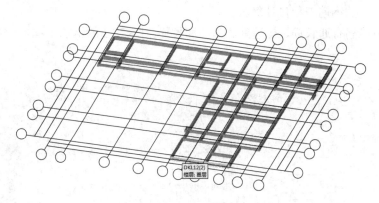

图 5-55　地框梁 DKL12 在首层位置图

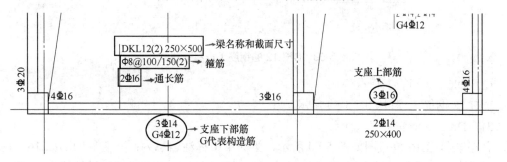

图 5-56　DKL12 的平法标注

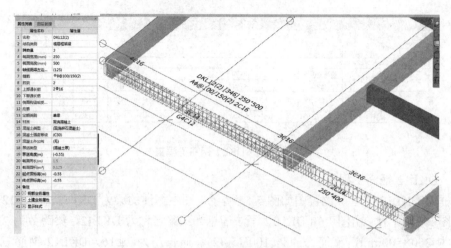

图 5-57 DKL12 钢筋三维图

(1) DKL12 的钢筋工程量计算式。

DKL12 中钢筋有通长筋、构造筋、箍筋和拉筋。DKL12 的钢筋工程量计算式如图 5-58 所示。

单构件钢筋总重(kg)：162.267

| | 筋号 | 直径(mm) | 级别 | 图号 | 图形 | 计算公式 | 公式描述 | 长度 | 根数 | 搭接 | 损耗(%) | 单重(kg) | 总重(kg) | 钢筋归类 | 搭接形式 | 钢筋类型 |
|---|---|---|---|---|---|---|---|---|---|---|---|---|---|---|---|---|
| 1 | 1跨.上通长筋1 | 16 | Φ | 64 | 240 10960 240 | 500-20+15*d +10000+500-20+15*d | 支座宽-保护层+弯折+净长+支座宽-保护层+弯折 | 11440 | 2 | 1 | 0 | 18.075 | 36.15 | 直筋 | 直螺纹连接 | 普通钢筋 |
| 2 | 1跨.左支座筋1 | 16 | Φ | 18 | 240 2447 | 500-20+15*d+5900/3 | 支座宽-保护层+弯折+搭接 | 2687 | 2 | 0 | 0 | 4.245 | 8.49 | 直筋 | 直螺纹连接 | 普通钢筋 |
| 3 | 1跨.右支座筋1 | 16 | Φ | 18 | 240 6547 | 5900/3+500+3600+500-20+15*d | 搭接+支座宽+净长+支座宽-保护层+弯折 | 6787 | 1 | 0 | 0 | 10.723 | 10.723 | 直筋 | 直螺纹连接 | 普通钢筋 |
| 4 | 1跨.侧面构造筋1 | 12 | Φ | 1 | 6260 | 15*d+5900+15*d | 锚固+净长+锚固 | 6260 | 4 | 0 | 0 | 5.559 | 22.236 | 直筋 | 绑扎 | 普通钢筋 |
| 5 | 1跨.下部钢筋1 | 14 | Φ | 64 | 210 6860 210 | 500-20+15*d +5900+500-20+15*d | 支座宽-保护层+弯折+净长+支座宽-保护层+弯折 | 7280 | 3 | 0 | 0 | 8.809 | 26.427 | 直筋 | 绑扎 | 普通钢筋 |
| 6 | 2跨.下部钢筋1 | 14 | Φ | 18 | 210 4598 | 37*d+3600+500-20+15*d | 直锚+净长+支座宽-保护层+弯折 | 4808 | 2 | 0 | 0 | 5.818 | 11.636 | 直筋 | 绑扎 | 普通钢筋 |
| 7 | 1跨.箍筋1 | 8 | Φ | 195 | 460 210 | 2*((250-2*20)+(500-2*20))+2*(11.9*d) | | 1530 | 45 | 0 | 0 | 0.604 | 27.18 | 箍筋 | 绑扎 | 普通钢筋 |
| 8 | 1跨.拉筋1 | 6 | Φ | 485 | 210 | (250-2*20)+2*(75+1.9*d) | | 383 | 42 | 0 | 0 | 0.1 | 4.2 | 箍筋 | 绑扎 | 普通钢筋 |
| 9 | 2跨.箍筋1 | 8 | Φ | 195 | 360 210 | 2*((250-2*20)+(400-2*20))+2*(11.9*d) | | 1330 | 29 | 0 | 0 | 0.525 | 15.225 | 箍筋 | 绑扎 | 普通钢筋 |

图 5-58 DKL12 的钢筋工程量计算式

(2) DKL12 钢筋工程量。

DKL12 钢筋工程量如图 5-59 所示。

3) DKL16 钢筋工程量计算

首层梁 DKL16 位置图如图 5-60 所示，梁的集中标注信息为：梁名称为 DKL16，跨数为 2A(两跨一端悬挑)，截面尺寸 250×600mm，箍筋为 Φ8@100/200(2)，通长筋为 2Φ22，扭筋为 N4Φ12。原位标注信息如图 5-61 所示，图中显示梁的集中标注和原位标注信息。首层梁 DKL16 钢筋三维图如图 5-62 所示。

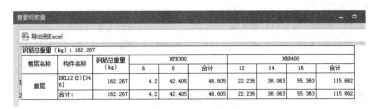

图 5-59 DKL12 的钢筋工程量

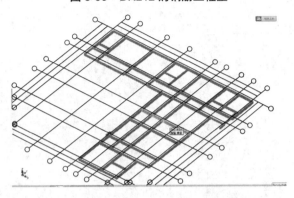

图 5-60 首层梁 DKL16 位置图

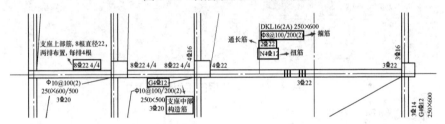

图 5-61 原位标注信息

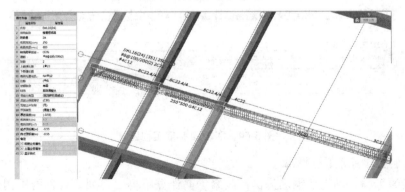

图 5-62 首层梁 DKL16 钢筋三维图

(1) DKL12 的钢筋工程量计算式。

DKL12 中钢筋有通长筋、构造筋、箍筋和扭筋。DKL12 的钢筋工程量计算式如图 5-63 所示。

单构件钢筋总重(kg)：519.574

| | 筋号 | 直径(mm) | 级别 | 图号 | 图形 | 计算公式 | 公式描述 | 长度 | 根数 | 搭接 | 损耗(%) | 单重(kg) | 总重(kg) | 钢筋归类 | 搭接形式 | 钢筋类型 |
|---|---|---|---|---|---|---|---|---|---|---|---|---|---|---|---|---|
| 1 | 0跨.上通长筋1 | 22 | ⊕ | 64 | 330 14310 264 | 500-20+15*d+13850+264-20 | 支座宽-保护层+弯折+净长+弯折-保护层 | 14904 | 2 | 1 | 0 | 44.414 | 88.828 | 直筋 | 直螺纹连接 | 普通钢筋 |
| 2 | 0跨.右支座筋1 | 22 | ⊕ | 18 | 264 9030 | 600+7200/3+6050+264-20 | 支座宽+搭接+净长+弯折-保护层 | 9294 | 2 | 0 | 0 | 27.696 | 55.392 | 直筋 | 直螺纹连接 | 普通钢筋 |
| 3 | 0跨.右支座筋3 | 22 | ⊕ | 145 | 540 220 45 3418 | 600+2500/4+0.75*2950+(600-20*3)*1.414+220 | 支座宽+搭接+净长 | 4422 | 4 | 0 | 0 | 13.178 | 52.712 | 直筋 | 直螺纹连接 | 普通钢筋 |
| 4 | 0跨.侧面受扭筋1 | 12 | ⊕ | 1 | 3374 | 37*d+2950-20 | 直锚+净长-保护层 | 3374 | 4 | 0 | 0 | 2.996 | 11.984 | 直筋 | 绑扎 | 普通钢筋 |
| 5 | 0跨.下部钢筋1 | 20 | ⊕ | 1 | 3230 | 15*d+2950-20 | 锚固+净长-保护层 | 3230 | 3 | 0 | 0 | 7.978 | 23.934 | 直筋 | 直螺纹连接 | 普通钢筋 |
| 6 | 1跨.右支座筋1 | 22 | ⊕ | 1 | 2614 | 7200/4+37*d | 搭接+直锚 | 2614 | 4 | 0 | 0 | 7.79 | 31.16 | 直筋 | 直螺纹连接 | 普通钢筋 |
| 7 | 1跨.侧面构造筋1 | 12 | ⊕ | 1 | 2860 | 15*d+2500+15*d | 锚固+净长+锚固 | 2860 | 4 | 0 | 0 | 2.54 | 10.16 | 直筋 | 绑扎 | 普通钢筋 |
| 8 | 1跨.下部钢筋1 | 20 | ⊕ | 1 | 3980 | 37*d+2500+37*d | 直锚+净长+直锚 | 3980 | 3 | 0 | 0 | 9.831 | 29.493 | 直筋 | 直螺纹连接 | 普通钢筋 |
| 9 | 2跨.右支座筋1 | 22 | ⊕ | 18 | 330 2880 | 7200/3+500-20+15*d | 搭接+支座宽-保护层+弯折 | 3210 | 1 | 0 | 0 | 9.566 | 9.566 | 直筋 | 直螺纹连接 | 普通钢筋 |
| 10 | 2跨.侧面受扭筋1 | 12 | ⊕ | 1 | 8088 | 37*d+7200+37*d | 直锚+净长+直锚 | 8088 | 4 | 0 | 0 | 7.182 | 28.728 | 直筋 | 绑扎 | 普通钢筋 |
| 11 | 2跨.下部钢筋1 | 22 | ⊕ | 64 | 330 8260 330 | 500-20+15*d+7200+500-20+15*d | 支座宽-保护层+弯折+净长+支座宽-保护层+弯折 | 8920 | 3 | 0 | 0 | 26.582 | 79.746 | 直筋 | 直螺纹连接 | 普通钢筋 |
| 12 | 0跨.箍筋1 | 10 | Φ | 195 | 560 210 | 2*((250-2*20)+(600-2*20))+2*(11.9*d) | | 1778 | 30 | 0 | 0 | 1.097 | 32.91 | 箍筋 | 绑扎 | 普通钢筋 |
| 13 | 0跨.拉筋1 | 6 | Φ | 485 | 210 | (250-2*20)+2*(75+1.9*d) | | 383 | 32 | 0 | 0 | 0.1 | 3.2 | 箍筋 | 绑扎 | 普通钢筋 |
| 14 | 1跨.箍筋1 | 10 | Φ | 195 | 460 210 | 2*((250-2*20)+(500-2*20))+2*(11.9*d) | | 1578 | 20 | 0 | 0 | 0.974 | 19.48 | 箍筋 | 绑扎 | 普通钢筋 |
| 15 | 1跨.拉筋1 | 6 | Φ | 485 | 210 | (250-2*20)+2*(75+1.9*d) | | 383 | 14 | 0 | 0 | 0.1 | 1.4 | 箍筋 | 绑扎 | 普通钢筋 |
| 16 | 2跨.箍筋1 | 8 | Φ | 195 | 560 210 | 2*((250-2*20)+(600-2*20))+2*(11.9*d) | | 1730 | 46 | 0 | 0 | 0.683 | 31.418 | 箍筋 | 绑扎 | 普通钢筋 |
| 17 | 2跨.拉筋1 | 6 | Φ | 485 | 210 | (250-2*20)+2*(75+1.9*d) | | 383 | 38 | 0 | 0 | 0.1 | 3.8 | 箍筋 | 绑扎 | 普通钢筋 |
| 18 | 0跨.上部梁垫铁.1 | 25 | ⊕ | 1 | 210 | 250-2*20 | | 210 | 3 | 0 | 0 | 0.809 | 2.427 | 梁垫铁 | 套管挤压 | 普通钢筋 |
| 19 | 1跨.上部梁垫铁.1 | 25 | ⊕ | 1 | 210 | 250-2*20 | | 210 | 4 | 0 | 0 | 0.809 | 3.236 | 梁垫铁 | 套管挤压 | 普通钢筋 |

图 5-63 DKL12 的钢筋工程量计算式

(2) DKL12 钢筋工程量。

DKL12 钢筋工程量如图 5-64 所示。

查看钢筋量

导出到Excel

钢筋总重量（kg）：519.574

| | 楼层名称 | 构件名称 | 钢筋总重量（kg） | HPB300 | | | | HRB400 | | | | |
|---|---|---|---|---|---|---|---|---|---|---|---|---|
| | | | | 6 | 8 | 10 | 合计 | 12 | 20 | 22 | 25 | 合计 |
| 1 | 首层 | DKL16(2A)[351] | 519.574 | 8.4 | 31.418 | 52.39 | 92.208 | 50.872 | 53.427 | 317.404 | 5.663 | 427.366 |
| 2 | | 合计： | 519.574 | 8.4 | 31.418 | 52.39 | 92.208 | 50.872 | 53.427 | 317.404 | 5.663 | 427.366 |

图 5-64 DKL12 钢筋工程量

4) 首层梁钢筋汇总工程量

首层梁的工程量以上述钢筋为例，其余钢筋计算不再一一列举。首层梁钢筋汇总工程量见表 5-6 所示。

表 5-6　首层梁钢筋汇总工程量

| 构件类型 | 构件类型钢筋总重(kg) | 构件名称 | 构件数量 | 单个构件钢筋重量(kg) | 构件钢筋总重(kg) | 接头 |
|---|---|---|---|---|---|---|
| 梁 | 8723.657 | DKL1(2)[342] | 1 | 227.085 | 227.085 | 2 |
| | | DKL1(2)[343] | 1 | 227.988 | 227.988 | 2 |
| | | DKL10(1)[344] | 1 | 36.94 | 36.94 | |
| | | DKL11(1)[345] | 1 | 259.391 | 259.391 | |
| | | DKL12(2)[346] | 1 | 162.267 | 162.267 | 2 |
| | | DKL13(3)[347] | 1 | 204.856 | 204.856 | 2 |
| | | DKL14(2)[349] | 1 | 317.403 | 317.403 | 2 |
| | | DKL15(2A)[350] | 1 | 477.968 | 477.968 | 2 |
| | | DKL16(2A)[351] | 1 | 519.574 | 519.574 | 2 |
| | | DKL18(7)[352] | 1 | 815.563 | 815.563 | 6 |
| | | DKL19(6)[354] | 1 | 1063.957 | 1063.957 | 8 |
| | | DKL2(2)[355] | 1 | 157.184 | 157.184 | |
| | | DKL20(6)[356] | 1 | 988.277 | 988.277 | 9 |
| | | DKL3(2)[357] | 1 | 271.263 | 271.263 | 2 |
| | | DKL4(5)[358] | 1 | 645.933 | 645.933 | 5 |
| | | DKL5(6)[360] | 1 | 487.124 | 487.124 | 6 |
| | | DKL6(5A)[361] | 1 | 502.186 | 502.186 | 6 |
| | | DKL7(1A)[362] | 1 | 251.778 | 251.778 | 2 |
| | | DKL8(1)[363] | 1 | 143.007 | 143.007 | |
| | | DKL9(4)[364] | 1 | 363.052 | 363.052 | 4 |
| | | L1(1)[365] | 1 | 139.76 | 139.76 | |
| | | L10(1)[366] | 1 | 25.01 | 25.01 | |
| | | L2(1)[394] | 1 | 9.674 | 9.674 | |
| | | L4(1)[398] | 1 | 111.139 | 111.139 | |
| | | L5(1)[370] | 1 | 48.466 | 48.466 | |
| | | L6(1)[371] | 1 | 49.081 | 49.081 | |
| | | L7(1)[387] | 1 | 6.824 | 6.824 | |
| | | L8(1)[373] | 1 | 45.148 | 45.148 | |
| | | L9(1)[405] | 1 | 133.906 | 133.906 | |
| | | XL1[376] | 1 | 19.94 | 19.94 | |
| | | XL2[390] | 1 | 11.913 | 11.913 | |

2. 二层梁的钢筋工程量计算

1) 二层 KL2 的钢筋工程量计算

某学校框架结构中二层 KL2 的顶标高为 3.85，二层框梁三维图如图 5-65 所示，图中所标识的梁即为 KL2，KL2 的梁平法施工图如图 5-66 所示，由图可知梁的集中标注信息为：梁名称为 KL2，跨数为 2，截面尺寸 300×700mm，箍筋为φ8@100/150(2)，通长筋为 2Φ20。KL2 的钢筋三维图如图 5-67 所示。

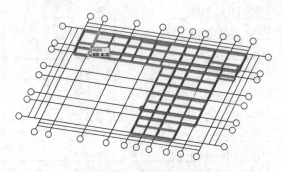

图 5-65　二层框梁三维图

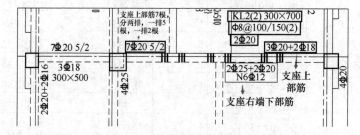

图 5-66　二层 KL2 的梁平法施工图

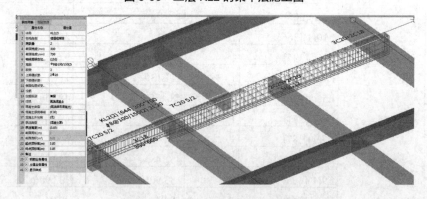

图 5-67　二层 KL2 的钢筋三维图

(1) 二层 KL2 的钢筋工程量计算式。

KL2 中钢筋有通长筋、箍筋、构造筋、拉筋。钢筋工程量计算式如图 5-68 所示。

**图 5-68　二层 KL2 钢筋工程量计算式**

(2) 二层 KL2 钢筋工程量。

KL2 钢筋工程量如图 5-69 所示。

| 楼层名称 | 构件名称 | 钢筋总重量（kg） | HPB300 | | | HRB400 | | | | |
|---|---|---|---|---|---|---|---|---|---|---|
| | | | 6 | 8 | 合计 | 12 | 18 | 20 | 25 | 合计 |
| 第2层 | KL2(2)[644] | 405.246 | 8.136 | 67.1 | 75.236 | 42.03 | 35.828 | 179.078 | 73.074 | 330.01 |
| | 合计： | 405.246 | 8.136 | 67.1 | 75.236 | 42.03 | 35.828 | 179.078 | 73.074 | 330.01 |

钢筋总重量（kg）：405.246

**图 5-69　二层 KL2 钢筋工程量**

2) 二层 L1 的钢筋工程量

二层 L1 位置如图 5-70 所示，梁平法施工图如图 5-71 所示，由图可知梁的集中标注信息为：梁名称为 L1，跨数为 2，截面尺寸 250×500mm，箍筋为 Φ8@200(2)，通长筋为 2Φ18。二层 L1 的钢筋三维图如图 5-72 所示。

(1) 二层 L1 钢筋工程量计算式。

二层 L1 钢筋工程量计算式如图 5-73 所示。

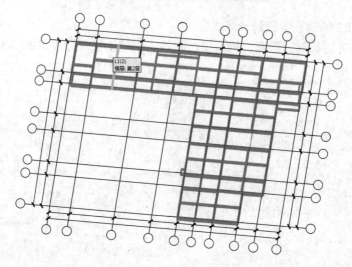

图 5-70　二层 L1 位置

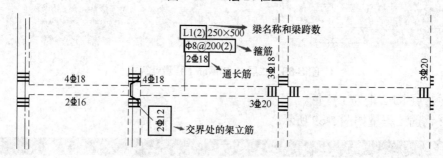

图 5-71　梁平法施工图

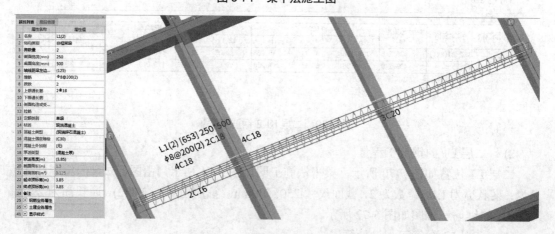

图 5-72　二层 L1 的钢筋三维图

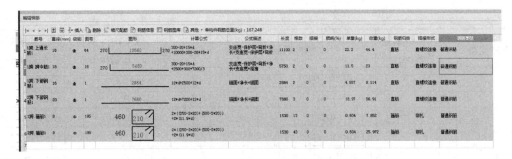

图 5-73　二层 L1 钢筋工程量计算式

(2)　二层 L1 钢筋工程量。

二层 L1 钢筋工程量如图 5-74 所示。

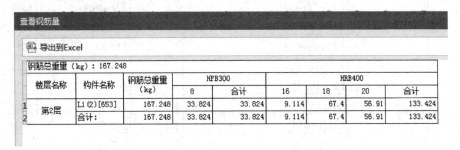

图 5-74　二层 L1 钢筋工程量

3)　二层梁钢筋工程量汇总

二层梁的工程量以上述钢筋为例，其余钢筋计算不再一一列举。二层梁钢筋工程量汇总见表 5-7 所示。

表 5-7　二层梁钢筋工程量汇总

| 构件类型 | 构件类型钢筋总重(kg) | 构件名称 | 构件数量 | 单个构件钢筋重量(kg) | 构件钢筋总重(kg) |
|---|---|---|---|---|---|
| 梁 | 15199.866 | KL1(2)[630] | 1 | 304.445 | 304.445 |
| | | KL10(5)[632] | 1 | 704.132 | 704.132 |
| | | KL11(2A)[633] | 1 | 458.264 | 458.264 |
| | | KL12(2)[636] | 1 | 248.636 | 248.636 |
| | | KL13(2)[637] | 1 | 384.151 | 384.151 |
| | | KL14(2)[638] | 1 | 580.515 | 580.515 |
| | | KL15(2A)[639] | 1 | 622.725 | 622.725 |

续表

| 构件类型 | 构件类型钢筋总重(kg) | 构件名称 | 构件数量 | 单个构件钢筋重量(kg) | 构件钢筋总重(kg) |
|---|---|---|---|---|---|
| 梁 | 15199.866 | KL16(2A)[640] | 1 | 634.567 | 634.567 |
| | | KL17(7)[641] | 1 | 1014.3 | 1014.3 |
| | | KL18(6)[642] | 1 | 1603.114 | 1603.114 |
| | | KL19(6)[643] | 1 | 1211.257 | 1211.257 |
| | | KL2(2)[644] | 1 | 405.246 | 405.246 |
| | | KL3(2)[645] | 1 | 405.859 | 405.859 |
| | | KL4(2)[646] | 1 | 473.682 | 473.682 |
| | | KL5(5)[647] | 1 | 667.649 | 667.649 |
| | | KL6(7)[648] | 1 | 1244.768 | 1244.768 |
| | | KL7(7)[649] | 1 | 1135.268 | 1135.268 |
| | | KL8(3)[650] | 1 | 555.82 | 555.82 |
| | | KL9(3)[651] | 1 | 356.404 | 356.404 |
| | | L1(2)[653] | 1 | 167.248 | 167.248 |
| | | L10(2A)[654] | 1 | 236.871 | 236.871 |
| | | L11(1)[655] | 1 | 35.362 | 35.362 |
| | | L12(1)[656] | 1 | 217.455 | 217.455 |
| | | L13(1)[657] | 1 | 49.998 | 49.998 |
| | | L14(4)[658] | 1 | 480.311 | 480.311 |
| | | L15(2)[659] | 1 | 63.162 | 63.162 |
| | | L2(2)[660] | 1 | 148.254 | 148.254 |
| | | L3(1)[661] | 1 | 9.674 | 9.674 |
| | | L4(2)[662] | 1 | 187.156 | 187.156 |
| | | L5(1)[663] | 1 | 217.006 | 217.006 |
| | | L6(1)[664] | 1 | 20.308 | 20.308 |
| | | L7(2)[665] | 1 | 103.488 | 103.488 |
| | | L8(1)[666] | 1 | 7.96 | 7.96 |
| | | L9(2A)[667] | 1 | 228.738 | 228.738 |
| | | XL1[668] | 1 | 16.073 | 16.073 |

3. 梁的钢筋工程量汇总

某学校框架结构项目梁的工程量以上述楼层的部分钢筋为例，其余楼层钢筋计算不再叙述。梁的钢筋工程量汇总见表 5-8 所示。

表 5-8　梁的钢筋工程量汇总

| 楼层名称 | 构件类型 | 钢筋总重(kg) | HPB300 | | | | | | HRB400 | | | | | | | | |
|---|---|---|---|---|---|---|---|---|---|---|---|---|---|---|---|---|---|
| | | | 6 | 8 | 10 | 12 | 14 | 18 | 8 | 10 | 12 | 14 | 16 | 18 | 20 | 22 | 25 |
| 首层 | 过梁 | 148.372 | 38.142 | 20.73 | 16.536 | 72.964 | | | | | | | | | | | |
| 首层 | 梁 | 8723.657 | 255.546 | 1492.656 | 412.206 | 364.9 | | | | | 1161.254 | 942.847 | 722.001 | 1237.654 | 1718.877 | 397.15 | 18.566 |
| 第2层 | 过梁 | 111.774 | 28.922 | 20.694 | 5.428 | 56.73 | | | | | | | | | | | |
| 第2层 | 梁 | 15199.866 | 267.234 | 2598.161 | 342.928 | 143.488 | | | | | 1174.33 | 39.156 | 972.949 | 941.11 | 3563.941 | 2020.427 | 3136.142 |
| 第3层 | 过梁 | 111.774 | 28.922 | 20.694 | 5.428 | 56.73 | | | | | | | | | | | |
| 第3层 | 梁 | 15378.22 | 261.553 | 2628.609 | 415.566 | 143.488 | | | | | 1316.394 | | 992.05 | 960.56 | 3838.229 | 1835.953 | 2965.868 |
| 第4层 | 过梁 | 111.774 | 28.922 | 20.694 | 5.428 | 56.73 | | | | | | | | | | | |
| 第4层 | 梁 | 15156.198 | 259.663 | 2557.197 | 415.566 | 143.488 | | | | | 1167.674 | 19.95 | 992.05 | 960.56 | 3838.229 | 1835.953 | 2965.868 |
| 第5层 | 过梁 | 170.734 | 46.022 | 20.694 | 12.184 | 63.106 | 13.588 | 15.14 | | | | | | | | | |
| 第5层 | 梁 | 15156.198 | 259.663 | 2557.197 | 415.566 | 143.488 | | | | | 1167.674 | 19.95 | 992.05 | 960.56 | 3838.229 | 1835.953 | 2965.868 |
| 女儿墙层 | 梁 | 14814.302 | 240.388 | 2599.089 | 471.151 | | | | | | 1157.174 | 20.434 | 865.912 | 849.216 | 3313.29 | 3077.167 | 2220.481 |
| 突出层 | 梁 | 3816.633 | 54.018 | 589.978 | 277.48 | 226.71 | 13.588 | 15.14 | | | 229.146 | 19.592 | 536.781 | 112.796 | 781.694 | 96.316 | 892.122 |
| 全部层 | 过梁 | 654.428 | 170.93 | 103.506 | 45.004 | 306.26 | | | | | | | | | | | |
| 汇总 | 梁 | 88245.074 | 1598.065 | 15022.887 | 2750.463 | 1165.562 | | | | | 7373.646 | 1081.879 | 6073.793 | 6022.456 | 20892.489 | 11098.919 | 15164.915 |

### 5.2.3 板钢筋工程量

板从跨度上分为单跨板、双跨板、多跨板、悬挑板等，板内部钢筋又可以分为受力筋、负筋、负筋分布筋、温度筋等。具体板钢筋计算公式如下：

$$受力筋长度=轴线尺寸+左锚固+右锚固+两端弯钩 \tag{5-14}$$

$$负筋长度=负筋长度+左弯折+右弯折 \tag{5-15}$$

$$分布筋长度=负筋布置范围长度-负筋扣减值 \tag{5-16}$$

某学校框架结构平面布置图如图 5-75 所示，混凝土板三维图如图 5-76 所示，板内钢筋为受力筋和负筋，如图 5-77 所示为板钢筋平法示意图中某一根跨板受力筋、板负筋示意图，跨板受力筋钢筋信息为 $\Phi 8@150$，板负筋钢筋信息为 $\Phi 10@150$，左右标注信息为 1100mm。板的钢筋工程量计算以上述受力筋和负筋为例，其余计算不再叙述。

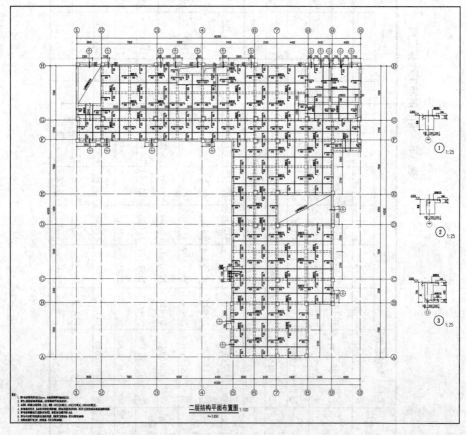

图 5-75 详图

**图 5-75 某学校框架结构平面布置图**

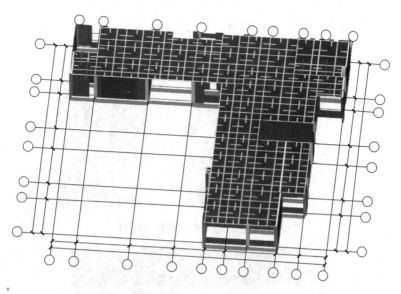

**图 5-76　混凝土板三维图**

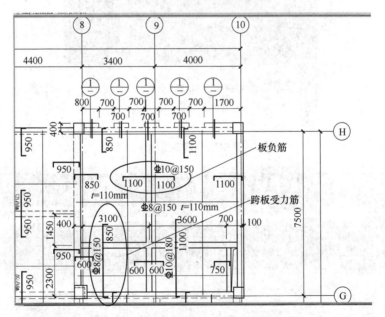

**图 5-77　板钢筋平法示意图**

## 1. 板受力筋工程量

板受力筋钢筋三维图如图 5-78 所示，上图所示跨板受力筋在三维图中的显示位置及钢筋工程量如图 5-79 所示。跨板受力筋钢筋信息为 C8@150。钢筋工程量计算过程如图 5-80 所示。

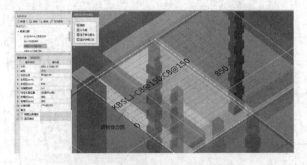

图 5-78　板受力筋钢筋三维图

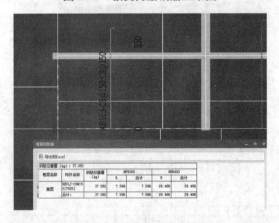

图 5-79　钢筋工程量

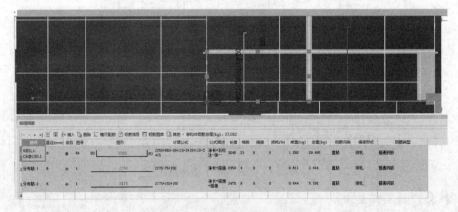

图 5-80　钢筋工程量计算过程

## 2. 板负筋工程量

上图 5-77 所示中的板负筋钢筋三维图如图 5-81 所示，在三维图中的显示位置及钢筋工程量如图 5-82 示，板负筋钢筋信息为 C10@150，左右标注信息为 1100m。板负筋钢筋工程量计算过程如图 5-83 示。

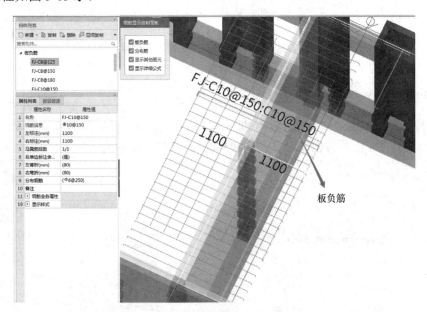

图 5-81　板负筋钢筋三维图

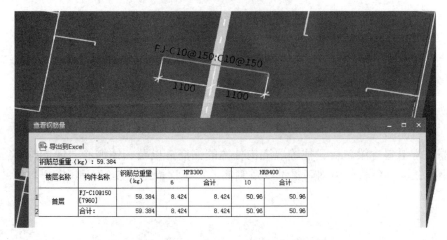

图 5-82　板负筋的显示位置及钢筋工程量

图 5-83　板负筋钢筋工程量计算过程

## 5.2.4 ▌钢筋工程量汇总

某学校钢筋工程量经济技术指标如图 5-84 所示，图中显示实体钢筋总重 184.814t，建筑面积为 4111.21m²，单方钢筋含量为 44.954kg/m²，措施筋总重 0.403t。

钢筋汇总查看.mp4

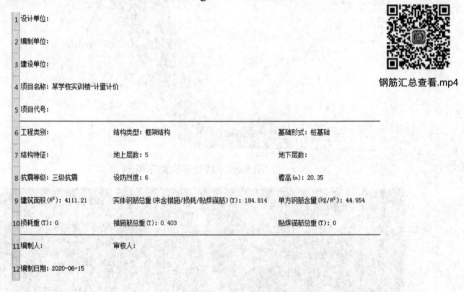

图 5-84　钢筋工程量经济技术指标

钢筋工程量包含梁、板、柱等现浇构件中的钢筋，以及砌体加筋、墙体拉筋等所有构件中的钢筋工程。各构件中钢筋重量以及钢筋汇总工程量见表 5-9 所示。

表 5-9　各构件中钢筋重量以及钢筋汇总工程量

| 楼层名称 | 构件类型 | 钢筋总重(kg) | HPB300 | | | | | | HRB335 | | | HRB400 | | | | | | | | |
| --- | --- | --- | --- | --- | --- | --- | --- | --- | --- | --- | --- | --- | --- | --- | --- | --- | --- | --- | --- | --- |
| | | | 6 | 8 | 10 | 12 | 14 | 18 | 12 | 14 | 25 | 8 | 10 | 12 | 14 | 16 | 18 | 20 | 22 | 25 |
| 基础层 | 柱 | 3216.756 | | 94.88 | 24.464 | | | | | | | | | | | 154.544 | 1468.912 | 1101.096 | 372.86 | |
| | 桩承台 | 973.712 | | | | | | | | | | | | 973.712 | | | | | | |
| | 其他 | 20018.97 | | 4918.34 | 948.822 | 496.28 | | | 1550.248 | 3034.68 | 9070.6 | | | | | | | | | |
| | 合计 | 24209.438 | | 5013.22 | 973.286 | 496.28 | | | 1550.248 | 3034.68 | 9070.6 | | | 973.712 | | 154.544 | 1468.912 | 1101.096 | 372.86 | |
| 首层 | 柱 | 6850.973 | | 2631.852 | 552.188 | | | | | | | | | | | 186.24 | 1775.472 | 1264.181 | 441.04 | |
| | 构造柱 | 1722.513 | 342.449 | | | | | | 1380.064 | | | | | | | | | | | |
| | 过梁 | 148.347 | 33.663 | 20.756 | 17.132 | 76.796 | | | | | | | | | | | | | | |
| | 梁 | 8723.657 | 255.546 | 1492.656 | 412.206 | 364.9 | | | | | | | | 1161.254 | 942.847 | 722.001 | 1237.654 | 1718.877 | 397.15 | 18.566 |
| | 现浇板 | 5490.953 | 497.795 | | | | | | | | | 4866.706 | 126.452 | | | | | | | |
| | 其他 | 2420 | | 528 | | | | | | | | | 669.36 | 1222.64 | | | | | | |
| | 合计 | 25356.443 | 1129.453 | 4673.264 | 981.526 | 441.696 | | | 1380.064 | | | 4866.706 | 795.812 | 2383.894 | 942.847 | 908.241 | 3013.126 | 2983.058 | 838.19 | 18.566 |
| 第2层 | 柱 | 6125.594 | | 2073.444 | 378.24 | | | | | | | | | | | 844.784 | 2364.246 | | 464.88 | |
| | 构造柱 | 1902.298 | 390.734 | | | | | | 1511.564 | | | | | | | | | | | |
| | 过梁 | 116.699 | 26.219 | 21.666 | 6.148 | 62.666 | | | | | | | | | | | | | | |
| | 梁 | 15199.866 | 267.234 | 2598.161 | 342.928 | 143.488 | | | | | | | | 1174.33 | 39.156 | 972.949 | 941.11 | 3563.941 | 2020.427 | 3136.142 |
| | 现浇板 | 5472.055 | 502.032 | | | | | | | | | 4843.571 | 126.452 | | | | | | | |
| | 合计 | 28816.512 | 1186.219 | 4693.271 | 727.316 | 206.154 | | | 1511.564 | | | 4843.571 | 126.452 | 1174.33 | 39.156 | 1817.733 | 3305.356 | 3563.941 | 2485.307 | 3136.142 |
| 第3层 | 柱 | 5951.7 | | 2073.444 | 378.24 | | | | | | | | | | | 788.736 | 2246.4 | | 464.88 | |
| | 构造柱 | 1925.522 | 394.878 | | | | | | 1530.644 | | | | | | | | | | | |
| | 过梁 | 117.468 | 26.044 | 21.868 | 6.148 | 63.408 | | | | | | | | | | | | | | |
| | 梁 | 15378.22 | 261.553 | 2628.609 | 415.566 | 143.488 | | | | | | | | 1316.394 | 19.95 | 992.05 | 960.56 | 3838.229 | 1835.953 | 2965.868 |
| | 现浇板 | 5472.055 | 502.032 | | | | | | | | | 4843.571 | 126.452 | | | | | | | |
| | 合计 | 28844.965 | 1184.507 | 4723.921 | 799.954 | 206.896 | | | 1530.644 | | | 4843.571 | 126.452 | 1316.394 | 19.95 | 1780.786 | 3206.96 | 3838.229 | 2300.833 | 2965.868 |
| 第4层 | 柱 | 5951.7 | | 2073.444 | 378.24 | | | | | | | | | | | 788.736 | 2246.4 | | 464.88 | |
| | 构造柱 | 1902.298 | 390.734 | | | | | | 1511.564 | | | | | | | | | | | |
| | 过梁 | 116.699 | 26.219 | 21.666 | 6.148 | 62.666 | | | | | | | | | | | | | | |
| | 梁 | 15156.198 | 259.663 | 2557.197 | 415.566 | 143.488 | | | | | | | | 1167.674 | 19.95 | 992.05 | 960.56 | 3838.229 | 1835.953 | 2965.868 |
| | 现浇板 | 5472.055 | 502.032 | | | | | | | | | 4843.571 | 126.452 | | | | | | | |
| | 合计 | 28598.95 | 1178.648 | 4652.307 | 799.954 | 206.154 | | | 1511.564 | | | 4843.571 | 126.452 | 1167.674 | 19.95 | 1780.786 | 3206.96 | 3838.229 | 2300.833 | 2965.868 |

续表

| 楼层名称 | 构件类型 | 钢筋总重(kg) | HPB300 6 | 8 | 10 | 12 | 14 | 18 | HRB335 12 | 14 | 25 | HRB400 8 | 10 | 12 | 14 | 16 | 18 | 20 | 22 | 25 |
|---|---|---|---|---|---|---|---|---|---|---|---|---|---|---|---|---|---|---|---|---|
| 第5层 | 柱 | 5481.954 | | 2073.444 | 378.24 | | | | | | | | | | | 715.878 | 1904.014 | | 410.378 | |
| | 构造柱 | 1942.184 | 398.496 | | | | | | 1543.688 | | | | | | | | | | | |
| | 过梁 | 178.808 | 41.782 | 21.868 | 13.664 | 69.784 | 16.57 | 15.14 | | | | | | | | | | | | |
| | 梁 | 15156.198 | 259.663 | 2557.197 | 415.566 | 143.488 | | | | | | | | 1167.674 | 19.95 | 992.05 | 960.56 | 3838.229 | 1835.953 | 2965.868 |
| | 现浇板 | 5672.645 | 545.541 | | | | | | | | | 4730.055 | 284.18 | 112.869 | | | | | | |
| | 合计 | 28431.789 | 1245.482 | 4652.509 | 807.47 | 213.272 | 16.57 | 15.14 | 1543.688 | | | 4730.055 | 284.18 | 1280.543 | 19.95 | 1707.928 | 2864.574 | 3838.229 | 2246.331 | 2965.868 |
| 女儿墙 | 柱 | 809.516 | 100.902 | 336.624 | | | | | | | | | | | | | | | | |
| | 构造柱 | 571.69 | | | | | | | 470.788 | | | | | | | | | | | |
| | 墙 | 14814.302 | 240.388 | 2599.089 | 471.151 | | | | | | | | | 1157.174 | | 849.216 | 849.216 | 3313.29 | 3077.167 | 2220.481 |
| | 合计 | 16195.508 | 341.29 | 2935.713 | 471.151 | | | | 470.788 | | | | 200.36 | 1157.174 | 20.434 | 865.912 | 1077.12 | 3313.29 | 3121.795 | 2220.481 |
| 突出层 | 柱 | 516.636 | | 375.744 | | | | | | | | | | | | 58.16 | 67.904 | | 14.828 | |
| | 构造柱 | 29.63 | 6.03 | | | | | | 23.6 | | | | | | | | | | | |
| | 梁 | 3816.633 | 54.018 | 589.978 | 277.48 | 226.71 | | | | | | 298.796 | | 229.146 | 19.592 | 112.796 | 112.796 | 781.694 | 96.316 | 892.122 |
| | 现浇板 | 400.699 | | | | | | | | | | | | | | | | | | |
| | 合计 | 4763.598 | 101.903 | 965.722 | 277.48 | 226.71 | | | 23.6 | | | 298.796 | | 229.146 | 19.592 | 536.781 | 180.7 | 781.694 | 96.316 | 892.122 |
| 全部楼层汇总 | 柱 | 34904.829 | 2024.223 | 11732.876 | 2089.612 | | | | | | | | | 7373.646 | | 3737.438 | | 2365.277 | 2678.374 | |
| | 构造柱 | 9996.135 | 153.927 | 107.824 | | | | | | | | | | | | | | | | |
| | 过梁 | 678.021 | | | 49.24 | 335.32 | 16.57 | 15.14 | | | | | | | | | | | | |
| | 梁 | 88245.074 | 1598.065 | 15022.887 | 2750.463 | 1165.562 | | | | | | | | | | 6073.793 | 12301.252 | 20892.489 | 11098.919 | 15164.915 |
| | 现浇板 | 27980.462 | | 5446.34 | 948.822 | 496.28 | | | | | | 24426.27 | | | | | 6022.456 | | | |
| | 桩承台 | 2651.335 | 2651.335 | | | | | | | | | | | | | | | | | |
| | 其他 | 973.712 | | | | | | | | | | | | | | | | | | |
| | 墙 | 22438.97 | | | | | | | | | | | | | | | | | | |
| | 合计 | 185217.203 | 6427.55 | 32309.927 | 5838.137 | 1997.162 | 16.57 | 15.14 | 9522.16 | 3034.68 | 9070.6 | 24426.27 | 1459.348 | 9682.867 | 1081.879 | 9811.231 | 18323.708 | 23257.766 | 13777.293 | 15164.915 |

# 5.3　某学校框架结构土建工程量计算

## 5.3.1 分部分项工程量计算

分部工程分为土石方工程、地基处理与边坡支护工程、桩基础工程、砌筑工程、混凝土与钢筋混凝土工程、金属结构工程、木结构工程、门窗工程、屋面及防水工程、保温隔热防腐工程、楼地面装饰工程、墙柱面装饰与隔断幕墙工程、天棚工程、油漆涂料裱糊工程、其他装饰工程、拆除工程等。

分项工程是对分部工程的进一步细分，是构成分部工程的基本项目，比如土石方工程，包含的分项工程有土方开挖、土方回填、平整场地等。

分部分项工程量可以按照清单规则或定额规则进行计算。

音频 1：土方工程.mp3

### 1. 土石方工程

某学校框架结构实训楼地基基础形式为桩基础，桩承台底标高为-1.95m，承台高 1m，承台绘制完成后，可通过软件自动生成基坑土方，土方工作面宽 300mm，基坑长×宽为1300×1300mm，基坑土方三维图如图 5-85 所示，共有 38 个基坑土方单元。

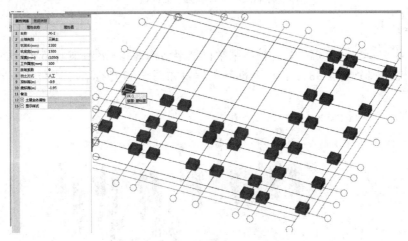

**图 5-85　基坑土方三维图**

基坑土方清单工程量计算规则为：单个土方工程量计算式如图 5-86 所示，单个土方工程量如图 5-87 所示。

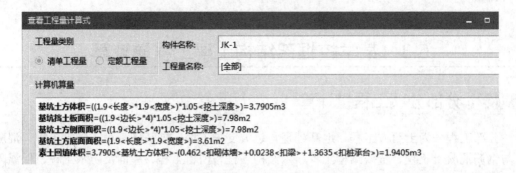

图 5-86　单个土方工程量计算式

| 楼层 | 名称 | 工程量名称 | | | | |
|------|------|------|------|------|------|------|
| | | 基坑土方体积（m³） | 基坑挡土板面积（m²） | 基坑土方侧面面积（m²） | 基坑土方底面面积（m²） | 素土回填体积（m³） |
| 1 基础层 | JK-1 | 144.039 | 303.24 | 303.24 | 137.18 | 71.9556 |
| 2 | **小计** | **144.039** | **303.24** | **303.24** | **137.18** | **71.9556** |
| 3 合计 | | 144.039 | 303.24 | 303.24 | 137.18 | 71.9556 |

图 5-87　单个土方工程量

音频2：
桩基工程.mp3

**2. 桩基工程**

桩基工程分部包含打桩、灌注桩。某学校框架结构桩基三维图如图 5-88 所示，打桩深度为 6m，桩基础个数为 38 个。单个桩基工程量如图 5-89 所示，工程量计算式如图 5-90 所示。

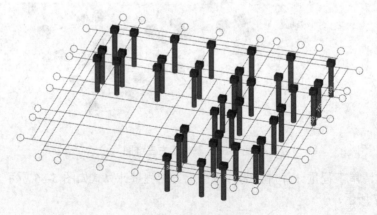

图 5-88　桩基三维图

图 5-89　单个桩基工程量

音频 3：
砌筑工程.mp3

图 5-90　单个桩基工程量计算式

### 3. 砌筑工程

砌筑工程包含的分项工程有砖基础、实心砖墙等，工程量计算时选择按照定额规则或清单规则进行计算。

砖墙的清单计算规则：按设计图示尺寸以体积计算。

扣除门窗洞口、过人洞、空圈、嵌入墙内的钢筋混凝土柱、梁、圈梁、挑梁、过梁及凹进墙内的壁龛、管槽、暖气槽、消火栓箱所占体积，不扣除梁头、板头、檩头、垫木、木楞头、沿缘木、木砖、门窗走头、砖墙内加固钢筋、木筋、铁件、钢管及单个面积≤0.3m$^2$ 的孔洞所占的体积。凸出墙面的腰线、挑檐、压顶、窗台线、虎头砖、门窗套的体积亦不增加。凸出墙面的砖垛并入墙体体积内计算。

砌块墙工程量
计算.mp4

墙长度：外墙按中心线、内墙按净长计算。

墙高度：外墙：斜(坡)屋面无檐口天棚者算至屋面板底；有屋架且室内外均有天棚者算至屋架下弦底另加 200mm；无天棚者算至屋架下弦底另加 300mm，出檐宽度超过 600mm 时按实砌高度计算；与钢筋混凝土楼板隔层者算至板顶。平屋顶算至钢筋混凝土板底。

内墙：位于屋架下弦者，算至屋架下弦底；无屋架者算至天棚底另加 100mm；有钢筋混凝土楼板隔层者算至楼板顶；有框架梁时算至梁底。

女儿墙：从屋面板上表面算至女儿墙顶面(如有混凝土压顶时算至压顶下表面)。

内、外山墙：按其平均高度计算。

框架间墙：不分内外墙按墙体净尺寸以体积计算。

围墙：高度算至压顶上表面(如有混凝土压顶时算至压顶下表面)，围墙柱并入围墙体积内。

某学校框架结构项目砌筑工程分部中主要涉及砌体墙，根据建筑施工图设计说明中墙体材料介绍可知，本工程砌体墙采用页岩空心砖，墙厚 200mm。

二层墙体三维图如图 5-91 所示，图中标出的墙体为 QTQ-2，工程量计算式如图 5-92 所示，工程量如图 5-93 所示。

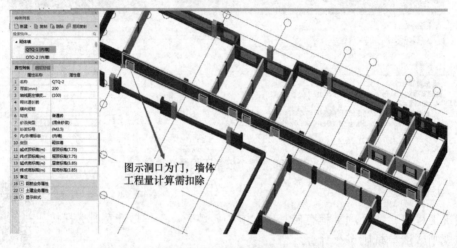

图示洞口为门，墙体工程量计算需扣除

扩展图片 1：其余墙体三维图.docx

图 5-91 二层墙体三维图

图 5-92 工程量计算式

查看构件图元工程量

构件工程量 | 做法工程量

◉ 清单工程量　○ 定额工程量　☑ 显示房间、组合构件量　☑ 只显示标准层单层量

| 砂浆标号 | 墙面积(m²) | 墙体积(m³) | 内墙脚手架面积(m) | 超高内墙脚手架长度(m) | 外墙外挂脚手架面积(m²) | 外墙内脚手架面积(m²) | 内墙脚手架面积(m²) | 外墙外侧钢丝网片总长度(m) | 外墙内侧钢丝网片总长度(m) | 内墙两侧钢丝网片总长度(m) | 外部遗漏钢丝网片长度(m) | 外部遗漏柱钢丝网片长度(m) | 外墙遗漏钢丝网片长度(m) | 内部遗漏钢丝网面积(m²) | 内部遗漏柱钢丝网片长度(m) | 内墙遗漏钢丝网片长度(m) | 外墙外侧满挂钢丝网柱面积(m²) | 钢丝网片总长度(m) | 墙厚(m) | 墙高(m) | 长度(m) |
|---|---|---|---|---|---|---|---|---|---|---|---|---|---|---|---|---|---|---|---|---|---|
| M2.5 | 90.0075 | 18.0015 | 36.6 | 36.6 | 0 | 0 | 139.08 | 0 | 119.4 | 0 | 0 | 0 | 68 | 51.4 | 0 | 119.4 | 0.2 | 3.9 | 36.6 | | |
| 小计 | 90.0075 | 18.0015 | 36.6 | 36.6 | 0 | 0 | 139.08 | 0 | 119.4 | 0 | 0 | 0 | 68 | 51.4 | 0 | 119.4 | 0.2 | 3.9 | 36.6 | | |
| 计 | 90.0075 | 18.0015 | 36.6 | 36.6 | 0 | 0 | 139.08 | 0 | 119.4 | 0 | 0 | 0 | 68 | 51.4 | 0 | 119.4 | 0.2 | 3.9 | 36.6 | | |
| | 90.0075 | 18.0015 | 36.6 | 36.6 | 0 | 0 | 139.08 | 0 | 119.4 | 0 | 0 | 0 | 68 | 51.4 | 0 | 119.4 | 0.2 | 3.9 | 36.6 | | |
| | 90.0075 | 18.0015 | 36.6 | 36.6 | 0 | 0 | 139.08 | 0 | 119.4 | 0 | 0 | 0 | 68 | 51.4 | 0 | 119.4 | 0.2 | 3.9 | 36.6 | | |
| | 90.0075 | 18.0015 | 36.6 | 36.6 | 0 | 0 | 139.06 | 0 | 119.4 | 0 | 0 | 0 | 68 | 51.4 | 0 | 119.4 | 0.2 | 3.9 | 36.6 | | |

图 5-93　QTQ-2 工程量

**4. 混凝土与钢筋混凝土工程**

混凝土与钢筋混凝土工程包含垫层、桩承台基础、矩形柱、矩形梁、过梁、有梁板等构件。

**1）垫层**

根据结施图显示，本项目垫层位于基础层桩基础承台方，混凝土等级为 C10，厚度 100mm。垫层三维图如图 5-94 所示。

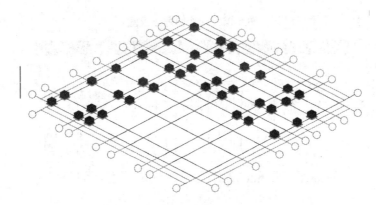

图 5-94　垫层三维图

垫层工程量清单规则：按设计图示尺寸以体积计算。单个垫层三维图如图 5-95 所示，单个垫层工程量如图 5-96 所示，垫层汇总工程量如图 5-97 所示。

**2）矩形柱**

某学校框架结构中矩形柱共有 8 种类型，分别是 KZ1～KZ8，首层框架柱三维图如图 5-98 所示，图中标出的框柱为 KZ1，KZ1 三维图如图 5-99 所示，KZ1 工程量计算式如图 5-100 示，KZ1 工程量如图 5-101 示。

矩形柱清单工程量计算规则：按设计图示尺寸以体积计算。不扣除构件内钢筋、预埋铁件所占体积。

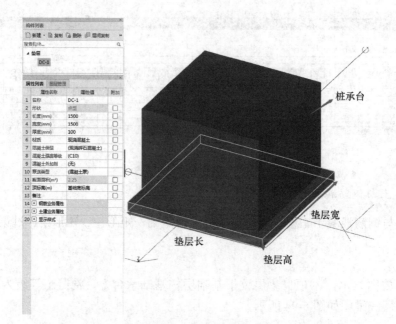

图 5-95　单个垫层三维图

| 楼层 | 名称 | 材质 | 混凝土类型 | 混凝土强度等级 | 垫层体积 (m³) | 垫层模板面积 (m²) | 模板体积 (m³) | 底部面积 (m²) |
|---|---|---|---|---|---|---|---|---|
| 基础层 | DC-1 | 现浇混凝土 | 现浇碎石混凝土 | C10 | 0.1614 | 0.6 | 0.1614 | 1.6138 |
| | | | | 小计 | 0.1614 | 0.6 | 0.1614 | 1.6138 |
| | | | 小计 | | 0.1614 | 0.6 | 0.1614 | 1.6138 |
| | | 小计 | | | 0.1614 | 0.6 | 0.1614 | 1.6138 |
| | 小计 | | | | 0.1614 | 0.6 | 0.1614 | 1.6138 |
| 合计 | | | | | 0.1614 | 0.6 | 0.1614 | 1.6138 |

图 5-96　单个垫层工程量

| 楼层 | 名称 | 材质 | 混凝土类型 | 混凝土强度等级 | 垫层体积 (m³) | 垫层模板面积 (m²) | 模板体积 (m³) | 底部面积 (m²) |
|---|---|---|---|---|---|---|---|---|
| 基础层 | DC-1 | 现浇混凝土 | 现浇碎石混凝土 | C10 | 6.1332 | 22.8 | 6.1332 | 61.3244 |
| | | | | 小计 | 6.1332 | 22.8 | 6.1332 | 61.3244 |
| | | | 小计 | | 6.1332 | 22.8 | 6.1332 | 61.3244 |
| | | 小计 | | | 6.1332 | 22.8 | 6.1332 | 61.3244 |
| | 小计 | | | | 6.1332 | 22.8 | 6.1332 | 61.3244 |
| 合计 | | | | | 6.1332 | 22.8 | 6.1332 | 61.3244 |

图 5-97　垫层汇总工程量

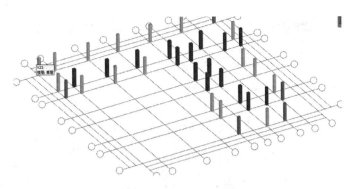

图 5-98　首层框架柱三维图

图 5-99　KZ1 三维图

图 5-100　KZ1 工程量计算式

图 5-101　KZ1 工程量

3)　矩形梁

某学校框架结构中矩形梁有地框梁、框架梁、过梁、次梁等构件。矩形梁的清单工程量计算规则为：按设计图示尺寸以体积计算。不扣除构件内钢筋、预埋铁件所占体积，伸入墙内的梁头、梁垫并入梁体积内。

二层梁三维图如图 5-102 所示，图中标注的梁为 KL10，KL10 工程量计算式如图 5-103 示，KL10 土建工程量如图 5-104 示。

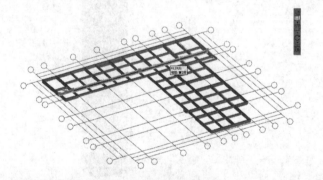

扩展图片 2：其余层
框梁三维图.docx

图 5-102　二层梁三维图

图 5-103　KL10 工程量计算式

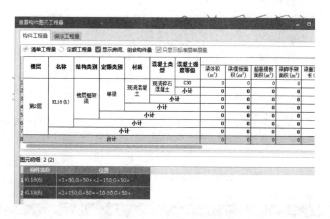

图 5-104　KL10 土建工程量

4)　台阶

某学校框架结构中台阶共有两处，均位于首层，一个为单面踏步，一个为三面踏步。三面踏步台阶三维图如图 5-105 所示，工程量计算式如图 5-106 所示，工程量如图 5-107 所示。台阶清单工程量可以按 $m^2$ 或 $m^3$ 计算，计算规则为：以平方米计量，按设计图示尺寸水平投影面积计算；以立方米计量，按设计图示尺寸以体积计算。

5)　散水

散水是位于首层沿建筑物外墙外边线布置的排水构件，散水的清单计算规则为：按设计图示尺寸以水平投影面积计算。不扣除单个面积≤0.3m² 的空洞所占面积。

某学校框架结构实训楼散水宽度为 800mm，底标高是室外地平标高-0.9m。散水三维图如图 5-108 所示，工程量计算式如图 5-109 所示，工程量如图 5-110 所示。

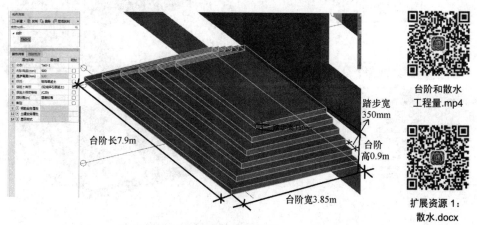

台阶和散水
工程量.mp4

扩展资源 1：
散水.docx

图 5-105　三面踏步台阶三维图

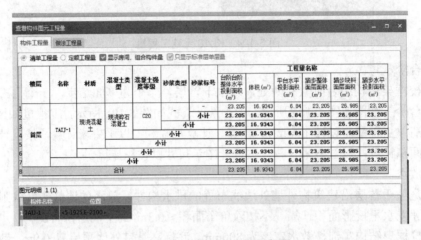

**查看工程量计算式**

工程量类别　　　　　　　　构件名称：TAIJ-1
　◉ 清单工程量　○ 定额工程量　　工程量名称：[全部]

计算机算量

台阶台阶整体水平投影面积=23.205m2
体积=16.9343m3
平台水平投影面积=6.84m2
踏步整体面层面积=23.205m2
踏步块料面层面积=23.205<原始踏步块料面层面积>+3.78<加台阶侧面面积>=26.985m2
踏步水平投影面积=23.205m2

图 5-106　三面踏步台阶工程量计算式

| 楼层 | 名称 | 材质 | 混凝土类型 | 混凝土强度等级 | 砂浆类型 | 砂浆标号 | 台阶台阶整体水平投影面积(m²) | 体积(m³) | 平台水平投影面积(m²) | 踏步整体面层面积(m²) | 踏步块料面层面积(m²) | 踏步水平投影面积(m²) |
|---|---|---|---|---|---|---|---|---|---|---|---|---|
| 首层 | TAIJ-1 | 现浇混凝土 | 现浇碎石混凝土 | C20 | — | | 23.205 | 16.9343 | 6.84 | 23.205 | 26.985 | 23.205 |
| | | | | | | 小计 | 23.205 | 16.9343 | 6.84 | 23.205 | 26.985 | 23.205 |
| | | | | | 小计 | | 23.205 | 16.9343 | 6.84 | 23.205 | 26.985 | 23.205 |
| | | | | 小计 | | | 23.205 | 16.9343 | 6.84 | 23.205 | 26.985 | 23.205 |
| | | | 小计 | | | | 23.205 | 16.9343 | 6.84 | 23.205 | 26.985 | 23.205 |
| | | 小计 | | | | | 23.205 | 16.9343 | 6.84 | 23.205 | 26.985 | 23.205 |
| | 合计 | | | | | | 23.205 | 16.9343 | 6.84 | 23.205 | 26.985 | 23.205 |

图 5-107　三面踏步台阶工程量

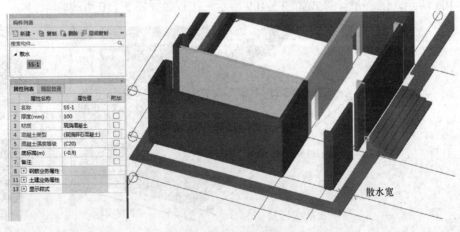

图 5-108　散水三维图

查看工程量计算式

工程量类别　　　　　　　　　构件名称：　SS-1

◉ 清单工程量　○ 定额工程量　　工程量名称：　[全部]

计算机算量

**散水面积**=136.035<原始面积>-10.432<扣台阶>=125.603m2
**散水贴墙长度**=131.96<原始贴墙长度>-13<扣台阶>=118.96m
**散水外围长度**=(173.08<原始外围长度1>+167.44<原始外围长度2>)-131.96<原始贴墙长度>-13.08<扣台阶>=195.48m
**散水长度**=118.96<原始散水长度>=118.96m
**模板面积**=(34.012<原始模板面积>-11.801<扣墙模板面积>)-2.238<扣台阶>=19.973m2

图 5-109　散水工程量计算式

查看构件图元工程量

构件工程量　做法工程量

◉ 清单工程量　○ 定额工程量　☑ 显示房间、组合构件量　☑ 只显示标准层单层量

| 楼层 | 名称 | 材质 | 混凝土类型 | 混凝土强度等级 | 工程量名称 | | | | |
|---|---|---|---|---|---|---|---|---|---|
| | | | | | 散水面积(m²) | 散水贴墙长度(m) | 散水外围长度(m) | 散水长度(m) | 模板面积(m²) |
| 1 | | | 现浇碎石混凝土 | C20 | 125.603 | 118.96 | 195.48 | 118.96 | 19.973 |
| 2 | | 现浇混凝土 | | 小计 | 125.603 | 118.96 | 195.48 | 118.96 | 19.973 |
| 3 | 首层 | SS-1 | | 小计 | 125.603 | 118.96 | 195.48 | 118.96 | 19.973 |
| 4 | | | 小计 | | 125.603 | 118.96 | 195.48 | 118.96 | 19.973 |
| 5 | | | 小计 | | 125.603 | 118.96 | 195.48 | 118.96 | 19.973 |
| 6 | | 合计 | | | 125.603 | 118.96 | 195.48 | 118.96 | 19.973 |

图 5-110　散水工程量

### 5. 屋面及防水

屋面防水，如果是平屋面则需要平面防水外，在女儿墙内墙面设置防水卷边。某学校框架结构实训楼屋面层的防水卷边设为 500mm。屋面三维图如图 5-111 所示，屋面及防水工程量计算式如图 5-112 所示，屋面及防水工程量如图 5-113 所示。

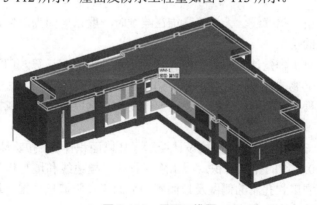

图 5-111　屋面三维图

屋面及防水
工程量.mp4

扩展资源 2：屋面
漏水现状.docx

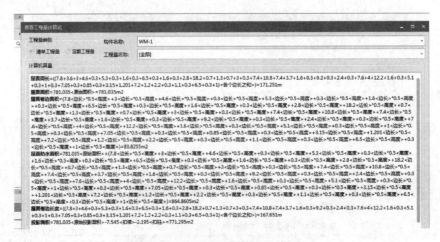

图 5-112　屋面及防水工程量计算式

图 5-113　屋面及防水工程量

### 6. 楼地面、墙面、天棚装饰工程

楼地面、内墙面、踢脚线、天棚等装饰在绘制时一般以房间为单位，在房间内进行装饰层的绘制。

块料楼地面清单工程量计算规则：按设计图示尺寸以面积计算。门洞、空圈、暖气包槽、壁龛的开口部分并入相应的工程量内。

踢脚线清单工程量计算规则：按设计图示长度乘高度以面积计算或按延长米计算。

墙面抹灰清单工程量计算规则：按设计图示尺寸以面积计算。扣除墙裙、门窗洞口及单个>0.3m² 的孔洞面积，不扣除踢脚线、挂镜线和墙与构件交接处的面积，门窗洞口和孔洞的侧壁及顶面不增加面积。附墙柱、梁、垛、烟囱侧壁并入相应的墙面面积内。

块料墙面清单工程量计算规则：按镶贴表面积计算。

某学校二层平面布置如图 5-114 所示，实作室装修图如图 5-115 所示。实作室内部装修

楼地面、墙面、天棚工程量.mp4

扩展图片3：装饰工程三维图.docx

工程量如图 5-116 所示。二层实作室楼地面计算式如图 5-117 所示。

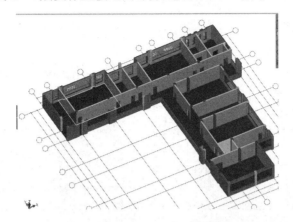

**图 5-114　某学校二层平面布置**

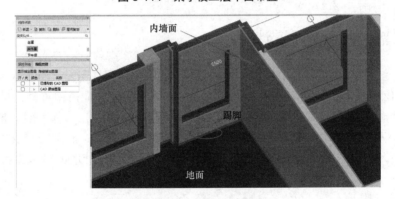

**图 5-115　实作室装修图**

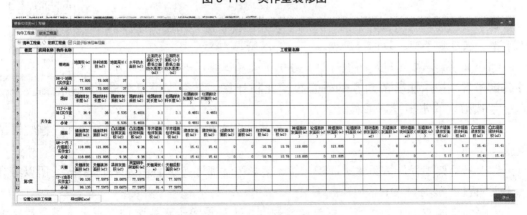

**图 5-116　实作室内部装修工程量**

| 52 | 第2层 - 房间 - 实作室 | |
|----|----|----|
| 53 | | 楼地面: DM-1-地砖 |
| 54 | 1 | 地面积 = (0.8<长度>*0.3<宽度>+0.65<长度>*0.3<宽度>+10.6<长度>*7.3<宽度>)-0.01<扣弧墙> = 77.805m2<br>块料地面积 = (0.8<长度>*0.3<宽度>+0.65<长度>*0.3<宽度>+10.6<长度>*7.3<宽度>)+0.2<加门侧壁开口面积>-0.01<扣弧墙> = 78.005m2<br>&lt;3-2500,H-3600&gt;<br>地面周长 = 37<内墙皮长度> = 37m |
| 55 | | 楼地面: DM-1-地砖 |
| 56 | 2 | 地面积 = (10.8<长度>*7.3<宽度>+0.65<长度>*0.3<宽度>) = 79.035m2<br>块料地面积 = (10.8<长度>*7.3<宽度>+0.65<长度>*0.3<宽度>)+0.2<加门侧壁开口面积> = 79.235m2<br>&lt;7-1400,H-3600&gt;<br>地面周长 = 36.8<内墙皮长度> = 36.8m |
| 57 | | 楼地面: DM-1-地砖 |
| 58 | 3 | 地面积 = (10.7<长度>*7.3<宽度>) = 78.11m2<br>块料地面积 = (10.7<长度>*7.3<宽度>)+0.2<加门侧壁开口面积> = 78.31m2<br>&lt;8-2050,F-3750&gt;<br>地面周长 = ((10.7<长度>+7.3<宽度>)*2) = 36m |
| 59 | | 楼地面: DM-1-地砖 |
| 60 | 4 | 地面积 = (10.7<长度>*7.3<宽度>) = 78.11m2<br>块料地面积 = (10.7<长度>*7.3<宽度>)+0.4<加门侧壁开口面积> = 78.51m2<br>&lt;8-2050,D-3750&gt;<br>地面周长 = ((10.7<长度>+7.3<宽度>)*2) = 36m |
| 61 | | 楼地面: DM-1-地砖 |
| 62 | 5 | 地面积 = (10.6<长度>*7.2<宽度>)-0.01<扣弧墙> = 76.31m2<br>块料地面积 = (10.6<长度>*7.2<宽度>)+0.18<加门侧壁开口面积>-0.01<扣弧墙> = 76.49m2<br>&lt;7-1000,B-3700&gt;<br>地面周长 = ((10.6<长度>+7.2<宽度>)*2) = 35.6m |

图 5-117　二层实作室楼地面计算式

## 5.3.2 措施项目工程量计算

措施项目包括脚手架工程、混凝土模板及支架(支撑)、垂直运输、超高施工增加、大型机械设备进出场及安拆、施工降水及排水、安全文明施工及其他措施项目。措施项目可以分为两类：一类是可以计算工程量的措施项目(即单价措施项目)，如脚手架、混凝土模板及支架(支撑)、垂直运输、超高施工增加、大型机械进出场及安拆、施工降水及排水等；一类是不方便计算工程量的措施项目(即总价措施项目，可采用费率计取的措施项目)，如安全文明施工等。

### 1. 脚手架工程

脚手架工程包括综合脚手架、外脚手架、里脚手架、悬空脚手架、挑脚手架、满堂脚手架、整体提升架、外装饰吊篮。

综合脚手架，按照建筑面积计算。外脚手架和里脚手架、整体提升架、外装饰吊篮，按所服务的对象的垂直投影面积计算。悬空脚手架和满堂脚手架按搭设的水平投影面积计算。

扩展资源3：脚手架发展历程和趋势.docx

按照脚手架计取规则，某学校框架结构需要计取的脚手架有综合脚手架和天棚装饰满堂脚手架。

综合脚手架工程量按照建筑面积计算，某学校实训楼建筑面积为4111.21m$^2$，所以综合脚手架工程量为4111.21m$^2$。

天棚装饰满堂脚手架按照工程量计算规则，工程量等于天棚装饰工程量。某学校实训楼天棚分为混合砂浆乳胶漆天棚和铝合金方板吊顶天棚。实作室装修图如图 5-118 所示。所以满堂脚手架工程量为 4455.79m²。

| | | | | | |
|---|---|---|---|---|---|
| 5070 ⊞ | 59 | 011301001001 | 天棚抹灰<br>混合砂浆乳胶漆天棚, 11J515-P08<br>1. 基层清理<br>2. 刷水泥砂浆一道<br>3.10-15厚1：1：4水泥石灰砂浆打底找平 (现浇基层10厚, 预制基层15厚) 两次成活<br>4.4厚1：0.3：3水泥石灰砂浆找平层<br>5. 满刮腻子找平磨光<br>6. 刷乳胶漆 | m2 | 4201.8675 |
| 5137 ⊞ | 60 | 011302001001 | 吊顶天棚<br>铝合金方板吊顶, 11J515-P11<br>1. 钢筋混凝土内预留φ8吊杆, 双向吊点, 中距900-1200<br>2. φ8钢筋吊杆, 双向吊点, 中距900-1200<br>3. 次龙骨 (专用) 中距＜300-600<br>4. 0.8-1厚铝合金方板 | m2 | 253.9205 |

图 5-118　实作室装修图

2. 混凝土模板工程

混凝土模板及支架(支撑)工程包括基础、矩形柱、构造柱、异型柱、基础梁、矩形梁、异型梁、圈梁、弧形及拱形梁、直行墙、弧形墙、短肢剪力墙及电梯井壁、有梁板、无梁板、平板、拱板、薄壳板、空心板。其他板、栏板、天沟及檐沟、雨篷悬挑阳台板、楼梯、其他现浇构件、电缆沟地沟、台阶、扶手、散水、后浇带、化粪池、检查井。

模板工程量清单计算规则为：按模板与现浇混凝土构件的接触面积计算。

某学校框架结构模板工程量如图 5-119 所示：

| | | | | | |
|---|---|---|---|---|---|
| 5391 | | | 措施项目 | | |
| 5392 ⊞ | 1 | 011702001001 | 基础<br>桩承台模板 | m2 | 197.6 |
| 5434 ⊞ | 2 | 011702001002 | 基础<br>垫层模板 | m2 | 22.8 |
| 5476 ⊞ | 3 | 011702002001 | 矩形柱<br>矩形柱模板 | m2 | 41.28 |
| 5499 ⊞ | 4 | 011702002002 | 矩形柱<br>矩形柱模板 | m2 | 1333.127 |
| 5729 ⊞ | 5 | 011702002003 | 矩形柱<br>矩形柱模板 | m2 | 35.55 |
| 5739 ⊞ | 6 | 011702006001 | 矩形梁<br>梁模板面积 | m2 | 193.4459 |
| 6257 ⊞ | 7 | 011702006002 | 矩形梁<br>矩形梁模板 | m2 | 465.5093 |
| 6359 ⊞ | 8 | 011702009001 | 过梁 | m2 | 63.17 |
| 6472 ⊞ | 9 | 011702009002 | 过梁<br>过梁模板 | m2 | 2.31 |
| 6481 ⊞ | 10 | 011702014001 | 有梁板<br>板模板 | m2 | 6266.7494 |
| 6790 ⊞ | 11 | 011702024001 | 楼梯<br>楼梯模板 | m2 | 243.01 |
| 6817 ⊞ | 12 | 011702028001 | 扶手<br>压顶模板 | m2 | 180.6273 |

图 5-119　模板工程量

### 3. 垂直运输

垂直运输工作内容，包括单位工程在合理工期内完成全部工程项目所需的垂直运输机械台班，不包括机械的场外往返运输，一次安拆及路基铺垫和轨道铺拆等的费用。

计取垂直运输需要注意当层高超过 3.6m 时，要另外计取层高超高垂直运输增加费，每超过 1m，其超高部分按相应定额增加 10%，超高不足 1m 按 1m 计算。

建筑物垂直运输机械台班用量，区分不同建筑物结构及檐高按建筑面积计算。地下室面积与地上面积合并计算。某学校框架结构实训楼建筑檐口高度为 20.3m，建筑面积 4111.21m²，所以垂直运输工程量为 4111.21m²。

### 4. 大型机械进出场及安拆

大型机械进出场及安拆是指机械整体或分体自停放场地运至施工现场或一个施工地点运至另一个施工地点，所发生的机械进出场运输和转移费用，以及机械在施工现场进行安装、拆卸所需的人工费、材料费、机械费、试运转费和安装所需的辅助设施的费用。

某学校框架结构大型机械进出场安拆挖掘机可选用履带式挖掘机，斗容量在 1m³ 以内，进出场及安拆工程量为 1。

# 5.4  工程量汇总报表

### 1. 某学校框架结构实训楼整体三维图

某学校框架结构实训楼整体三维图如图 5-120 所示。

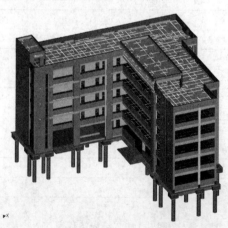

图 5-120  某学校框架结构实训楼整体三维图

2. 钢筋工程量

1) 各构件中钢筋重量汇总

各构件中钢筋重量以及钢筋汇总工程量见表 5-10 所示。

表 5-10　构件中钢筋重量以及钢筋汇总工程量

| 构件类型 | 合计(t) | 级别 | 6 | 8 | 10 | 12 | 14 | 16 | 18 | 20 | 22 | 25 |
|---|---|---|---|---|---|---|---|---|---|---|---|---|---|
| 柱 | 13.823 | Φ | | 11.733 | 2.09 | | | | | | | |
| | 21.081 | 坐 | | | | | | 3.737 | 12.301 | 2.365 | 2.678 | |
| 构造柱 | 2.024 | Φ | 2.024 | | | | | | | | | |
| | 7.972 | 坐 | | | | 7.972 | | | | | | |
| 过梁 | 0.678 | Φ | 0.154 | 0.108 | 0.049 | 0.335 | 0.017 | | 0.015 | | | |
| 梁 | 20.537 | Φ | 1.598 | 15.023 | 2.75 | 1.166 | | | | | | |
| | 67.708 | 坐 | | | | 7.374 | 1.082 | 6.074 | 6.022 | 20.892 | 11.099 | 15.165 |
| 现浇板 | 2.651 | Φ | 2.651 | | | | | | | | | |
| | 25.329 | 坐 | | 24.426 | 0.79 | 0.113 | | | | | | |
| 桩承台 | 0.974 | 坐 | | | | 0.974 | | | | | | |
| 其他 | 6.891 | Φ | | 5.446 | 0.949 | 0.496 | | | | | | |
| | 13.656 | 坐 | | | | 1.55 | 3.035 | | | | | 9.071 |
| | 1.892 | 坐 | | | 0.669 | 1.223 | | | | | | |
| 合计(t) | 46.605 | Φ | 6.428 | 32.31 | 5.838 | 1.997 | 0.017 | | 0.015 | | | |
| | 21.628 | 坐 | | | | 9.522 | 3.035 | | | | | 9.071 |
| | 116.985 | 坐 | | 24.426 | 1.459 | 9.683 | 1.082 | 9.811 | 18.324 | 23.258 | 13.777 | 15.165 |

2) 钢筋接头工程量汇总

钢筋接头汇总表见表 5-11 所示。

表 5-11　钢筋接头汇总表

| 搭接形式 | 楼层名称 | 构件类型 | 16 | 18 | 20 | 22 | 25 |
|---|---|---|---|---|---|---|---|
| 电渣压力焊 | 首层 | 柱 | 32 | 240 | 144 | 40 | |
| | | 合计 | 32 | 240 | 144 | 40 | |
| | 第 2 层 | 柱 | 128 | 288 | | 40 | |
| | | 合计 | 128 | 288 | | 40 | |

续表

| 搭接形式 | 楼层名称 | 构件类型 | 16 | 18 | 20 | 22 | 25 |
|---|---|---|---|---|---|---|---|
| 电渣压力焊 | 第3层 | 柱 | 128 | 288 | | 40 | |
| | | 合计 | 128 | 288 | | 40 | |
| | 第4层 | 柱 | 128 | 288 | | 40 | |
| | | 合计 | 128 | 288 | | 40 | |
| | 第5层 | 柱 | 128 | 288 | | 40 | |
| | | 合计 | 128 | 288 | | 40 | |
| | 女儿墙层 | 柱 | 72 | 64 | | 8 | |
| | | 合计 | 72 | 64 | | 8 | |
| | 突出层 | 柱 | 36 | 32 | | 4 | |
| | | 合计 | 36 | 32 | | 4 | |
| | 整楼 | — | 652 | 1488 | 144 | 212 | |
| 直螺纹连接 | 首层 | 梁 | 20 | 14 | 26 | 2 | |
| | | 合计 | 20 | 14 | 26 | 2 | |
| | 第2层 | 梁 | 4 | 7 | 45 | 12 | |
| | | 合计 | 4 | 7 | 45 | 12 | |
| | 第3层 | 梁 | 4 | 7 | 43 | 6 | |
| | | 合计 | 4 | 7 | 43 | 6 | |
| | 第4层 | 梁 | 4 | 7 | 43 | 6 | |
| | | 合计 | 4 | 7 | 43 | 6 | |
| | 第5层 | 梁 | 4 | 7 | 43 | 6 | |
| | | 合计 | 4 | 7 | 43 | 6 | |
| | 女儿墙层 | 梁 | 3 | 11 | 46 | 23 | |
| | | 合计 | 3 | 11 | 46 | 23 | |
| | 突出层 | 梁 | 10 | | 8 | | |
| | | 合计 | 10 | | 8 | | |
| | 整楼 | — | 49 | 53 | 254 | 55 | |
| 套管挤压 | 第2层 | 梁 | | | | | 18 |
| | | 合计 | | | | | 18 |
| | 第3层 | 梁 | | | | | 16 |
| | | 合计 | | | | | 16 |

续表

| 搭接形式 | 楼层名称 | 构件类型 | 16 | 18 | 20 | 22 | 25 |
|---|---|---|---|---|---|---|---|
| 套管挤压 | 第4层 | 梁 | | | | | 16 |
| | | 合计 | | | | | 16 |
| | 第5层 | 梁 | | | | | 16 |
| | | 合计 | | | | | 16 |
| | 整楼 | — | | | | | 66 |

3) 钢筋直径汇总

钢筋直径汇总表见表5-12所示。

表5-12 钢筋直径汇总表

| 级 别 | 合计(t) | 6 | 8 | 10 | 12 | 14 | 16 | 18 | 20 | 22 | 25 |
|---|---|---|---|---|---|---|---|---|---|---|---|
| HPB300 | 46.605 | 6.428 | 32.31 | 5.838 | 1.997 | 0.017 | | 0.015 | | | |
| HRB335 | 21.628 | | | | 9.522 | 3.035 | | | | | 9.071 |
| HRB400 | 116.985 | | 24.426 | 1.459 | 9.683 | 1.082 | 9.811 | 18.324 | 23.258 | 13.777 | 15.165 |
| 合计(t) | 185.218 | 6.428 | 56.736 | 7.297 | 21.202 | 4.134 | 9.811 | 18.339 | 23.258 | 13.777 | 24.236 |

3. 土建及其他工程量清单汇总

土建及其他工程量清单汇总表见表5-13所示。

表5-13 土建及其他工程量清单汇总表

| 序 号 | 项目名称 | 单 位 | 工程量明细 | |
|---|---|---|---|---|
| | | | 绘图输入 | 表格输入 |
| | 实体项目 | | | |
| 1 | 平整场地 | m² | 821.92 | |
| 2 | 挖基坑土方，桩承台基坑土方 | m³ | 144.039 | |
| 3 | 人工挖孔灌注桩 | m³ | 145.046 | |
| 4 | 空心砖墙 | m³ | 42.4114 | |
| 5 | 砌块墙 | m³ | 651.4726 | |
| 6 | 垫层 | m³ | 6.1332 | |
| 7 | 桩承台基础 | m³ | 64.22 | |
| 8 | 矩形柱 | m³ | 209.032 | |

续表

| 序 号 | 项目名称 | 单 位 | 工程量明细 | |
|---|---|---|---|---|
| | | | 绘图输入 | 表格输入 |
| 9 | 矩形梁 | m³ | 22.6797 | |
| 10 | 首层矩形梁 | m³ | 48.5246 | |
| 11 | 过梁 | m³ | 4.4985 | |
| 12 | 有梁板 | m³ | 756.828 | |
| 13 | 构造柱 | m³ | 73.809 | |
| 14 | 直形楼梯 | m² | 243.01 | |
| 15 | 散水 | m² | 125.603 | |
| 16 | 台阶 | m² | 32.13 | |
| 17 | 栏板压顶 | m³ | 9.8053 | |
| 18 | 木质门 M1021 | 樘 | 64 | |
| 19 | 木质防火门 F甲 M1021 | 樘 | 2.1 | |
| 20 | 金属(塑钢)门 M1521 | 樘 | 3.15 | |
| 21 | 金属(塑钢)门 M1821 | 樘 | 18.9 | |
| 22 | 金属(塑钢、断桥)窗 C5923 | m² | 442.04 | |
| 23 | 金属(塑钢、断桥)窗 C0723 | m² | 68.04 | |
| 24 | 金属(塑钢、断桥)窗 C1632 | m² | 5.12 | |
| 25 | 金属(塑钢、断桥)窗 C2-2500*21000 | m² | 52.5 | |
| 26 | 金属(塑钢、断桥)窗 C3623 | m² | 8.28 | |
| 27 | 金属(塑钢、断桥)窗 C3-700*21000 | m² | 14.7 | |
| 28 | 金属(塑钢、断桥)窗 C2-700*18800 | m² | 13.16 | |
| 29 | 金属(塑钢、断桥)窗 C6423 | m² | 14.72 | |
| 30 | 金属(塑钢、断桥)窗 C5023 | m² | 11.5 | |
| 31 | 金属(塑钢、断桥)窗 C2123 | m² | 4.83 | |
| 32 | 金属(塑钢、断桥)窗 C1223 | m² | 2.76 | |
| 33 | 金属(塑钢、断桥)窗 C7023 | m² | 16.1 | |
| 34 | 金属(塑钢、断桥)窗 C6723 | m² | 15.41 | |
| 35 | 金属(塑钢、断桥)窗 C2923 | m² | 6.67 | |
| 36 | 金属(塑钢、断桥)窗 C1232 | m² | 3.84 | |

| 序 号 | 项目名称 | 单 位 | 工程量明细 | |
|---|---|---|---|---|
| | | | 绘图输入 | 表格输入 |
| 37 | 金属(塑钢、断桥)窗 C3223 | m² | 7.36 | |
| 38 | 屋面 2 | m² | 160.135 | |
| 39 | 屋面 1 | m² | 781.035 | |
| 40 | 楼(地)面涂膜防水 | m² | 259.1 | |
| 41 | 保温隔热屋面 2 | m² | 160.135 | |
| 42 | 保温隔热屋面 1 | m² | 781.035 | |
| 43 | 保温隔热墙面 | m² | 3094.0108 | |
| 44 | 防滑地砖楼面 | m² | 205.68 | |
| 45 | 地砖楼面 | m² | 2804.625 | |
| 46 | 地砖地面 | m² | 624.0642 | |
| 47 | 防滑地砖地面 | m² | 51.42 | |
| 48 | 块料踢脚线 | m² | 330.468 | |
| 49 | 块料踢脚线(楼梯) | m² | 37.205 | |
| 50 | 楼梯踏步面层 | m² | 243.01 | |
| 51 | 混合砂浆乳胶漆墙面 | m² | 6393.1223 | |
| 52 | 楼梯底部抹灰 | m² | 269.0605 | |
| 53 | 面砖外墙面 | m² | 3185.3353 | |
| 54 | 彩釉砖墙面 | m² | 806.542 | |
| 55 | 混合砂浆乳胶漆天棚 | m² | 4201.8675 | |
| 56 | 铝合金方板吊顶 | m² | 253.9205 | |
| 57 | 乳胶漆内墙面 | m² | 6380.0923 | |
| 58 | 天棚乳胶漆 | m² | 3193.0927 | |
| 措施项目 | | | | |
| 1 | 桩承台模板 | m² | 197.6 | |
| 2 | 垫层模板 | m² | 22.8 | |
| 3 | 矩形柱模板 | m² | 1494.2 | |
| 4 | 构造柱模板 | m² | 76+3.1936 | |
| 5 | 矩形梁模板 | m² | 658.94 | |

| 序 号 | 项目名称 | 单 位 | 工程量明细 | |
|---|---|---|---|---|
| | | | 绘图输入 | 表格输入 |
| 6 | 过梁 | m² | 63.17 | |
| 7 | 过梁模板 | m² | 2.31 | |
| 8 | 有梁板模板 | m² | 6552.9524 | |
| 9 | 楼梯模板 | m² | 243.01 | |
| 10 | 压顶模板 | m² | 175.755 | |

# 第 6 章 单构件工程量计算与现场签证

# 6.1 单构件的工程量计算

## 6.1.1 单构件在软件中的体现

单构件是指通过软件无法绘制的构件，可以通过单构件输入的方法，进行工程量的输入。单构件输入在 GTJ2018 中是通过工程量中的表格输入功能进行的，分为钢筋输入和土建输入。

### 1. 钢筋

单构件输入的钢筋输入是在工程量的界面，选择表格输入，在弹出的界面选择钢筋，单击构件，编辑构件名称，如楼梯等，然后选择参数输入，在弹出的图形列表中选择构件图形进行钢筋编辑，如图 6-1 所示。

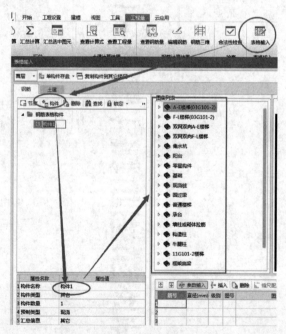

图 6-1 钢筋输入

### 2. 土建

单构件土建工程量的输入是在工程量的界面选择表格输入，在弹出的界面选择土建，如图 6-2 所示，然后单击构件，编辑构件名称如雨篷，然后通过添加清单，编辑清单信息，完成土建单构件输入。

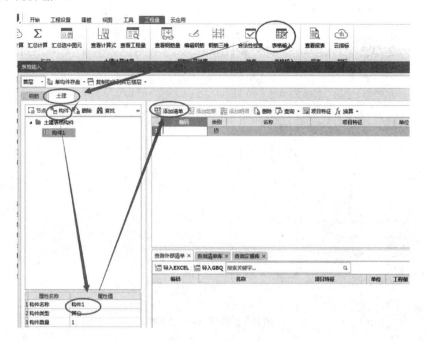

图 6-2　土建输入

## 6.1.2 单构件的构建及工程量计算

单构件输入.mp4

1. 楼梯

1）楼梯钢筋输入

楼梯在 GTJ2018 中通过新建构件绘制的结果是只有土建工程量的，楼梯的钢筋工程量需要通过单构件输入的方法进行，按照上述钢筋中的方法，在工程量界面选择表格输入，然后选择钢筋，单击构件，然后选择参数输入，如图 6-3 所示，在出现的图形列表中选择楼梯类型，如图 6-4 所示，选择 AT 型楼梯，在右边的界面输入楼梯钢筋信息，完成后选择计算保存。

2）楼梯钢筋计算

以某学校框架结构 1#楼梯为例，TB1 的钢筋信息如图 6-5 所示，可知该梯板是双网双向，因此在图形列表中双网双向中选择 AT 型楼梯，然后按照图纸显示在参数输入中输入梯板厚度 120mm、梯板分布筋 Φ8@120、梯板上部纵筋 Φ10@150、梯板下部纵筋 Φ12@100，如图 6-6 所示。完成后单击计算保存，然后梯板钢筋计算式如图 6-7 所示。

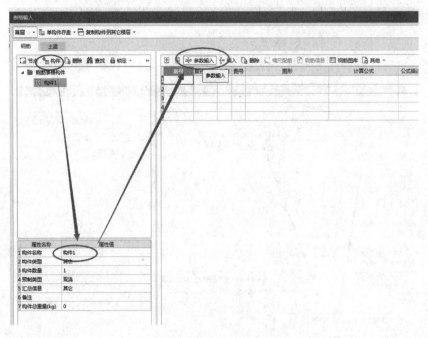

图6-3 楼梯钢筋单构件

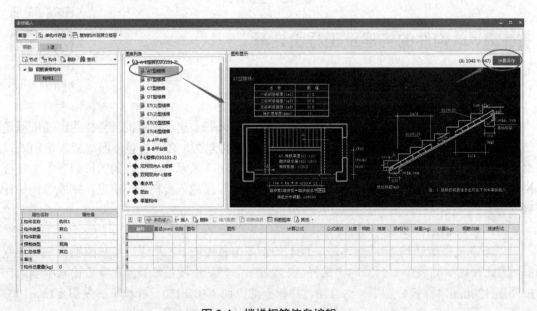

图6-4 楼梯钢筋信息编辑

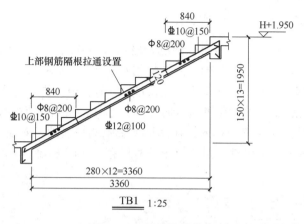

**图 6-5  1#楼梯钢筋信息**

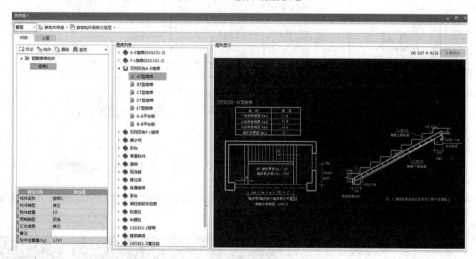

**图 6-6  楼梯钢筋输入**

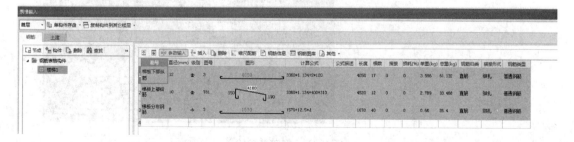

**图 6-7  楼梯钢筋计算式**

**2. 独立基础钢筋输入**

独立基础可在图形中绘制，也可以通过表格输入的方式单独计算钢筋。以某多层住宅剪力墙结构中 J-1 为例，J-1 独立基础平面图如图 6-8 所示，A-A 剖面图如图 6-9 所示，可知独立基础中的横向钢筋为 ⏀10@150，横向钢筋为 ⏀10@150，独立基础尺寸为长 1900mm，宽 1900mm，高 300mm。单构件钢筋输入时先新建构件，在属性值中编辑名称改为 J-1，根据图纸修改数量，然后单击参数输入，在图形列表中选择基础中的独立基础，在图形中输入长、宽、横向钢筋和纵向钢筋，最后单击计算保存，如图 6-10 所示。独立基础的钢筋计算式如图 6-11 所示。

图 6-8　独立基础平面图　　　　　图 6-9　独立基础 A-A 剖面图

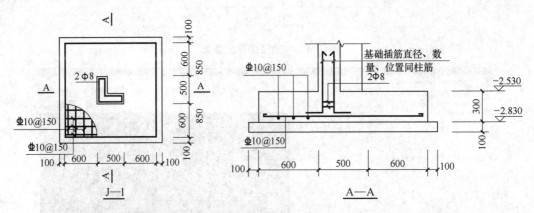

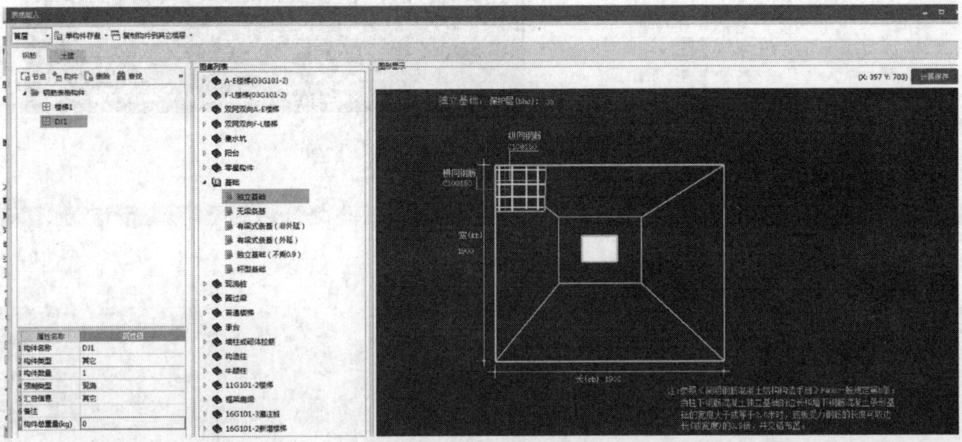

图 6-10　钢筋信息输入

图 6-11 独立基础钢筋计算式

### 3. 过梁

过梁位于门窗洞口上方，在 GTJ2018 中可通过绘制图形时智能布置，也可在表格输入中单构件输入单独计算钢筋。例如某一过梁，位于宽 1800mm 洞口上方，截面为 240×240mm，角筋为 2Φ12，箍筋为 Φ6.5@200。单构件输入是在工程量中单击表格输入，新建构件，编辑构件名称为过梁，数量为 1 个，单击参数输入，在图形列表中选择过梁中的普通过梁，然后按照上述信息进行图形输入，单击计算保存，如图 6-12 所示。过梁的钢筋计算式如图 6-13 所示。

扩展资源1：
过梁.docx

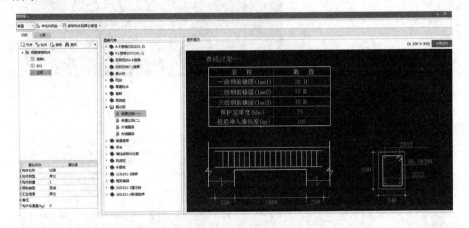

图 6-12 过梁钢筋输入

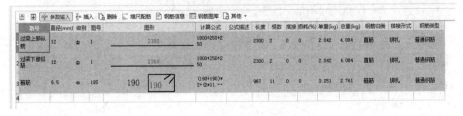

图 6-13 过梁钢筋计算式

**4. 阳台钢筋输入**

阳台也可通过表格输入中单构件输入单独计算钢筋。例如某一阳台板，宽 2300mm，挑出 1500mm，板受力筋为横向 $\phi$8@200，纵向钢筋为 $\phi$8@200，护栏分布筋为 $\phi$8@200，加强筋为 2$\Phi$12，主筋为 $\Phi$12@150。单构件输入是在工程量中单击表格输入，新建构件，编辑构件名称为阳台，数量为 1 个，单击参数输入，在图形列表中选择阳台中的 A 型阳台，然后按照上述信息进行图形输入，单击计算保存，如图 6-14 所示。阳台的钢筋计算式如图 6-15 所示。

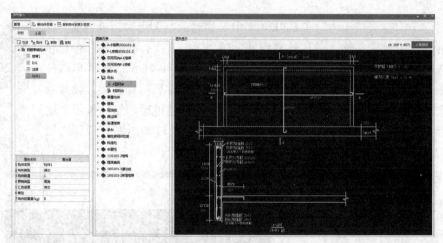

扩展图片 1：
阳台钢筋.docx

图 6-14　阳台钢筋输入

| 筋号 | 直径(mm) | 级别 | 图号 | 图形 | 计算公式 | 公式描述 | 长度 | 根数 | 搭接 | 损耗(%) | 单重(kg) | 总重(kg) | 钢筋归类 | 搭接形式 | 钢筋类型 |
|---|---|---|---|---|---|---|---|---|---|---|---|---|---|---|---|
| 1 拦板主筋1 | 12 | $\Phi$ | 361 | | 340+385+90+70+1270*** | | 2225 | 37 | 0 | 0 | 1.978 | 73.112 | 直筋 | 绑扎 | 普通钢筋 |
| 2 拦板主筋2 | 12 | $\Phi$ | 24 | 70　1270 | 1270+2*70 | | 1410 | 37 | 0 | 0 | 1.252 | 46.324 | 直筋 | 绑扎 | 普通钢筋 |
| 3 拦板顶部长向加强筋 | 12 | $\Phi$ | 65 | 335　2370　335 | 335+335+2370 | | 3040 | 2 | 0 | 0 | 2.7 | 5.4 | 直筋 | 绑扎 | 普通钢筋 |
| 4 拦板长向分布筋 | 8 | $\Phi$ | 80 | 195　2370　195 | 2760+12.5*8 | | 2860 | 12 | 0 | 0 | 1.13 | 13.56 | 直筋 | 绑扎 | 普通钢筋 |
| 5 拦板底部长向加强筋 | 12 | $\Phi$ | 65 | 335　2370　335 | 335+335+2370 | | 3040 | 2 | 0 | 0 | 2.7 | 5.4 | 直筋 | 绑扎 | 普通钢筋 |
| 6 阳台短跨筋 | 8 | $\Phi$ | 3 | 1710 | 1710+12.5*8 | | 1810 | 12 | 0 | 0 | 0.715 | 8.58 | 直筋 | 绑扎 | 普通钢筋 |
| 7 阳台长跨筋 | 8 | $\Phi$ | 3 | 2370 | 2370+12.5*8 | | 2470 | 8 | 0 | 0 | 0.976 | 7.808 | 直筋 | 绑扎 | 普通钢筋 |
| 8 拦板顶部短向加强筋 | 12 | $\Phi$ | 65 | 335　1820　185 | 335+185+1820 | | 2340 | 4 | 0 | 0 | 2.078 | 8.312 | 直筋 | 绑扎 | 普通钢筋 |
| 9 拦板底部短向加强筋 | 12 | $\Phi$ | 65 | 335　1820　185 | 335+185+1820 | | 2340 | 4 | 0 | 0 | 2.078 | 8.312 | 直筋 | 绑扎 | 普通钢筋 |
| 10 拦板短向分布筋 | 8 | $\Phi$ | 65 | 195　1820　45 | 2060+12.5*8 | | 2160 | 24 | 0 | 0 | 0.853 | 20.472 | 直筋 | 绑扎 | 普通钢筋 |
| 11 | | | | | | | | | | | | | | | |

图 6-15　阳台钢筋计算式

### 5. 雨篷土建输入

雨篷土建工程量的输入是在工程量界面选择表格输入，然后选择土建，如图 6-16 所示，单击构件，编辑构件名称和数量，如名称雨篷，数量 1 个，在右边截面选择添加清单，按照构件选择具体清单，把构件信息填写清楚，工程量结果填写准确，比如雨篷板尺寸为 900×1000mm，板厚 100mm，则雨篷板混凝土工程量为 0.09m³。

音频 1：雨棚的设计.mp3

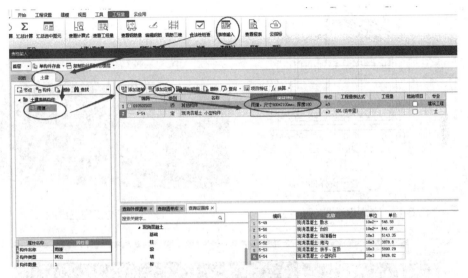

图 6-16　雨篷工程量输入

## 6.2　特殊造型构件的工程量计算

### 1. 老虎窗工程量计算

老虎窗位于屋面，以某多层住宅剪力墙结构工程中的老虎窗为例，老虎窗详图如图 6-17 所示，三维图如图 6-18 所示，工程量包括钢筋工程量和土建工程量，钢筋信息如图 6-19 所示，土建工程

老虎窗工程量.mp4

扩展资源 2：老虎窗.docx

扩展资源 3：坡屋面发展的背景.docx

量计算式如图 6-20 所示，老虎窗土建工程量计算式如图 6-21 所示，钢筋三维图 6-22 所示，老虎窗钢筋工程量如图 6-23 所示，部分钢筋工程量计算式如图 6-24 所示。

**2. 坡屋面板工程量计算**

坡屋面是指具有一定坡度的屋面,绘制时比较复杂。以某多层住宅剪力墙结构工程中的坡屋面为例,坡屋面三维图如图 6-25 所示,图中选中某一块屋面板进行工程量计算,工程量如图 6-26 所示,工程量计算式如图 6-27 所示。

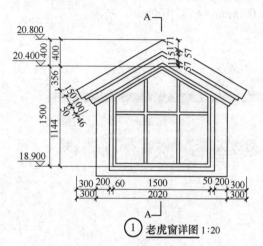

① 老虎窗详图 1:20

图 6-17 老虎窗详图

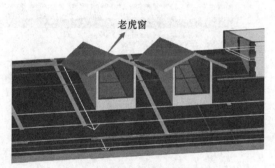

图 6-18 老虎窗三维图

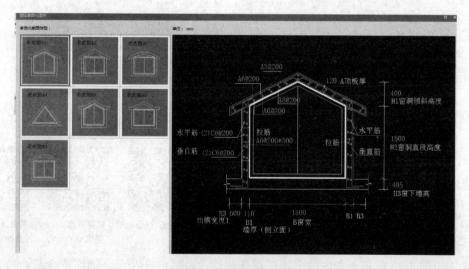

图 6-19 老虎窗钢筋信息

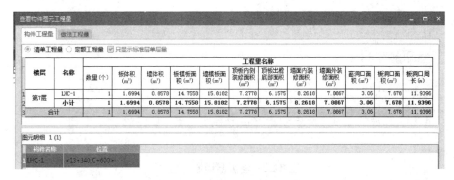

图 6-20　老虎窗土建工程量

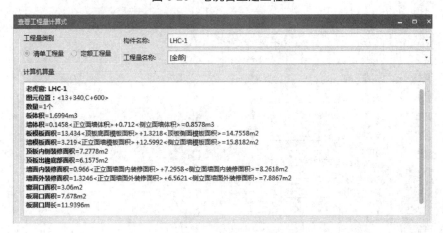

图 6-21　老虎窗土建工程量计算式

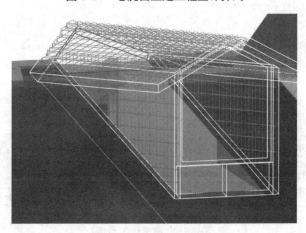

图 6-22　老虎窗钢筋三维图

查看钢筋量

导出到Excel

钢筋总重量（kg）：158.834

| | 楼层名称 | 构件名称 | 钢筋总重量（kg） | HPB300 | | | HRB400 | |
|---|---|---|---|---|---|---|---|---|
| | | | | 6 | 8 | 合计 | 6 | 合计 |
| 1 | 第7层 | LHC-1[22563] | 156.834 | 44.494 | 64.968 | 109.462 | 47.372 | 47.372 |
| 2 | | 合计： | 156.834 | 44.494 | 64.968 | 109.462 | 47.372 | 47.372 |

图 6-23　老虎窗钢筋工程量

编辑钢筋　插入　删除　缩尺配筋　钢筋信息　钢筋图库　其他　单构件钢筋总重(kg)：156.834

| 筋号 | 直径(mm) | 级别 | 图号 | 图形 | 计算公式 | 公式描述 | 长度 | 根数 | 搭接 | 损耗(%) | 单重(kg) | 总重(kg) | 钢筋归类 | 搭接形 |
|---|---|---|---|---|---|---|---|---|---|---|---|---|---|---|
| 1 老虎窗左侧墙身水平 | 6 | ф | 18 | 60 653 | 433-20+10*d+40*d | 净长-保护层+设… | 713 | 2 | 0 | 0 | 0.158 | 0.316 | 直筋 | 绑扎 |
| 2 老虎窗左侧墙身水平 | 6 | ф | 18 | 60 1000 | 780-20+10*d+40*d | 净长-保护层+设… | 1060 | 2 | 0 | 0 | 0.235 | 0.47 | 直筋 | 绑扎 |
| 3 老虎窗左侧墙身水平 | 6 | ф | 18 | 60 1347 | 1127-20+10*d+40*d | 净长-保护层+设… | 1407 | 2 | 0 | 0 | 0.312 | 0.624 | 直筋 | 绑扎 |
| 4 老虎窗左侧墙身水平 | 6 | ф | 18 | 60 1693 | 1473-20+10*d+40*d | 净长-保护层+设… | 1753 | 2 | 0 | 0 | 0.389 | 0.778 | 直筋 | 绑扎 |
| 5 老虎窗左侧墙身水平 | 6 | ф | 18 | 60 2040 | 1820-20+10*d+40*d | 净长-保护层+设… | 2100 | 2 | 0 | 0 | 0.466 | 0.932 | 直筋 | 绑扎 |
| 6 老虎窗左侧墙身水平 | 6 | ф | 18 | 60 2386 | 2166-20+10*d+40*d | 净长-保护层+设… | 2445 | 2 | 0 | 0 | 0.543 | 1.086 | 直筋 | 绑扎 |
| 7 老虎窗左侧墙身水平 | 6 | ф | 18 | 60 2733 | 2513-20+10*d+40*d | 净长-保护层+设… | 2793 | 2 | 0 | 0 | 0.62 | 1.24 | 直筋 | 绑扎 |
| 8 老虎窗左侧墙身水平 | 6 | ф | 18 | 60 3080 | 2860-20+10*d+40*d | 净长-保护层+设… | 3140 | 2 | 0 | 0 | 0.697 | 1.394 | 直筋 | 绑扎 |
| 9 老虎窗左侧墙身水平 | 6 | ф | 18 | 60 3426 | 3206-20+10*d+40*d | 净长-保护层+设… | 3486 | 2 | 0 | 0 | 0.774 | 1.548 | 直筋 | 绑扎 |
| 10 老虎窗左侧墙身水平 | 6 | ф | 64 | 60 3418 60 | 3458-20+10*d-20+10*d | 净长-保护层+设… | 3538 | 2 | 0 | 0 | 0.785 | 1.57 | 直筋 | 绑扎 |
| 11 老虎窗左侧墙基础 | 6 | ф | 64 | 60 3418 60 | 3458-20+10*d-20+10*d | 净长-保护层+设… | 3538 | 2 | 0 | 0 | 0.785 | 1.57 | 直筋 | 绑扎 |
| 12 老虎窗左侧墙基础 | 6 | ф | 64 | 60 3418 60 | 3458-20+10*d-20+10*d | 净长-保护层+设… | 3538 | 2 | 0 | 0 | 0.785 | 1.57 | 直筋 | 绑扎 |
| 13 老虎窗左侧墙身垂直 | 6 | ф | 64 | 90 2162 72 | 1983-40+12T-20+15*d+132-20+12*d | 墙实际高度-节… | 2324 | 1 | 0 | 0 | 0.516 | 0.516 | 直筋 | 绑扎 |
| 14 老虎窗左侧墙身垂直 | 6 | ф | 64 | 90 2047 72 | 1868-40+12T-20+15*d+132-20+12*d | 墙实际高度-节… | 2209 | 1 | 0 | 0 | 0.49 | 0.49 | 直筋 | 绑扎 |

图 6-24　老虎窗部分钢筋工程量计算式

图 6-25　坡屋面三维图

图 6-26　坡屋面板土建工程量

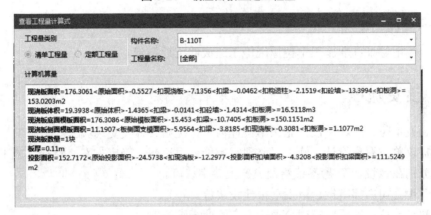

图 6-27　坡屋面板土建工程量计算式

# 6.3　现　场　签　证

　　现场签证是在施工过程中遇到问题时，由于报批需要时间，所以在施工现场由现场负责人当场审批的一个过程。是指发包人现场代表(或其授权的监理人、工程造价咨询人)与承包人现场代表就施工过程中涉及的责任事件所作的签认证明。

## 6.3.1　现场签证的分类

　　1. 现场经济签证

　　(1) 零星用工。施工现场发生的与主体工程施工无关的用工，如定额费用以外的搬运拆除用工等。

　　(2) 零星工程。

(3) 临时设施增补项目。

(4) 隐蔽工程签证。

(5) 窝工、非施工单位原因停工造成的人员、机械经济损失。如停水、停电，业主材料不足或不及时，设计图纸修改等。

扩展图片2：
现场签证.docx

(6) 议价材料价格认价单。结算资料汇编规定允许计取议价材差的材料，需要在施工前确定材料价格。

(7) 其他需要签证的费用。工期签证包括停水、停电签证；非施工单位原因停工造成的工期拖延。

**2. 工期签证**

停水、停电签证；非施工单位原因停工造成的工期拖延。

## 6.3.2 变更流程

(1) 建设单位、设计单位、施工单位任何一方提出设计变更/签证。

(2) 提议单位召集设计、施工、监理、造价公司洽商，确定方案，设计、施工、监理、管理单位分别在《设计变更/签证洽商表》上签字认可。

(3) 管理公司内部审批，审批后报建设单位。

(4) 建设单位审批后由管理公司代表在洽商表上签字。

(5) 设计单位根据工作联系单进行变更设计。

(6) 施工单位根据设计变更等进行施工。

## 6.3.3 现场签证的范围

**1. 土方开挖时的签证**

地下障碍物的处理，开挖地基后，如发现古墓、管道、电缆、防空洞等障碍物时，将会同甲方、监理工程师的处理结果做好签证，如果能画图表示的尽量绘图，否则，用书面表示清楚；地基开挖时，如果地下水位过高，排地下水所需的人工、机械及材料必须签证；地基如出现软弱地基处理时所用的人工、材料、机械的签证并做好验槽记录；现场土方如为杂土，不能用于基坑回填时，土方的调配方案，如现场土方外运的运距，回填土方的购置及其回运运距；大型土方的机械合理的进出场费次数。

**2. 工程设计变更的签证**

工程开工后，工程设计变更给施工单位造成的损失，如施工图纸有误，或开工后设计变更，而施工单位已开工或下料造成的人工、材料、机械费用的损失。工程需要的小修小改所需人工、材料、机械的签证。

### 3. 停工损失

由于甲方责任造成的停水、停电超过定额规定的范围。在此期间工地所使用的机械停滞台班、人工停窝工以及周转材料的使用量都要签证清楚。

### 4. 材料供应不及时的签证

甲方供料时，供料不及时或不合格给施工方造成的损失。施工单位在包工包料工程施工中，由于甲方指定采购的材料不符合要求，必须进行二次加工的签证以及设计要求而定额中未包括的材料加工内容的签证。甲方直接分包的工程项目所属的配合费用。

### 5. 场外运输

材料、设备、构件超过定额规定运距的场外运输，待签证后按有关规定结算；特殊情况的场内二次搬运，经甲方驻工地代表确认后的签证。

### 6. 续建工程的加工修理

甲方原发包施工的未完工程，委托另一施工单位续建时，对原建工程不符合要求的部分进行修理或返工的签证。

### 7. 工程项目以外的签证

甲方在施工现场临时委托施工单位进行工程以外的项目的签证。

## 6.3.4 现场签证的原则

### 1. 准确计算原则

如工程量签证要尽可能做到详细、准确计算工程量，凡是可明确计算工程量套用综合单价(或定额单价)的内容，一般只能签工程量而不能签人工工日和机械台班数量。

### 2. 实事求是原则

如无法套用综合单价(或定额单价)计算工程量的内容，可只签所发生的人工工日或机械台班数量，但应严格把握，实际发生多少签多少，不得将其他因素考虑进去以增大数量进行补偿。

### 3. 及时处理原则

现场签证不论是承包商，还是业主均应抓紧时间及时处理，以免由于时过境迁而引起不必要的纠纷，且可避免现场签证日期与实际情况不符的现象产生。

**4. 避免重复原则**

在办理签证时，必须注意签证单上的内容与合同承诺、设计图纸、预算定额、费用定额、预算定额计价、工程量清单计价等所包含的内容是否有重复，对重复项目内容不得再计算签证费用。

**5. 废料回收原则**

因现场签证中许多是障碍物拆除和措施性工程，所以，凡是拆除和措施性工程中发生的材料或设备需要回收的(不回收的需注明)，应签明回收单位，并由回收单位出具证明。

**6. 现场跟踪原则**

为了加强管理，严格控制投资，凡是费用数额较大(具体额度由业主根据工程大小确定)的签证，在费用发生之前，承包商应与现场监理人员及造价审核人员一同到现场察看。

**7. 授权适度原则**

分清签证权限，加强签证管理，签证必须由谁来签认，谁签认才有效，什么样的形式才有效等事项必须在合同中予以明确。

## 6.3.5 现场签证划分的原则

变更设计按其内容的重要性、技术复杂程度和增减投资额等因素分为Ⅰ、Ⅱ、Ⅲ类。

**1. Ⅰ类变更设计**

凡符合下列条件之一者属Ⅰ类变更设计：
(1) 变更已经批准的建设规模、基本原则、技术标准、重大工艺方案等。
(2) 外立面形式、颜色和风格的变更。
(3) 房型的改变。
(4) 围墙、绿化景观方案的变更。
(5) 能源供给方式和方案的变更。
(6) 招标文件规定品牌的变更。
(7) 非上述变更，而一次变更增减投资在20万元(含20万元)以上者。

**2. Ⅱ类变更设计**

凡变更已经批准的工程的一般设计原则；变更技术比较复杂，影响工程主体结构、整体布置和使用性能；或虽不属于上述范围的简单变更技术，而一次变更设计增减投资在 5 万元(含 5 万元)至 20 万元(不含 20 万元)者，属Ⅱ类变更设计。简单的变更技术主要有以下内容：

(1) 基坑支护方式的变更。

(2) 建筑物基础形式变更(包括桩基、条基及其他类型的变动)或其工艺工序的变更。

(3) 建筑预留预埋的变更影响面较大，返工严重者。

(4) 建筑主体框架局部结构形式的改动。

(5) 防水做法、材料及施工方式变更。

(6) 装修材料、做法的变更。

(7) 个别房型的变更。

(8) 机房、服务用房的位置变动或面积的增减。

(9) 室内墙面装修材料或铺贴方式、拼花、颜色的局部变更。

(10) 门窗材质、位置、大小、开启形式及颜色、涂料的变更。

(11) 吊顶、天花板做法、安装修改。

(12) 外立面材料安装、铺贴的局部变更。

(13) 水池、台阶、道路、假山、雕塑、字牌形式的局部更改。

(14) 绿化树种的局部更改。

(15) 喷泉、景观照明的局部更改。

(16) 室外停车位的移动或数量变更。

(17) 垃圾处理设备功率的变更。

(18) 个别房间使用功能的变更。

(19) 室外显示屏位置、尺寸或显示方式的变更。

(20) 小区电动门、楼宇单元门、楼梯栏杆扶手形式的变更。

(21) 室外艺术钢结构的加工安装及涂装情况更改。

(22) 特殊房间的更改，包括：多功能厅、会议厅、酒吧音响灯光效果及装修造型改变。

(23) 由用电容量的增加导致变更供电设备的改变。

(24) 电缆桥架、电缆的更改及重布。

(25) 弱电系统任一项子项的变更及设备更换。

(26) 视频设备及总控室、监控室的改变及设备改变。

(27) 供暖/制冷设备改变及管道更改。

(28) 供水、回水及卫生器具设备改变、管道修改及变更。

3. Ⅲ类变更设计

凡变更技术简单，不影响工程主体结构或整体布置，不降低技术条件、使用功能，一次变更设计增减投资在 5 万元者以下者，属Ⅲ类变更设计。

## 6.3.6 现场签证应注意的问题

现场签证不可避免，它不仅在单位工程中影响工程成本，而且在工程造价管理中存在着"三超"的隐患。因此，加强现场签证管理，堵塞"漏洞"，把现场签证费用缩小到最小限度，应注意以下问题：

(1) 现场签证必须是书面形式，手续要齐全。

(2) 凡预算定额内有规定的项目不得签证。

(3) 现场签证内容应明确，项目要清楚，数量要准确，单价要合理。

(4) 现场签证要及时，在施工中随发生随进行签证，应当做到一次一签证，一事一签证，及时处理。

(5) 甲、乙双方代表应认真对待现场签证工作，提高责任感，遇到问题双方协商解决，及时签证，及时处理。

## 6.3.7 现场签证的技巧

1. 各类合同类型签证内容

可调价合同至少要签到量；固定单价合同至少要签到量、单价；固定总价合同至少签到量、价、费；成本加酬金合同要签到工、料(材料规格要注明)、机(机械台班配合人工问题)费。如能附图的尽量附图。另外签证中还要注明列入税前造价还是税后造价。同时要注意以下填写内容的优先次序：

(1) 能够直接签总价的最好不要签单价。

(2) 能够直接签单价的最好不要签工程量。

(3) 能够直接签结果(包括直接签工程量)的最好不要签事实。

(4) 能够签文字形式的最好不要附图。

2. 其他需要填写的内容

主要有：何时、何地、何因；工作内容；组织设计(人工、机械)；工程量(有数量和计算式，必要时附图)；有无甲供材料；签证的描述要求客观、准确，隐蔽签证要以图纸为依据，标明被隐蔽部位、项目和工艺、质量完成情况，如果被隐蔽部位工程量在图纸上不确定，还要标明几何尺寸，并附上简图，施工以外的现场签证，必须写明时间、地点、事由，几何尺寸或原始数据，不能笼统地签注工程量和工程造价。签证发生后应根据合同规定及时处理，审核应严格执行国家定额及相关规定。

### 3. 涉及费用签证的填写要有利于计价

不同计价模式下填列的内容要注意：如果有签证结算协议，填列的内容要与协议定价口径一致；如无签证协议，按原合同计价条款或参考原协议计价方式计价。另外签证的方式要尽量围绕计价依据(如定额)的计算规则办理。

### 4. 如何对待甲方拒签

在编制签证之前，首先要熟悉合同的有关约定，针对重点问题展开签证理由。同时，应当站在对方的角度来陈述理由和罗列签证内容，这样既容易获得签证，又使签证人感觉不用承担风险，只有这样，对方才会容易接受并签证，否则，对方会不愿意接受并拒签。如果遇到对方有意不讲道理地拒签，实践中可以采用收发文的形式送达甲方(叫一般工作人员去办理)。不需要强逼甲方在签证单上签字，只需要在收发文本上签字，这样就可以证明已经收到我方的发文，即使甲方不在签证单签字，超过法定时间，签证也自动生效。

# 第 7 章 工程量计算在软件中的体现

# 7.1 钢筋抽样

## 7.1.1 一次构件的构建

一次构件是指工程中主体结构的承重构件，必须先施工的构件，比如框架柱、框架梁、板、剪力墙等构件。

1. 框架柱的新建及绘制

1) 矩形框架柱的新建

以某学校框架结构图纸 KZ1 为例，绘制完轴网后，首先进行框架柱的绘制。KZ1 大样图如图 7-1 所示。

柱新建和绘制.mp4　扩展图片 1：
框架柱.docx

(1) 矩形框架柱新建。

框架柱，单击导航栏柱，在柱的构件列表中单击新建，选择新建矩形柱。新建如图 7-2 所示。

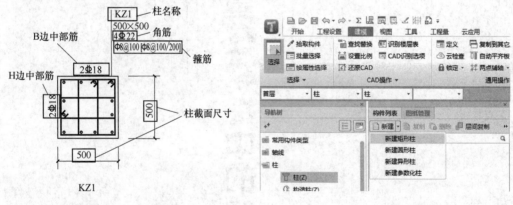

图 7-1　KZ1 大样图　　　　　　　图 7-2　柱的新建

(2) 定义编辑。

单击工具栏建模界面，单击通用操作中的定义，进入 KZ1 的定义界面。根据图 7-1 显示的柱的信息，进行编辑。柱名称：KZ1；结构类型：框架柱；柱截面：500×500mm；角筋：4Φ22；B 边中部筋：2Φ18；H 边中部筋：2Φ18；箍筋 Φ8@100；KZ1 的属性编辑信息如图 7-3 所示。KZ1 的钢筋三维图如图 7-4 所示。

2) 异形框架柱的新建

框架柱形状钢筋信息可以在属性列表内进行编辑，如果遇到比较复杂的柱及钢筋，比如某县城郊区别墅现浇混凝土结构工程中的 KZ3，KZ3 为异形柱，形状和钢筋布置也比较复杂，单肢箍的箍筋和矩形箍筋布置不同。需要用到手动绘制柱子外形和箍筋。KZ3 大样图如图 7-5 所示。

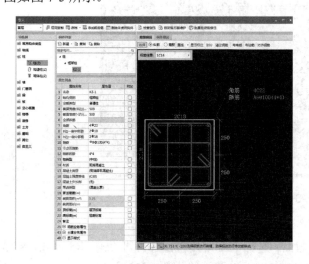

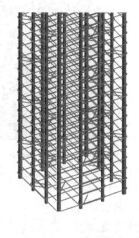

扩展资源 1：
异形柱.docx

图 7-4　KZ1 的钢筋三维图

图 7-3　KZ1 的属性编辑信息

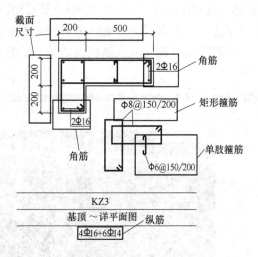

音频 1：异形柱结
构的结构体.mp3

图 7-5　KZ3 大样图

（1）异形框架柱新建。

新建异形柱，进入异形柱截面编辑器，根据图 7-5 的显示信息，按照编辑器的网格进行外形绘制。KZ3 截面编辑如图 7-6 所示。绘制完成后单击右下角"确定"按钮。

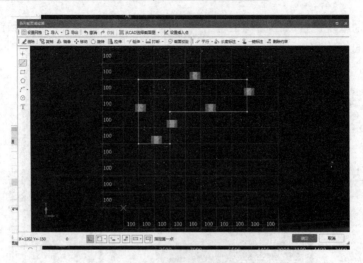

图 7-6　KZ3 截面编辑

(2) 异形柱钢筋定义。

绘制完异形柱截面后，进入到定义截面，进行 KZ3 的钢筋编辑。根据图 7-5 可知，KZ3 的纵筋为 4Φ16+6Φ14，矩形箍筋为 Φ8@150/200，单肢箍筋为 Φ6@150/200。

第一步修改名称为 KZ3，在全部纵筋一栏输入 4Φ16+6Φ14，如图 7-7 所示。第二步在右边截面编辑下，选择箍筋，选择矩形绘制方式，绘制矩形箍筋，选择直线方式绘制单肢箍筋。第三步选择两个矩形箍筋，在钢筋信息中输入 Φ8@150/200，选择单肢箍金，在钢筋信息中输入 Φ6@150/200。完成后 KZ3 的定义新建就完成了，如图 7-8 所示。KZ3 的钢筋三维图如图 7-9 所示。

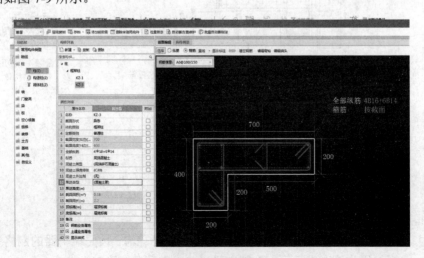

图 7-7　纵筋信息输入

梁的新建和绘制.mp4

扩展图片2：框架梁.docx

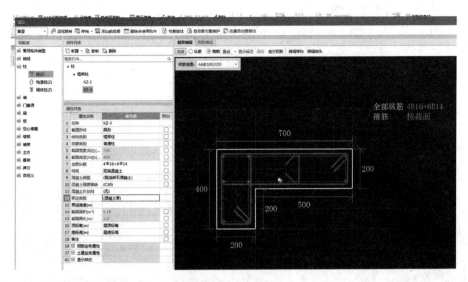

图 7-8　箍筋绘制

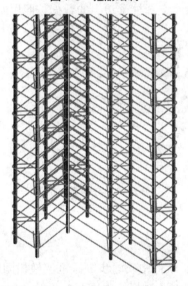

图 7-9　KZ3 钢筋三维图

3)　柱的绘制

(1)　柱绘制。

柱的绘制需要先选择绘制的柱名称，即选择 KZ1，选择绘图栏的点，用点的方式绘制柱，然后找轴线的交点，左键绘制，然后再选择下一个交点，KZ1 的绘制如图 7-10 所示。

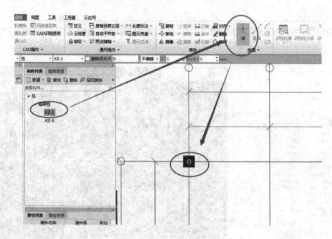

图 7-10　KZ1 绘制

（2）设置偏心柱。

如果柱子没有正好位于轴线交点上，可通过设置柱子的标注信息修改，先选中需要修改的柱子，单击查改标注，然后选择柱子边上的数据按照图纸进行修改，如图 7-11 所示。

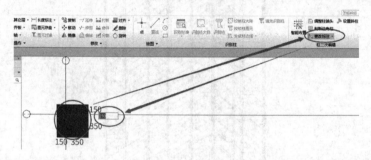

图 7-11　柱的查改标注

**2. 框架梁的新建及绘制**

**1）框架梁的新建**

框架梁在广联达 GTJ2018 软件中新建步骤跟框架柱相同，以某县城郊区别墅现浇混凝土结构工程中 KL10 为例，KL10 平法标注如图 7-12 所示。新建完成后，进行梁的属性编辑，梁名称 KL10，截面为 200×400mm；两箍筋为 Φ8@150/200；上部架立筋为 2Φ12，下部通长筋为 2Φ16，梁顶标高为 2.55m。

**2）框架梁的绘制**

定义完成后，进行梁的绘制，如图 7-13 所示，在通用操作栏选择直线方式，单击轴线上的梁起点，开始绘制，在梁终点结束，左键确定，完成绘制。

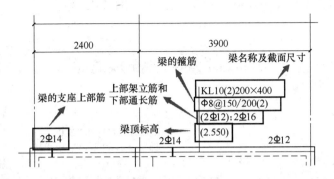

图 7-12　KL10 的平法标注

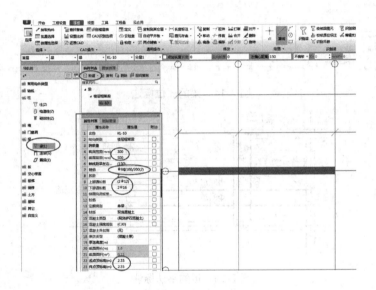

图 7-13　梁的绘制

3)　梁的原位标注

根据图 7-12 显示 KL10 的钢筋原位标注信息，左支座上部筋为 2Φ14，支座中部筋为 2Φ14，右支座上部筋为 2Φ12。布置原位标注的钢筋时先选中 KL10，单击原位标注，在出现的方框中依次输入钢筋，完成原位标注，如图 7-14 所示。

3.　板的新建及绘制

板在 GTJ2018 中进行绘制步骤是先新建，进行板属性编辑，然后绘制。以某县城郊区别墅现浇混凝土结构工程中板厚为 120mm 的一块板为例。板标高为 2.87m，板配筋为面筋

双向 Φ8@150，低筋双向 Φ8@150。板的平法标注如图 7-15 所示。

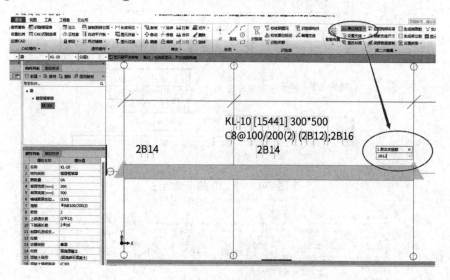

图 7-14　梁的原位标注

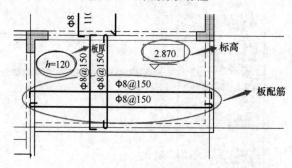

图 7-15　板的平法标注

1)　板的新建及绘制

在导航栏板的截面选择新建板，属性列表中输入板厚 120mm，然后选择直线方式绘制(或点的方式)，依次选择轴线交点，完成板的绘制，如图 7-16 所示。

2)　板受力筋绘制

根据图中显示板的受力筋为面筋双向 Φ8@150，低筋双向 Φ8@150。首先在板受力筋界面选择新建受力筋，然后输入钢筋信息 Φ8@150，由于板的低筋和面筋配置相同，所以新建可只创建一种受力筋，然后布置受力筋，选择 XY 方向(根据图显示板配筋有横向和纵向两个方向)，在出现的钢筋信息界面选择钢筋，最后选择板，完成受力筋绘制，如图 7-17 所示。绘制完成后，进行汇总计算，就可查看板的钢筋三维图，如图 7-18 所示。

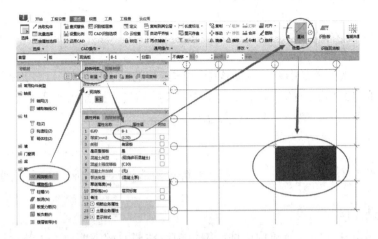

图 7-16　板的新建及绘制

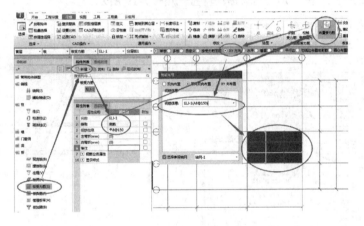

图 7-17　板受力筋绘制

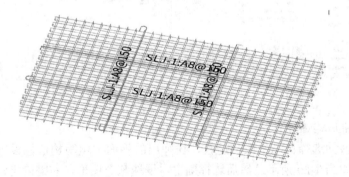

图 7-18　板钢筋三维图

# 7.1.2 ‖二次构件的构建

在工程中，二次构件是指在一次结构(指主体结构的承重构件部分)施工完毕以后才施工的，是相对于承重结构而言的，为非承重结构，围护结构，比如构造柱、过梁、止水反梁、女儿墙、压顶、填充墙、隔墙、台阶、散水等。

1. 构造柱

构造柱的绘制有两种方式，一种是通过新建构造柱进行绘制，一种是通过自动生成方式。

1) 新建构造柱

在导航栏构造柱界面，新建构造柱，编辑构造柱截面和钢筋信息，然后选择点的绘制方式，在需要放构造柱的地方绘制构造柱，如图 7-19 所示。

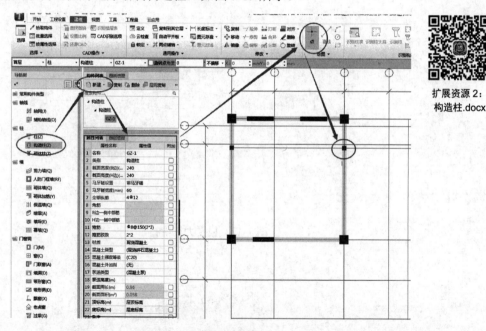

扩展资源2：
构造柱.docx

图 7-19 绘制构造柱

2) 自动生成构造柱

在构造柱截面选择自动生成构造柱，在弹出的界面中填写构造柱设置要求，截面尺寸和钢筋信息，如图 7-20 所示，然后选择确定，框选整个图形，右键确定，软件则自动生成构造柱。构造柱三维图如图 7-21 所示。

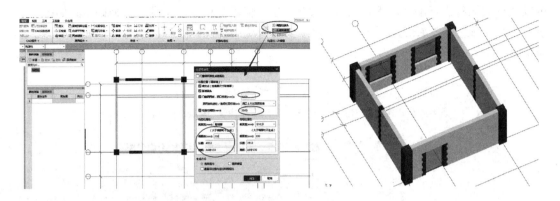

图 7-20　构造柱设置信息　　　　　　图 7-21　构造柱三维图

## 2. 过梁

过梁在 GTJ2018 中的绘制同样有两种方式，一种是新建绘制，一种是自动生成。

1) 新建过梁

在过梁的界面单击新建矩形过梁，在属性列表中编辑过梁信息，然后通过点的绘图方式，在门、窗、洞口等需要放置过梁的地方进行点选，绘制过梁，如图 7-22 所示。

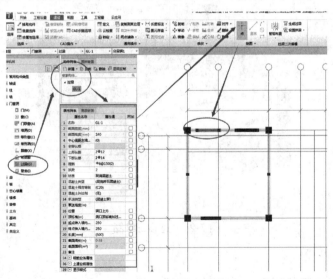

扩展图片 3：<br>过梁.docx

图 7-22　过梁绘制

2) 自动生成

在过梁界面选择生成过梁，在弹出的界面中编写墙体厚度，厚度、洞口宽度不同的话

可以通过添加行进行编写，然后编辑过梁高、宽、钢筋等信息，完成后选择确定，如图 7-23
所示，最后框选整个图形，右键确定，软件就会自动进行过梁的生成。过梁三维图如图 7-24
所示。

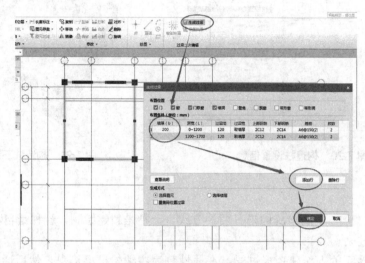

图 7-23　过梁编辑

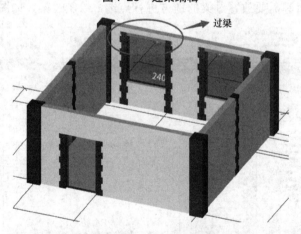

图 7-24　过梁三维图

**3. 台阶**

在导航栏台阶中选择新建，新建之后在属性列表中编辑台阶高度，如图 7-25 所示，高
度改为室内外高度差，然后选择直线的绘制方式，绘制完成后单击设置踏步边，如图 7-26
所示，然后选中需要设置的踏步边，右键确定，在弹出的界面输入踏步个数和踏步面宽度，
最后确定，完成踏步绘制。台阶三维图如图 7-27 所示。

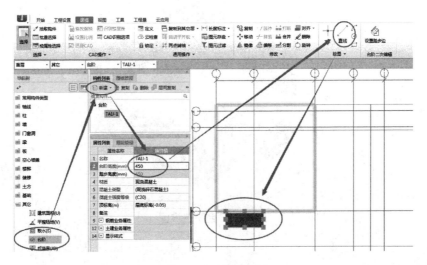

图 7-25　新建台阶

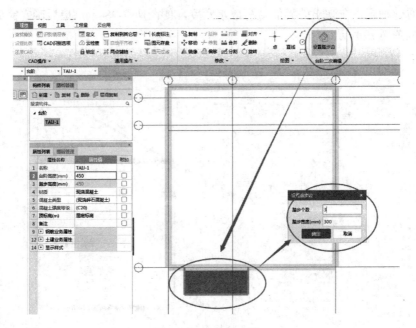

图 7-26　设置踏步边

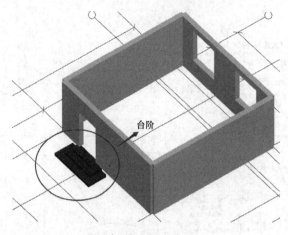

图 7-27  台阶三维图

### 4. 散水

散水在 GTJ2018 中可以通过智能布置的方式进行绘制，在散水界面选择新建散水，在属性列表中进行属性编辑，填写散水厚度，厚度设为 240mm，然后选择智能布置，框选整个图形，右键确定，在弹出的界面填写散水宽度，如图所 7-28 示，最后确定完成绘制。散水三维图如图 7-29 所示。

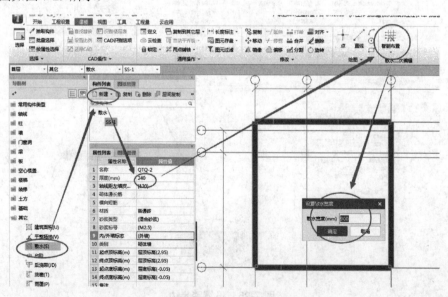

图 7-28  散水绘制

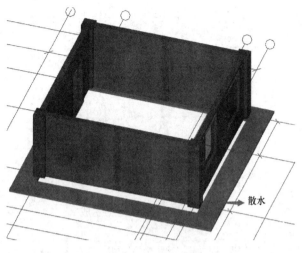

图 7-29　散水三维图

# 7.2　土 建 算 量

## 7.2.1 ┃分部分项工程量的新建

1．土方工程

土方生成.mp4　扩展资源 3：筏板.docx

1）　基础梁的土方

土方工程在 GTJ2018 中可采用自动生成的方式绘制构件，首先在基础层要绘制好基础层构件，比如基础梁、筏板基础、独立基础等，以基础梁为例，绘制完成后在基础梁的界面选择自动生成土方，然后在弹出的界面中，填写工作面宽度、放坡系数等数据，选择自动生成，如图 7-30 所示，单击确定就完成了土方生成，之后会自动进入基槽土方的界面，基槽土方三维图如图 7-31 所示。

2）　筏板的土方

与基础梁土方类似，绘制完筏板后，选择生成土方，在弹出的界面输入工作面和放坡系数，然后单击确定，完成筏板基础的土方生成，如图 7-32 所示。筏板基础生成的土方是大开挖土方，所以软件自动进入大开挖土方的界面，筏板生成的土方三维图如图 7-33 所示。

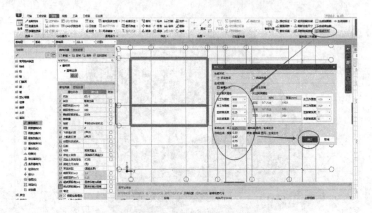

图 7-30　基础梁的土方生成

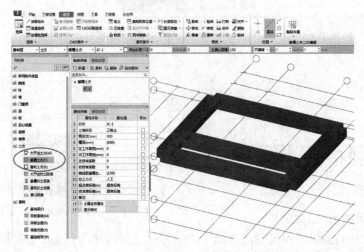

图 7-31　基槽土方三维图

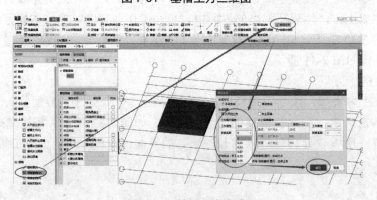

图 7-32　筏板土方生成

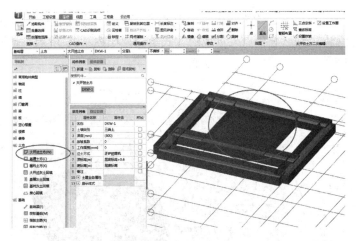

**图 7-33　筏板土方三维图**

### 2. 楼地面

楼地面在工程中根据所在层数不同名称不同，首层楼地面属于地面，二层及以上楼地面为楼面。楼地面在 GTJ2018 中同样采用新建楼地面的方式绘制，如图 7-34 所示，首层地面首先在楼地面选择新建 DM-1，然后选择点的方式绘制，在封闭区域形成的房间内绘制地面，如该区域不封闭，则无法直接绘制地面，可用虚墙分隔空间，形成封闭区域，然后再进行绘制。

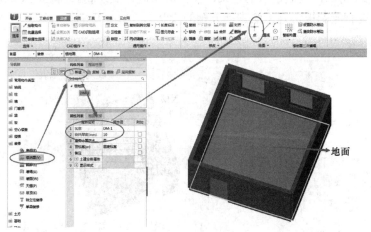

**图 7-34　地面绘制**

### 3. 墙面

墙面分为内墙面和外墙面，室内墙面叫内墙面，室外墙面叫外墙面。在 GTJ2018 中内外墙面的显示颜色比较相近，均为黄色，只是深浅不同。绘制墙面时先新建墙面，在属性列表中进行信息编辑，然后选择点或直线的方式绘制，如图 7-35 所示，是采用点的方式绘制，在需要进行墙面装饰的墙体上完成绘制。

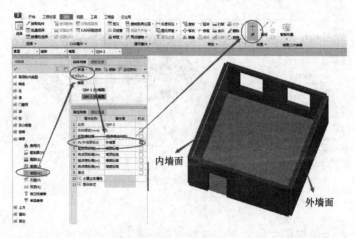

图 7-35　墙面绘制

### 4. 天棚面

天棚面是位于房间顶面的装修层，绘制时需要先进行新建，然后通过点或直线的方式绘制，如图 7-36 所示，是通过点的方式，在该房间进行点绘制。需要注意绘制天棚时必须先绘制板，如没有绘制板，则无法进行天棚的绘制。

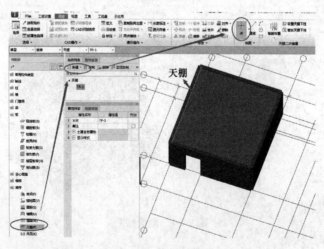

图 7-36　天棚绘制

### 5. 房间布置

装修层包括楼地面、踢脚、墙裙、墙面、天棚面、吊顶等构件，在项目房间较多的时候，可以通过新建房间，如图 7-37 所示，新建后按照图纸上的房间名称进行名称编辑，完成后进入定义界面，如图 7-38 所示，在房间中添加依附构件，依次选择构件类型，依次添加构件，添加完成后进入绘图界面通过点的方式进行房间布置，然后依附在房间内的所有构件都会绘制在该房间上。房间三维图如图 7-39 所示。

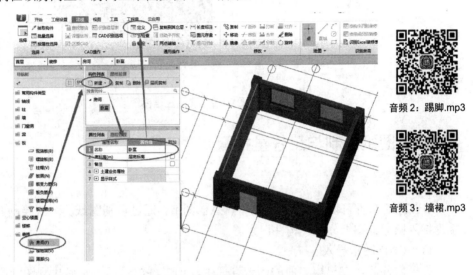

音频2：踢脚.mp3

音频3：墙裙.mp3

**图 7-37　新建房间**

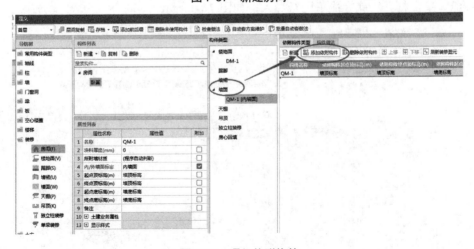

**图 7-38　添加依附构件**

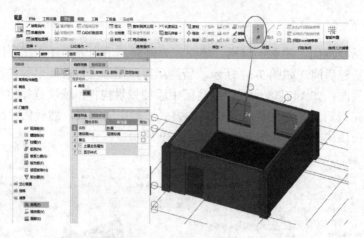

图 7-39　房间三维图

## 7.2.2 图纸绘制与工程量抽取

**1. 图纸绘制**

GTJ2018 软件可以通过导入完整的 CAD 图纸，通过识别图纸的方式绘制图纸。识图步骤为导入图纸、图纸分割、构件识别等。

1) CAD 图纸导入

打开软件后，在建模界面的图纸管理中，单击添加图纸，然后找到图纸所在文件夹，选择图纸，单击打开，就完成了图纸导入，如图 7-40 所示。

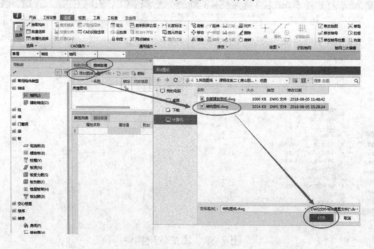

图 7-40　图纸导入

2）图纸分割

图纸分割是指对导入的结施图或建施图按照分类进行分割，以某县城郊区别墅图纸为例，导入结施图纸后，双击图纸，选择分割，通过鼠标框选柱定位图，右键确定，在弹出的界面填写图纸名称、对应楼层，如图 7-41 所示，该图纸柱定位图就分割完成了。

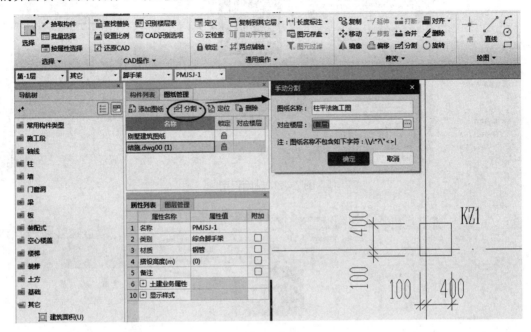

图 7-41　图纸分割

3）轴网识别

图纸分割完成后，首先进行的就是轴网识别，在导航栏轴网界面，选择识别轴网，根据功能提示显示按照提取轴线、提取标注、自动识别轴网的顺序进行操作，完成轴网的识别，如图 7-42 所示。

4）构件识别

（1）柱的识别。

轴网识别完成后，按照先一次构件后二次构件的顺序，先进行柱的识别。识别柱需要在图纸管理中双击柱定位图，把柱定位图显示在界面中，然后选择建模界面的识别柱功能，按照功能提示顺序，提取边线、提取标注、自动识别，如图 7-43 所示。操作完成后就完成了柱的识别，识别后会自动进行校核，如果出现校核问题，可以依次修改。

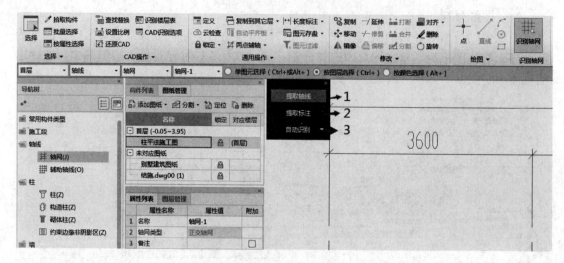

图 7-42 轴网识别

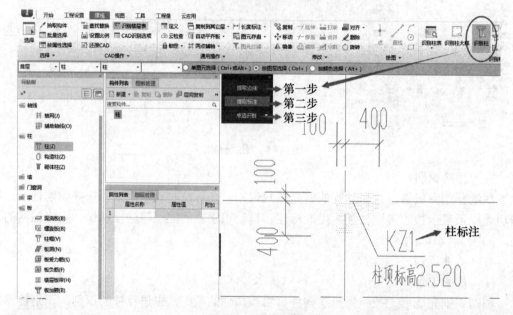

图 7-43 柱的识别

(2) 梁的识别。

柱识别完成后，可进行梁的识别，先在图纸管理界面调出梁平法施工图，然后在建模界面选择识别梁，通过功能提示顺序，按照提取边线、提取标注、自动识别的顺序操作，如图 7-44 所示。

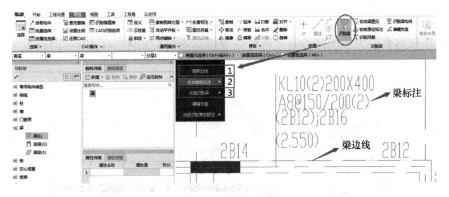

**图 7-44　梁的识别**

## 2. 工程量提取

### 1) 汇总计算

构件绘制完成后，工程量提取需要先进行汇总计算，计算完成后绘制的构件才会出工程量。汇总计算是在工程量的界面，单击汇总计算，然后在弹出的界面选择汇总计算的范围，是全楼计算还是只计算某一层，或者某些构件，如果存在表格输入某些构件的情况，还需要在下面选择表格输入，如图 7-45 所示，然后单击确定，等待计算结果。

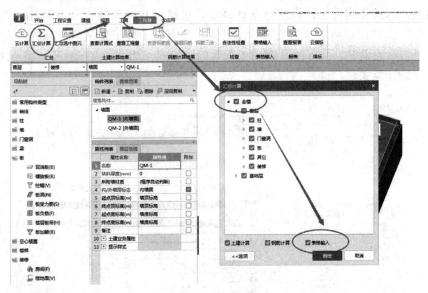

**图 7-45　汇总计算**

### 2) 工程量查看

汇总计算完成后，各个构件的工程量的计算也完成了，这时候可以查看任一构件的工程量。在工程量界面，在左边导航栏，选择图元类别，然后选题具体图元，在土建计算结果或钢筋计算结果中进行选择查看工程量或查看钢筋量，如图 7-46 所示为查看 KL10 的工程量操作。

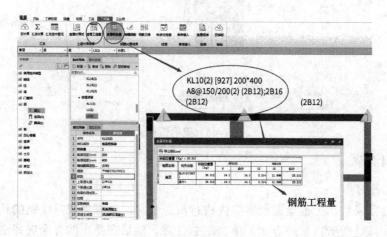

图 7-46 工程量查看

3)　清单定额工程量计算式

工程量计算式是构件工程量的详细计算式，包括扣减部分的计算。查看计算式是在工程量界面单击土建计算结果界面的查看计算式，是查看土建工程量的计算式；在钢筋计算结果界面单击编辑钢筋，出现的是钢筋工程量的计算式。如图 7-47 所示，显示的是 KL10 的土建工程量计算式。

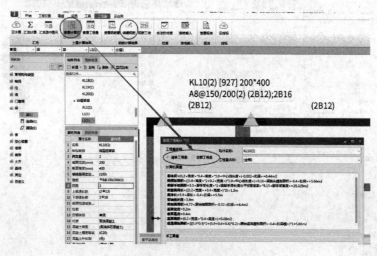

图 7-47 工程量计算式

# 7.3 零星项目

零星项目包含零星构件、零星砌体以及其他零星项目。

零星构件一般包括：桩、接桩、集水井、后浇带、人防节点、楼梯、阳台、雨篷、天沟、女儿墙、水箱、马凳、墙拉筋、圈梁、砌体加筋、过梁、构造柱、牛腿、挑檐、空调板、飘窗、线脚、洞口加筋、板角加筋以及图纸上所设计的节点详图等。

零星砌体包括厕所蹲台、小便池槽(包括小便槽挡墙)、水槽腿、煤箱、垃圾箱、梯带、台阶挡墙、花台、花池、地垄墙及支撑地楞的砖墩、暗沟、房上烟囱等实砌体。

其他零星项目就包含栏杆扶手、零星抹灰等零星装饰项目。

1. 栏杆扶手

在软件中新建栏杆扶手，在构件属性列表中输入栏杆和扶手的宽度、高度等信息，如图 7-48 所示。然后进行绘制构件，栏杆扶手可采用直线的绘制方式，如图 7-49 所示。

2. 雨篷

雨篷是门洞上方用来挡风遮阳的构件，如雨篷为混凝土雨篷，在软件中可用板进行绘制，三维图如图 7-50 所示，也可采用单构件输入的方式，先输入钢筋，如图 7-51 所示，然后输入雨篷土建工程量，如图 7-52 所示。

图 7-48 新建栏杆扶手

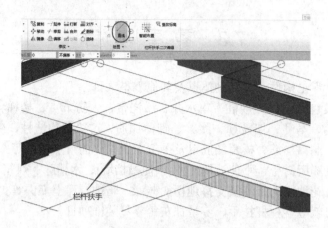

图 7-49　绘制栏杆扶手

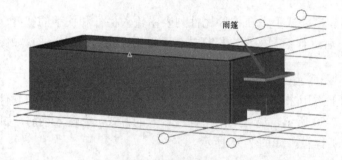

图 7-50　雨篷三维图

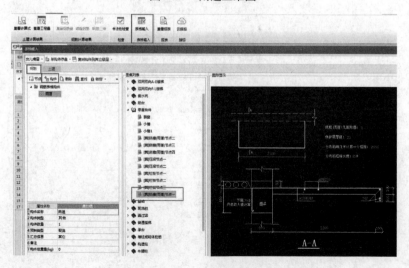

图 7-51　雨篷钢筋

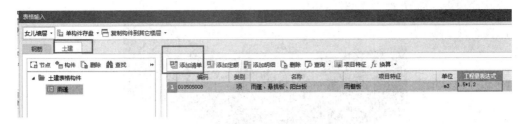

图 7-52　雨篷混凝土土建工程量

### 3. 压顶

露天的墙顶上用砖、瓦、石料、混凝土、钢筋混凝土、镀锌铁皮等筑成的覆盖层，最典型的为女儿墙压顶。

在软件中可直接在导航栏的压顶中新建构件，然后进行属性编辑，如图 7-53 所示。新建完成后直接绘制，三维图如图 7-54 所示。

图 7-53　新建压顶

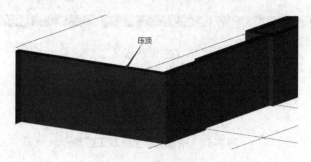

图 7-54　压顶三维图